U0147147

知識管理領航．價值創新推手

CPC Creates Knowledge and Value for you.

知識管理領航．價值創新推手

CPC Creates Knowledge and Value for you.

楠木建 著

策略就像一本故事書

出版緣起

中國生產力中心總經理
張寶誠

當今，企業管理的論述與實踐案例非常之多，想在管理叢林中找到一套放諸四海皆準的標竿，並不容易。因為不同國家有不同的習慣，不同的公司有不同的文化，再加上全球環境的變遷，甚至大自然生態的改變，都使我們原本認定的管理工具或模式出現捉襟見肘的窘迫。

尤其，我們正處身在以「改變」為常態的世界裡，企業組織要如何持續保有競爭優勢，穩居領先的地位呢？知識，應是重要的關鍵。知識決定競爭力，競爭力決定一個產業甚至一個國家經濟的興盛。管理大師艾倫．衛伯（Alan Webber）就曾經說過：「新經濟版圖不在科技裡，亦非在晶片，或是全球電信網路，而是在人的思想領域裡。」由此可見，二十一世紀是一個以知識為版圖、學習的新世紀。

在這個知識經濟時代裡，「知識」和「創新」是企業的致勝之道，而這兩者都與學習息息相關。學習，能夠開啟新觀念、新思維，學習能夠提升視野和專業能力，學習更可以帶領我們開創新局。特別是在急遽變動的今天，企業的唯一競爭優勢，將是擁有比競爭對手更快的學習能力。

中國生產力中心向來以致力成為「經營管理的人才庫」以及「華人企業最具信賴價值的經營管理顧問機構」為職志。自一九五五年成立以來，不僅培植無數優秀的輔導顧問，深入各家廠商，親自以專業來引領企業成長。同時，也推出豐富的出版品，以組織領導、策略思維、經營管理、市場行銷，以及心靈成長等各個層面，來厚植企業組織及個人的成長實力。

中國生產力中心的叢書出版，一方面精選國際知名著作、最新管理議題，汲取先進國家的智慧作為他山之石；另一方面，我們也邀請國內知名作者，以其學理及實務經驗，挹注成為國內企業因應產業環境變化最大的後盾，也成為個人學習成長的莫大助力。

值得一提的是，台灣的眾多企業，歷經各種挑戰，始終能夠突破變局努力不懈，就像是堆起當年成為全球經濟奇蹟的一塊塊磚頭。我們也把重心放在講述與發揚他們活用環境，勇闖天下的故事，替他們留下紀錄，為經濟發展作見證。

我們相信，透過閱讀來吸收新知，可以啟動知識能量，激發個人無窮的創意與活力，充實專業技能。如此，不論是個人或是組織，在面對新的環境、新的挑戰時，自然能以堅定的信心來跨越，進而提升競爭力，創造出最大的效益。

中國生產力中心也就是以上述的觀點做為編輯、出版經營管理叢書的理念，冀望藉此協助各位在學習過程中有所助益。

導讀

一部「渾然一體」、「見解透徹」的策略寶典

元智大學校聘講座教授
許士軍

走進坊間，有關企業經營策略的書籍可謂汗牛充棟，從中國古代的《孫子兵法》，到歐洲中古時代馬基維利《君王論》以降，近五十年以來，其內容已自軍事和政治領域，擴大包括源自經濟，心理，社會與文化各種理論，成為一門獨立而受尊敬的學術領域（discipline），也是MBA學生必修的課程。

在一般教科書中，大致以出身大學的策略理論大師如Michael Porter、Prahalad、Mintzberg、Christensen等所提出的理論和模式，發展為這門課的架構和內容，諸如五力分析、價值鏈、策略群、核心資源、獨特能力、破壞性創新等各種觀念，已成為企業界耳熟能詳的流行詞彙。

▼產業的「夏威夷」和「北極」

不過，儘管本書作者楠木建先生，任教日本聲譽卓著的一橋大學國際企業策略研究所，然而他所討論的策略，和一般教科書所談者有所不同。作者指出，企業經營——以獲利衡量——是否成功，未必可以完全歸功於策略，而和產業本身所處地位有關。書中將這種產業本身性質上的差異以「北極」與「夏威夷」相比擬：位於夏威夷狀況下之產業，依靠有利之外在環境，幾乎人人都可以獲利；而處於「北極」產業狀況中的，則沒有這麼幸運，其生存是非常艱辛的。前者如製藥業，後者如航空業。問題在於，處於前一狀況中的企業，競爭者蜂擁而來，遇到環境條件改變，往往好景不常，夏威夷也會變成北極，這時就要靠「策略」了，譬如西南航空或星巴克這兩家企業，儘管處於北極地帶，卻能運用策略獲利。

▼策略就是找到自己獨特的位置和能力

到底什麼是策略？在各式各樣的定義中，在此特別挑選波特教授在〈哈佛企業評論〉

（*Harvard Business Review*, Nov-Dec. 1996）一篇以「What Is Strategy?」為名的文章中的一段精闢文字為喻。他說：

「策略的本質，不是做得比競爭者好，而是做不一樣的事，此即選擇一個獨一無二，深深紮根於活動系統的可靠位置，讓其他人無法趕上」。

這段文字雖然不能涵蓋策略的完整內容，但卻指出策略必須包括的核心觀念。他所強調的，就是策略必須具備某種「獨特優勢」。一家企業靠著這種「獨特優勢」所達到的「差異化策略」，包括有兩個層次：一是做不一樣的事，另一是建立一種深深紮根的活動系統。大致言之，前者屬於策略定位，此即選擇——甚至界定——某種需求，藉這一新的需求，使企業開啟一個未有競爭者存在的「藍海」市場；後者代表企業所擁有的一種組織能力，做為達成前一滿足需要的手段，這種手段不是某種有形的資源或特定的技術，而是組合和運用資源與技術的能力（capabilities）。這一說法，和幾年前方才辭世的Prahalad教授的講法相似。在本書中作者稱前者為ＳＰ，後者為ＯＣ。

▼講「效率」或「效果」，太籠統了

這種講法，已超越一般所稱的「效果」（effectiveness）或「效率」（efficiency）的意義。相較而言，傳統的「效果」和「效率」觀念過於一般性；換言之，與其說「效果」，不如具體指出一家企業必須選擇在某種需求上之一種策略定位；同樣地，滿足需求的手段也不限於「效率」；實際上能夠滿足需求的手段，除了在成本和品質意義下的「效率」外，還包含有更高層次的滿足，如成就感、愉悅、體驗、美學之類。基本上，效率本身乃代表一種源自工業社會機械製造活動下的思維。

本書指出，在今後多元且個性化的社會中，一家企業在選擇策略定位層次上，不可能奢望自己能滿足所有的需要或顧客，這是做不到的事。在這方面，十分有趣的是，作者建議企業要從反面思考，此即一旦自己選擇了某種所要討好的目標顧客，必然也會惹惱了誰。譬如有人喜歡星巴克的服務模式，也必然惹惱了另一批人。從某種觀點，發現誰被惹惱或不快的人及其原因，反而可以襯托出自己獨特的性質以及其顯明程度。作者說，企業與政府不同，企業可以選擇自己的顧客對象，而政府卻不能選擇一國的公民。

▼不模仿標竿，也不怕人抄襲

企業為了保持本身的差異化，常常感到苦惱的，就是如何保持自己這種獨特優勢，不會被競爭者模仿或抄襲。一般所採辦法，例如經由專利權之申請；或將公司經營作法予以機密化等等。但在本書作者看來，這不是最務實或有效的辦法，真正能夠長期持續保持公司差異優勢的，在於深耕本身的做事方法——或即書中所稱之OC——將其轉變為公司的DNA或文化。例如他以美國西南航空公司為例，一方面，公司經由這種優勢，即使處在一種極其不利的航空運輸業中，卻能長期地——幾乎是一枝獨秀地——保持盈利；但是在另一方面，儘管吸引了多家同業仿效，卻沒有一家有辦法能夠做得貫徹和成功。

更令人驚奇地，作者認為，這種具有獨特優勢的企業不必在乎競爭者仿效；他說，競爭者的「東施效顰」，其結果將有如外縣市的女孩仿效東京澀谷辣妹一樣，她們無法拿捏分寸，往往是「辣過了頭」。在這情況下，模仿本身反而會造成「擴大差異」的結果。這一深刻觀察，可以供一味採取「標竿學習」者的警惕，以免陷入「畫虎不成反類犬」的結局。

▼好的策略是動畫，不是靜止畫

在本書作者看來，諸如SWOT分析、核心競爭力分析，或value chain分析，甚至business model所採取的分析，都屬於列舉條列的思維方式。將這些作法組合起來的策略，有如一種「靜止畫」；然而，真正的策略，應該不是靜止畫，而是動畫。動畫的優勢來自各項條件之互動，而非各項條件本身之和——整體並不等於部分之和。在書中，作者舉出好多經典性事例，顯示許多成功策略，拆開來看，其構成要素中甚多顯然是不合常理的，例如西南航空不提供餐點，不事先劃位，不轉運行李；星巴克要顧客點餐之後還要等待調製；Gulliver International經營中古汽車買賣，居然放棄零售厚利，而為了減少展示場的空間和庫存壓力，採取拍賣批發方式。但是整體而言，這些不合理的個別做法，卻在某一種獨特的「策略概念」下產生一種一致性（consistency）的效果，創造了一種更高一層而難以仿效的差異優勢。

在書中，作者以極大篇幅討論這裏所說的「概念」，認為這是一切的起始，讓眾多構成要素融為一體，創造他人難以模仿的競爭優勢。舉例來說，百貨公司在其黃金時代的策略概念，就是給「全家人可以玩半天的觀光勝地」，便利商店代表人們「自己空間的延伸」，

Amazon「協助人們決定購買」，星巴克給予人們在工作和家庭以外的「第三種空間」，西南航空公司的經營，有如「飛在天上的巴士」。就是靠了諸如此類的概念，使得種種看起來不合理的作法，不但變得十分合理而且有效。

▼「質性研究」的典範

最後在此應該指出者，本書所討論的策略，如此引人入勝，且充滿了智慧的洞察力，和作者所採的研究方法有直接關係。本書所採的研究方法，和一般學術性量化研究的論文不同，並不是自大量cross-section資料中歸納出某些變項間的關係，而是以個案為單位進行「質性研究」（qualitative research）。在書中作者針對每一個案，不管是西南航空、星巴克、菲利浦，或是日本的Askul、萬寶至馬達或Gulliver International，他從每一個完整的個案中，發掘其核心概念，然後利用前後一致的「因果理論」，將這種概念連結到個別構成要素上，創造競爭優勢。這種質性研究，不拘泥於分析過程的形式合理，而儘量將人類之創造力與感性要素透過「背景」與「脈絡」予以完整詮釋，以發現現象背後的「意義」（meaning）。使得每家企業的策略渾然一體，構成一個生動的「故事」。

譬如本書第七章所歸納的「十項基本原則」，就代表這種「質性研究」的結果。誠如作者所稱，它們不是最佳實務（The best practice），而是一種超越「命題」（propositions）或「模式」（model）的智慧（wisdom）結晶。這也應該是作者為本書取名為《策略就像一本故事書》的真正道理所在吧！

前言

除了休閒娛樂用的小說和散文之外，我看書的時候，最想知道的是作者寫作的動機。我想，應該有不少人和我一樣對這個部分很感興趣，所以我就從這一點切入好了。

我在大學的商學院裡，從事研究和教育的工作，主要針對企業管理中的競爭策略和創新議題，進行研究、蒐集相關資料、發表文章和演講。由於工作的關係，讓我經常有機會聽到不同業界的不同公司，討論有關「策略」的話題。我時而加入討論，並提供意見（不過，我不知道到底管不管用）。

有時候，我也會聽到讓人非常興奮的優秀策略及構想，不過，雖然我沒資格這麼說，但是了無新意的「策略」也不在少數。就數量上來說，後者的比例似乎更高，關鍵並不在於提案的好壞；或必要的資料是否完整等表面上的問題，而是策略本身的好壞。

「可行」的策略確實有趣，讓人願聞其詳，除了能夠產生獲取新知的興奮感之外，就算事不關己，也會讓人企圖依樣畫葫蘆；但是，「行不通」的策略就了無趣味。如果要說這種完全依靠直覺來論斷事物的結果，是我個人主觀的好惡，我也無話可說。但是，這種感覺真的很鮮明，策略好壞的標準是什麼？而好的策略又必須具備什麼樣的條件？我一直都希望能夠以更清楚的方式，來說明自己的感覺。

在累積了十幾、二十年的經驗之後，我的標準逐漸成形，那就是策略本身是否具有「故事性」？是否能夠呈現一個生動的「故事」？而這就是我用來判斷策略好壞的標準。

我寫作這本書的目的，是希望能夠從「故事」（narrative story）的角度，深入分析競爭策略與競爭的優先順序，以及其背後的理論和思考模式等事物的本質。本書所要傳達的訊息，簡單來說，就是好的策略，就是你不自覺想要告訴他人的有趣故事。

關鍵就在於策略的「好壞」，而非是否「一矢中的」。事實上，沒有人知道「好策略」是否能夠成功，而且，就算策略本身是好的，失敗的情況也不在少數。因為我們無法直接控制顧客和競爭對手，而未來也充滿不確定性，生意是否能夠成功，「不做不知道」，但擁有「好策略」，還是有其意義的。

如果同時考量策略是否能夠「一矢中的」及其好壞，會出現以下四種組合。

A 策略很好，結果也成功了；

B 策略很好，但結果卻失敗了；

C 策略雖然不好，但結果卻成功了；

D 策略不好，結果也失敗了。

如果以「中獎率」來說，A和C是成功的，而B和D是失敗的。不過，我必須先跟各位確認一件事，那就是實際在進行商業活動時，失敗的情況一定比成功多。以棒球為例，著名的打擊者打擊率只有三成，就算再優秀，能夠達到四成，已經算是奇蹟。做生意，不也是一樣嗎？也就是說，無論是多好的策略，就結果來看有七成是B，而A頂多只有三成。策略再好，也不可能馬上達到八、九成的打擊率，如果考量在進行商業活動時，必須面對的競爭和不確定性，這樣的命中率根本是天方夜譚。

另一方面，就算是二軍中經常坐冷板凳的打者，只要一直代表一軍出賽，也有可能創造出一成五的打擊率。如果運氣好，又遇上對的時間點，就算情況不利我方，只要用力揮棒，還是可能打出再見全壘打。類似這種「一成五的打擊率」或「用力一擊」，都屬於右邊所說的C。只要使用策略，就可以將原本如果放任不管可能只有不到兩成的打擊率，提高到至少三成，甚至是三成五。

因此，如果以「命中率」這個結果來看的話，策略的好壞，只是一成五或兩成這種極小的差異。內文中，將會更進一步說明，如果從事的產業獲利率較高，即使採用的策略不盡完美，命中率也可能高達三成以上。因為就算策略再好，命中率也無法達到四成。因此，對於這些受惠於優越外在條件的企業，談論策略的好壞，稍嫌多此一舉。

但是，類似這種先天條件較佳的企業是一種例外。大多數的業界，如果不採取策略，便無法達到三成的命中率。打擊率三成五的一流選手和打擊率一成五的二流選手之間的差異，對球隊而言，有如天壤之別。即使不考量「命中率」，採取好的策略，也有它的意義存在。不只是意義，甚至可說是一家公司的生命線。

我在前面提到「是否具有故事性」，是評估策略好壞的標準。什麼叫做「有故事性」呢？以「缺乏故事性」為例來說明，應該會更容易了解，也就是說，如果讓聆聽公司策略的我，覺得這個策略行不通，就是最典型缺乏故事性的策略。大家不妨來想像一下。

現在，我們在一場「策略」的說明會上，這個策略取了一個響亮的名字，例如「某事業的V型恢復策略」或「創造新的商業模式」。事實上，除了名稱之外，策略中還包含許多要素，例如市場的環境與趨勢、目標市場的鎖定、要在什麼樣的時機推出什麼規格的產品（或服務）、制定價格的方法、銷售管道的使用、促銷的方式、外包業務的規劃、生產據點的選擇、技術的採用、組織體制的採行、業績的預測等，都有詳細的討論。

不過，這些只是「不同項目的行動清單」，完全無法掌握構成策略要素之間的連結、互動和結果，也就是整個策略的「運作」和「流程」。這麼一來，策略就只是一個靜止的畫面。如果各位認為我因為是局外人，所以不清楚實際的狀況，那就錯了。因為就連公司內部的人，即使會討論個別的活動項目，但對於整體的策略應該如何運作，卻有意無意的略過不談。更誇張的是，有時候就連發表策略的當事人，都無法完全掌握整個策略，說起話來半信半疑，讓原本應該是「動畫」的策略，變成了一連串枯燥乏味的「靜止畫」。原本應該是擬定策略的工作，被增加和細分「每個項目的活動清單」所取代。我所說的「缺乏故事性」或「不是一個完整的故事」，指的就是這個意思。

好的策略則完全相反。構成策略的要素彼此緊密連結，整個策略朝向目標發展的感覺，看起來就像一部動畫。整體的動作和劇情都明顯改變，這就是「有故事性」。

策略是否具有故事性，除了內容之外，只要仔細觀察發表策略者的表情、聲音和當時的氣氛，就能夠一目了然。因為如果策略具有故事性，擬定策略的人本身也會因而感到興奮有趣，說起話來也會生動活潑。如果是缺乏故事性的活動清單，發表策略的人說起話來，就會變成「因為必須提出中期的經營計畫，所以只好……」，一副事不關己的樣子，表現得興趣缺缺，這就是缺乏故事性的「策略」共同的特徵。

很久以前，我有幸從村田育生先生（當時的代表取締役副社長）那裡聽到Gulliver International公司的策略。我清楚記得當時的情形。本書的第六章「故事的讀解」，也詳細介紹了該公司在中古車的流通引進創新的故事，成果非凡。當時的Gulliver和現在相比之下，規模較小，而我對中古車產業並不是特別感興趣，對相關業界和Gulliver這家公司也幾乎沒有什麼概念。但是，當我第一次聽到該公司的策略時，我樂在其中，而且欲罷不能。

由於當時並不是發表或討論的正式場合，因此，也不會有人提供產業背景、市場動向或相關的說明簡介。村田先生在簡單的自我介紹之後，就興沖沖地跟我談起Gulliver的策略故事。他循序漸進、條理分明地向我說明整個策略，透過村田先生的說明，就連對中古車完全外行的我，對這個策略故事都像看動畫般清晰。由於沒有利害關係，所以Gulliver公司的策略好壞，我根本不以為意。但是，村田先生的話卻引起我的好奇，讓我不自覺地開始和他討論起來。

不過，這個故事是個例外，一般的策略大多是靜止畫的排列。近年來，策略被當成「不同項目的活動清單」的傾向愈來愈明顯，也難怪擬定策略會變成一件無趣的工作。如果擬定策略的人，自己都不覺得有趣，公司內外的相關人員當然也不會覺得有趣，自然也無法吸引客戶。要讓一個策略能夠成功，就必須讓公司內外與這項策略有關的人員，覺得有趣、感到興奮，並願意採取行動。

構成策略的各種方法，如果無法自然連結、變化，並發展成一個故事，其中可能就有某種本質上的矛盾和缺陷。這麼說來，雖然有點像是事後諸葛，可是如同本書中所舉的例子，成就非凡並能夠維持成績的企業，他們的共通之處，都是能夠擬定出具有變化和發展的策略故事。策略，不應該是為了因應需要，被強迫或愁眉苦臉而擬定出來的，而應該是亟欲告訴他人的有趣故事。就好像以前的「賺錢的故事」，策略就是創造有趣的「故事」。

由於本書的內容是有關於具有故事性的競爭策略的「故事」(有點拗口的說法)，如果讀者不覺得有趣，那就真的「不像話」了。不過，至少我相信書中的內容重要且有趣，但本書並未提及擬定「好策略」的勝利法則。就策略而言，沒有這麼輕鬆愉快的事。即使是相當有成就的經營學家，實際繼承一家公司之後，沒多久也可能面臨倒閉的命運。因為怕影響該公司的營運，我姑且暫隱其名，但事實上，我可以馬上說出十個這樣的人。

本書既不會提供實際擬定策略時使用的模組；也不會逐一介紹企業成功的最佳實務案例。最近，偏重模組或最佳實務的策略論，也就是提供可立即運用在實務上的建議，對於擬定具有故事性的策略，反而有負面的影響。企圖將乍看之下似乎有效的模組或最佳實務，套用在自己公司的想法，通常只會破壞策略的故事。

本書並不會介紹各類資料或進行嚴密的實證分析。建立構成概念，加以檢測，以嚴密的實證分析闡明之間的關係，是正統經營學的作法。這種「學院派」的作法，當然有其意義，但是，如同我在第一章中所說，即使導出通用的理論，並加以驗證，反而會無法了解策略重要的關鍵。

本書所要討論的是將競爭策略當成是在「說故事」（story-telling）的觀點，以及其背後的理論。只要以故事的角度看待競爭策略，應該就會發現與以往完全不同的情況。

因為討論的是「故事」，所以各位應該已經發現，我是以「說話」的方式在寫作本書。即使研究競爭策略的過程曲折坎坷，我還是希望能夠以最簡單明瞭的方式，告訴大家我的想法。由於本書的標題是競爭策略的理論和思考模式，雖然聽起來有點抽象，但我還是會盡可能使用具體的案例，游走在抽象和具體之間反覆說明。除了成功的「名作」之外，我也會盡可能提及失敗的「愚作」和「凡作」。

我先簡單介紹本書的架構。本書總共有七章，第一章主要先說明何謂具有故事性的策略論，以及將競爭策略視為故事的觀點；第二章在進入正題之前，先行探究競爭策略所根據的基本理論之本質。

第三章將會介紹什麼才是「好的」故事，以及好的策略故事必須具備什麼樣的條件；第四章和第五章則是深入研究競爭策略故事的兩個關鍵論點，具體來說，就是策略故事的基礎「概念」，以及堪稱是故事最精采的部分「關鍵核心」。尤其會在第五章，特別針對故事策略思考中最大的強項，也就是持續競爭優勢的相關理論加以說明。

接下來，在第六章，將以之前提到的Gulliver International公司為例，進一步分析何謂好的策略故事。本章的目的是，希望透過深入解析該公司所建構、實踐並獲得成功的故事，讓讀者更進一步了解好的故事的條件。

最後一章，即第七章，將會整理前面所談到的內容，說明建構好策略故事的方法。我在前面也強調過沒有任何方法能夠保證競爭策略一定有用，但我還是可以針對建構故事的原理和原則，以及說故事者的思考模式提出幾項重點。

說故事的我，對於聽故事的各位讀者，有三個要求。其一，就是不要將此書當成吸收客觀知識的「教科書」閱讀。我讀的第一本有關策略論的書，是由Charles W. Hofer和Dan Schendel合著的《Strategy Formulation: Analytical Concepts》。當時我讀大學二年級，是和專題討論課的同學（當中的青島矢一也是同業）一起讀的。現在看來，雖然那是一本很好的書，但是對於當時的我來說，實在太過於艱澀難懂。競爭策略論是一門很難的學問，常讓閱讀的人覺得痛苦。儘管我會盡全力讓本書讀來有趣，但是也要請各位想想：你希望自己的公司能夠寫出什麼樣的故事？在閱讀本書的同時，將內容套用在自己的公司、事業和工作上，這麼一來，本書就會變成一篇生動的故事，同時也更容易了解。

其二，我希望各位能夠依照順序，從第一章讀到第七章。如果是一本體貼的書，通常可以讓你從有興趣的地方開始讀起，至於沒有興趣的部分或是技術性的說明，就算略過不看，也沒關係。但由於這本書是有劇情的故事，如果不按照章節閱讀，將會無法了解內容。

其三，這個要求雖然有點奇怪，不過，我希望各位能夠把本書看完。這本書很長，寫完之後，我才發現篇幅多達五百頁。雖然這是因為我很囉唆，但我也是故意把它寫成像長篇故事似的。

在看完正文之後，各位應該就會了解其中的原因了。我之所以會寫這本書，主要是因為近來出版的「策略」或「策略論」，通常只用一些流行的關鍵字，穿插在現有的架構或模組中，內容都非常簡短，而且也不太重視策略的重要關鍵——因果理論。內容通常只談論應該處理的問題和方法，卻不探討原因。

競爭策略並非關鍵字的排列，更無法一言以蔽之。從它是具有情節的故事本質來看，在某種程度上，原本就應該是「長篇故事」，而這就是我在寫作本書時所持的觀點。想說就說，毫無保留，重要的部分更要一字不漏地說個清楚，太過自信和我行我素的結果，就寫成了如此厚重的一本書。雖然不易攜帶，但各位如果願意讀完它，那就真的太感謝了。

會閱讀這本書的讀者，我想應該多少都是關心或熟悉經營學或策略論。但愈是自以為懂得其中道理的人，旁人如果不加以提點，就愈無法發現自己的盲點。我寫作此書，就是希望能夠針對這些「聰明人的盲點」，提出讓人恍然大悟的論點。我認為，競爭策略有趣，而且重要，所以希望我針對它所寫的故事，也會讓各位讀者覺得有趣。以上就是本書的前言。

本書的內容，主要是將我從二〇〇八年在《一橋Business Review》（東洋經濟新報社出版）連載兩年的同題論文系列，重新增刪整理而成。當初是因為東洋經濟新報社出版局的佐藤敬先生邀稿，才會開始這個系列的連載。身為編輯，佐藤先生除了文章的連載，在出版本書時，也提供我許多寶貴的意見，並負責督促怠惰的我按時交稿。如果沒有他的協助，就不會有這本書。

《一橋Business Review》這本經營學雜誌的編輯據點，就在我曾經任教的一橋大學的創新研究中心。當時在該中心任教，目前已轉任京都大學的武石彰先生，在本書的主要內容，也就是這個系列開始連載時曾說：「（姑且不論內容如何）標題下得真好！」同樣服務於該中心的青島矢一先生和米倉誠一郎先生，也鼓勵我說：「（姑且不論內容如何）寫自己喜歡的東西，好像挺有趣的」、「（雖然話說得又臭又長）不過，我知道你要說什麼。」託他們幾位的福，我才能寫作不輟。

除了上述三位，我在本書中所提的思想，無論直接或間接，都深受榊原清則、野中郁次郎、竹內弘高、吉原英樹、中谷嚴、加護野忠男、安田隆二、藤本隆宏、金井壽宏、三品和廣、沼上幹和小川進等前輩的影響。

與實際從事經營和策略的各界人士進行對話和討論，對我來說，是不可或缺的養分來源，也構成我思想的血肉。具體來說，他們就是所源亮、大前研一、村田育生、小嶋隆、井手光裕、江幡哲也、中竹龍二、吹野博志、Michael Dell、出井伸之、丸山茂雄、辻野晃一郎、松井道夫、郡山龍、床次隆志、柳井正、今枝昌宏、佐山展生、寺井秀藏、熊本浩志、西岡郁夫、鎌田和彥、內田和成、今卷龍一、平尾勇司、新浪剛史、吉越浩一郎和小島雄一等人。其中，小島雄一先生負責掌管SONY的事業部門，正值壯年，可惜英年早逝。他在一九九八年十月對我說過的話，成為我決定將策略當成故事思考的關鍵。

本書得力於這些先進前輩的思想和行為模式甚多，我在此由衷表示尊敬和感謝之意。

謝謝！

楠木建

Contents

目錄

第2章 競爭策略的基本理論

第3章——從靜止畫到動畫

第4章——以概念為「起」

第5章——納入「致勝關鍵」

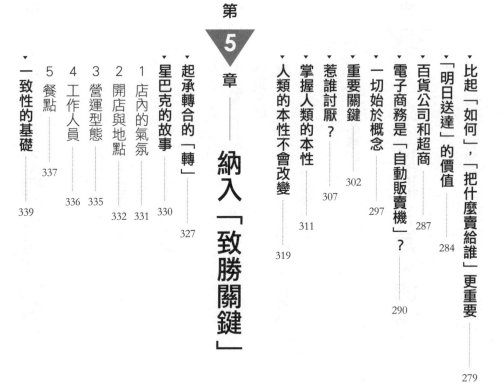

第6章——解讀策略故事

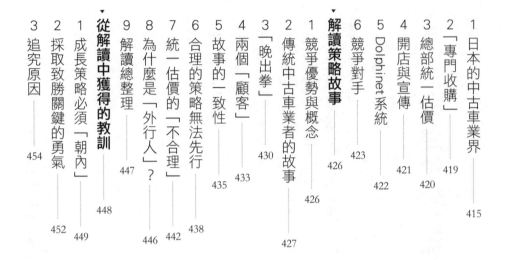

第7章——策略故事的「十項基本原則」

註：本書的內容，主要是根據我在《一橋Business Review》二〇〇八年夏季號（五十五卷一號）至二〇〇九年冬季號（五十七卷三號）連載八次的同題論文〈競爭策略故事〉，大幅增刪重新整理而成。

第1章——策略是「故事」

理論與實踐

本書主題是關於競爭策略，主要的內容是將策略視為具有情節和變化的「故事」（narrative story），然後，從這樣的角度來研究競爭策略和競爭優勢的本質。至於何謂策略？何謂競爭策略故事？我將會在後面的文章中詳細說明，首先，我想先說明我的立場。

我想說的是，「理論」是很重要的。各位或許會覺得我很囉唆，可是我認為社會上之所以會出現許多關於「策略」的奇怪論調（對我而言），就是因為無視於策略背後的關鍵理論。各位請聽我慢慢道來。

我認為，會閱讀本書的讀者，大部分應該都是實際經營企業的企業家。我曾經有過許多機會向這樣的企業家演說。每回我都會覺得聽我演講的企業家，腦海裡應該都會閃過一個念頭，那就是「你會做什麼？有什麼資格說大話！」

我非常能夠了解他們的感受。因為有時候他們甚至會當著我的面說，所以我真的再清楚不過。硬是要將策略論當成「實務」領域混飯吃的學者，必須認真思考該如何和實際從事經營和策略工作的人互動。

各位在自己的實務工作上，應該都面臨某種「需要解決的課題」吧！而這些課題也應該都不是能夠輕易解決的。該怎麼做，才能在資源和時間有限的情況下，提高業務程序的效率呢？該怎麼做，才能夠開發出具有競爭力的產品？該怎麼做，才能提升業績？這些應該都是非常具體且亟需解決的問題，而每個人面對的課題都不一樣。如果有一百位實際從事經營的人，應該就會有一百個內容迥異「需要解決的課題」。

而我卻完全沒有經營的「實務經驗」。從學生時代，我就知道自己不能從商，因為我從小就不擅長和人競爭。我隱約希望自己在未來能夠盡量避免被捲入嚴苛的競爭和利害關係，而是能夠隨心所欲做自己喜歡的事。如果可以的話，我希望能夠從事音樂或舞蹈方面的工作，但是事與願違，最後隨波逐流當了學者。諷刺的是，我還在商學院教授「競爭」策略，即使如此，也仍舊不是追求利潤的行業，因為大學是ＮＰＯ（非營利組織）。

無論如何，如果要叫我這種人對像各位這樣的企業家演講的話，價值和意義何在呢？我不會針對一百個問題，直接提出不同的解決之道，告訴你只要這麼做，就可以提升業績。因為經營學和經營是不一樣的，（如果一樣的話，我就不會選擇當學者了，）甚至還有句格言，內容是「沒有任何一家公司，因為聽了學者的話而有所改善」。

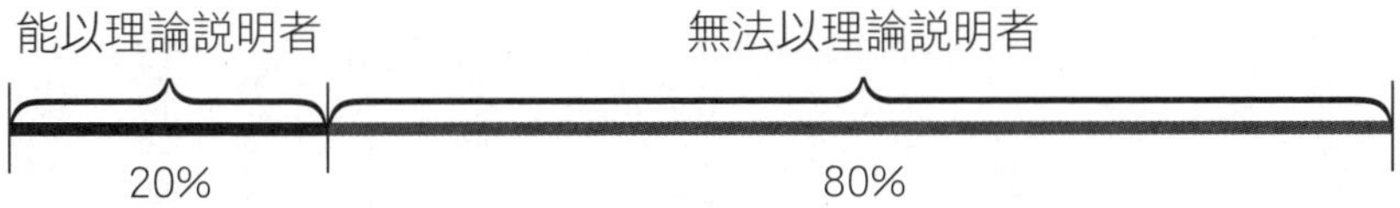

圖 1.1 「理論」和「非理論」

有句話：「紙上談兵」，我認為它的意思就如同圖1.1。即使想在事後將一家公司成功的原因理論化，也頂多只能以理論說明兩成。丹羽宇一郎曾說：「經營靠的是理論和氣勢」[1]。如果將理論無法說明的部分，都統稱為「氣勢」的話，實際上，策略的成功，靠的就是兩成的理論和八成的氣勢。簡而言之，一家公司的成功或失敗，八成是靠「無法以理論說明的事」來決定。

何謂「無法以理論說明的事」？首先，就是「運氣」。「運氣」是決定一家公司是否能夠成功的重要因素，而理論卻無法分析「運氣」。

最重要的關鍵，則是「動物的直覺」。做生意就像是走在一條「野獸之路」，只有經驗豐富的人的嗅覺，才能夠派上用場。到底應該往右、還是往左？我聽過不少人靠直覺在當下做出決定，數年之後驀然回首，發現當時被迫臨時做出的決定是對的。理論也無法解釋這種情況。

無論是動物的直覺或嗅覺，在各種實際的狀況下，就像是有效的判斷標準，或是「這種時候就要這麼做」的公式。企業家透過在自己的野獸之路上，一邊奔跑，一邊思考，建立自己的判斷標準或公式。自己一連串的行動是寶貴的實驗。自己（或是平常看得到的身邊的人）的每個行為，都是為了檢驗判斷標準是否有效的樣本。每天在野獸之路上，一邊奔跑，一邊思考，建構公式，鍛鍊自己的直覺。

就算是企業家，也不會完全就個別的具體實例，單純仰賴直覺進行判斷，並採取行動。優秀的企業家都有自己的一套方法，作為自己運用直覺的根據。這不是學者所說的「理論」，而是當事人特有的思考和判斷的標準。

對每個人來說，最有用的方法，就是「動物的直覺」，最簡單的例子就是開車。人在開車的時候，看得最清楚。只要出現障礙物，駕駛人立刻就會發現，隨即反應，並採取適當的行動。如果是處於靜止狀態，就很難這麼做。只有奔跑在「野獸之路」上的人，因為正在跑，所以才看得清楚。

如果以此來比喻學者的話，他們就是一種一邊觀察在各類野獸之路上奔跑，一邊進行思考的人種。學者看不見企業家看得見的東西，更不要說迅速採取適當的行動，因為他們是處於靜止的狀態。對企業家而言，真正能夠派上用場的是他們在工作中累積的經驗，以及訓練出的嗅覺。學者所提出的理論，遠不及他們的動物直覺。既然如此，就毋須思考什麼理論，大步走向野獸之路就是了。這就是為什麼學者的理論會被嘲笑為紙上談兵之故。

▼「無意義」與「謊言」之間

無法用理論說明的動物直覺，掌握了八成的輸贏。即使事實如此，但我還是認為企業家和學者之間的對話是有其意義的。（如果沒有意義的話，這本書已經可以不用寫了。）

請各位看一下圖1.2，能否以理論說明的部分比例還是一樣。即使有八成的現象，無法以理論說明，但還是有兩成的商業行為是符合理論的。如果情況是從圖左邊的「到此為止能夠以理論說明」，發展到圖右邊的「接下來將無法以理論說明」的話，就會出現「因為不是理論，所以理論很重要」的這種似是而非的論點。

不知道什麼是「理論」的人，自然也就不知道什麼不是「理論」。我在和企業家討論時，經常會聽到類似「理論上是這樣沒錯，但實際上卻行不通……」的話。但是，以我的經驗來說，那些覺得「實際的情況用理論是說不通的」這句話能震撼人心的企業家，反而更喜歡講道理。如果只是因為「做生意是沒辦法講道理的！」，就一味地在野獸之路上爆走，是無法掌握最重要的「動物直覺」的。即使動物的直覺左右八成的結果，但是能夠掌握剩下兩成理論的人，更可以深入了解動物直覺的真意，而且能夠清楚看出接下來靠的不是理論，而是氣魄。於是，就會愈來愈有幹勁，鍛鍊自己的「動物直覺」。「因為不是理

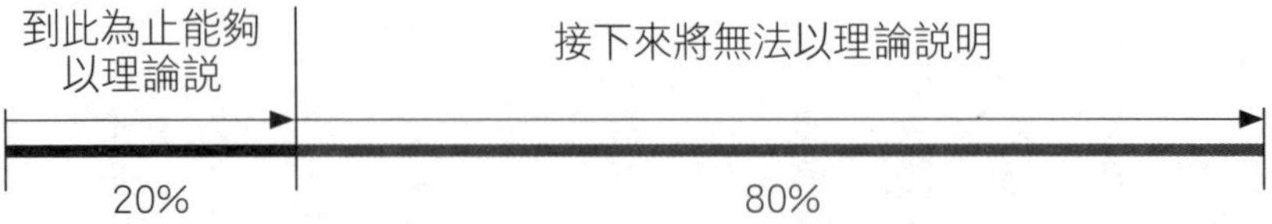

圖 1.2 「因為不是理論，所以理論很重要」的理論

論，所以理論很重要」。

這裡所說的「理論」，究竟是什麼意思呢？所謂的「理論」（logic），指的是像「A等於B」，也就是為了連結兩種想法或現象所做的推論（reasoning）。因此，理論是以why，而非what、how或when來發問，這是一般的定義。如果是在討論經營或策略的文章中，理論則會被視為是一種介於「無意義」和「謊言」之間的東西。

我想會閱讀本書的讀者，大概都對經營或策略感興趣，應該也看過不少所謂的「商管書」。大家如果到書店的商管書區，會發現各種領域的相關書籍。身為商管書作者的我，這麼說或許值得商榷，但是，我認為這些書中有二至三成是毫無意義的。我在此姑隱其名，就以某書為例，來說明我之所以這麼說的原因。此書的內容，主要是反覆討論以下的三個論點：第一，日本的經濟已臻成熟；第二，利用創新提高附加價值，是非常重要的事；第三，品牌是區隔市場的重要武器。

基本上，我也贊成作者的主張，不過，我認為這樣的內容幾乎毫無意義。因為這三項主張都是理所當然的事，即使強調「品牌很重要」，因為大家本來就這麼認為，也只能點頭了事。（假如有一本書主張品牌沒有任何用處，根本不用在乎的話，我倒是想一睹為快。因為要說出這樣的話，需要有「理論」支持）這種理所當然的意見，不是現在才有的事，十七世紀東印度公司的人就曾經說過「改革很重要」、「要培養品牌」（然而，應該沒有人會說日本的經濟已臻成熟）。雖然任誰聽到這些理所當然的事，都會表示認同，但這些話依舊是毫無意義的。

此外，以「謊言」作為內容的書也不少。例如，那些主張「只要這麼做，就能夠提升品牌能力」等「法則」的書，就屬於這一類。所謂的法則，指的就是無論在什麼樣的情況下，都可能重現較為普遍的因果關係。以自然科學來說，「如果使用這個材料，在這個溫度下，也可以進行高溫超電導」的一般法則就會成立。追求自然現象的法則來確立法則，是科學的基本形式。

稍後，我將會重新談到這個話題。如果先就結論來看，不知道是幸、還是不幸（應該是「幸」吧！），這類的法則無法成為策略論討論的對象。因為經營和策略不是一種「科學」，同樣的方法即使在零售業界管用，引進鋼鐵業界就不見得行得通了，甚至可能會變得很奇怪。即使是同樣的業界，在A公司有效的作法，到了B公司卻完全行不通，也是常有的事。

如果回到前面的話題，經營一家公司是否能夠成功，理論只占兩成，剩下的八成要靠氣勢，如果有這種通用的法則，就能夠完全用理論說明成功的原因了。如果真的有普遍通用的法則，只要引進這個法則，然後照做，一切就能夠迎刃而解，也不需要經營了。「只要這麼做，就能夠提高業績」的法則，聽起來雖然很吸引人，但對於經營一家公司來說，這樣的說法根本是謊言。

一橋大學的沼上幹教授在面對企業家詢問「要怎麼做才能夠成功」時，提出了以下頗具說服力的說法[2]。

針對這個問題，經營學家明顯只有一個答案，那就是「雖然沒有法則，但是有理論」。除了這個答案之外，隸屬於社會科學領域的經營學無法提出其他解答。

也就是說，理論是介於無意義和謊言之間，面對經營和策略是無法確立法則的。即使如此，還是有理論可以加以「理論化」，本書的目的就是站在競爭策略故事「雖然沒有法則，但是有理論」的立場，企圖說明好的策略故事的理論。好的策略故事的理論，並不是像「改革是很重要的」的這種毫無根據的理論，而是必須仔細思考。如果只是在實務的「野獸之路」上奔跑，並不容易看得清楚。

▼策略理論化

對企業家而言，將策略理論化是很重要的事。以下我將提出三個理由。

在野獸之路上，培養出的嗅覺，雖然具有關鍵性，但卻有其限制。那就是如果每天都埋首於實務的話，視野會變窄，看到的東西也會很固定。邊跑邊思考的人，視野通常會愈來愈窄。

如同之前提到開車的例子。日常的理論只要進入自己的視野，就會讓你看清楚許多事，但是範圍有限。因為一邊開車，一邊東張西望，是非常危險的事。愈是以高速行駛的人，這樣的傾向就愈明顯。在激烈的競爭中，人們被迫要愈跑愈快，請各位想像，如果你在高速公路上奔跑，跑得愈快，視線就會愈固定。由於看得清楚、做出正確判斷和動作等動物直覺的強項，在於「邊跑邊思考」，因此，視野和視線範圍的問題，是無法立刻解決的矛盾。

為了改變視線的焦點，並拓展視野，必須向其他業界的公司或經營者學習。但是事情並沒有這麼簡單，這就是理論為什麼重要的第二個理由。我在後面也會提到，與其說策略是一種科學，毋寧說要更接近藝術。優秀的經營者就是「藝術家」，他們建構出隱藏在這家公司相關業務中的特殊解答策略，這個策略愈好，就愈深埋在經營狀況中。企業家根據經驗所提出的策略論，雖然讓人佩服，不過，使用者很難將這樣的智慧和自己的狀況互相呼應。然而，如果能將那些智慧理論化，轉換成可廣泛使用的知識，（能夠將理論具體呈現的）企業家就能夠在不同的情況下，使用相關的理論。相反地，如果沒有經過理論化，這些智慧能夠使用的範圍就會非常小。

第三點就是——讓人感恩的是理論不容易改變，正因為眼前的現象每天都不一樣，所以不會改變的理論變得非常重要。

以下的敘述是引用自《日本經濟新聞》的報導，請各位看一下。

感覺日本的經濟即將進入一個前途混沌的時代，因此，大家必須了解現在是一個激烈變化的時期。以往的方法已經不再適用，企業經營者必須將以往成功的經驗還原成一張白紙。

我想，應該有不少人認同這樣的說法。可是，這則報導是刊載在昭和年間，也就是我出生的一九六四年（昭和三十九年）九月的《日本經濟新聞》。只要翻閱以前的報紙，大家就會很清楚，數十年來新聞報導，永遠都說現在是「激烈變化的時代」。就連現在的報紙上還是經常會出現「現在是激烈變化的時代」；或「以往的方法已不再適用」等一模一樣的說法。無論是哪一個時代，報紙永遠都會說「現在是激烈變化的時代」、「以往的方法已不再適用」——這些說詞已經說了數十年。

這是怎麼一回事呢？就算不是馬文．蓋依（Marvin Gaye）也想問「What's going on?」[3]。照理來說，激烈變化的時間不可能持續幾十年，事實上，卻是「雖然不一樣，但是沒有改變」。就定義上來說，匯率和股價是一種每天改變的現象，而新的市場和技術出現之後，又消失無蹤。從這個角度來看，現象確實會有「激烈變化」的時候，但是現象背後的理論卻不會輕易改變。如果一味追求日新月異的現象，只會讓人頭昏眼花。這麼一來，就無法採取有效的行動，這樣的人無法擬定出適當的策略。

事實上，思考、做決定和採取行動的人是各位，只有各位，才知道真正的答案。不過，只要能夠有嶄新的觀點和視野，自然就會有動力來採取行動。從這點來看，我認為沒有比理論更具有實踐性了。反過來說，如果無法提供實踐新作為的機會的理論，至少對企業家而言是毫無價值的。對某些特定的企業家而言，結合實踐的處方籤，在特定的情況下是有用的。然而，在實際操作時，不同的人有不同的問題，因此，出版所謂的「可供實作的商管書」，其實是一種非常不知變通的作法。

沒有立即可生效的處方籤，也沒有可以擬定好策略的「法則」，但是好策略的「理論」

確實存在。即使是平常一邊跑步、一邊思考的事，只要停下腳步，將想法整理成理論，應該就會知道該怎麼做。如果各位在閱讀本書時或是在閱讀完後，觀點有所改變或視野得以拓展的話，就是我最大的成功。我想以此為標準繼續討論下去。

▼何謂策略？

「策略」是一個非常好用的詞，我想各位在不同的商業環境中，經常會聽到、看到或用到它。但是，正因為這個詞非常有包容力，蘊含的意義眾多，所以每個人對它的印象和定義也都不一樣。有人認為，策略是「凌駕於日常業務之上更大規模的事物」；也有人從時間的角度切入，認為策略「不是為了因應眼前的問題，而是為了擬定長期的方針」。

教科書上，則將策略定義為「如同組織提示達成目的的方法般，資源運用與環境相互作用的基本模式[4]」，但這個說法很難理解。總之，當你覺得「策略不好」或「要更具有策略性」時，請先想想自己的定義，你覺得哪裡不好或希望怎麼做。

舉例來說，當你走在路上有人突然問你：「貴公司的策略為何？」時，你會怎麼回答？當然，如果突然出現這樣的人，你應該會提高警覺。但是，我想知道的是各位會如何向一個知識水準普通而非業內的行家，說明自家公司的策略。你對策略的定義，應該就隱藏在這個答案中。

如果有人問你，你的公司是一家什麼樣的公司，答案很簡單。你可能會告訴對方公司的產品、客戶、營業額、員工人數或公司所在。可是，如果對方問你公司的策略時，情況就不一樣了。應該會有不少人不知道該怎麼回答吧！

簡單來說，「製造差異，產生連結」，就是策略的本質。前半段是指與競爭對手之間的差異，能夠在競爭當中將利潤提升至平均的業界水準以上，是因為與競爭對手之間的「差異」。如果沒有差異，競爭就會成為經濟學所假設的「完全競爭」，結果將會是毫無剩餘利益。因此，只要製造差異，就是策略最重要的本質。相關的細節將會在下一章詳細說明。

這裡要強調的是策略的另一項本質，那就是「連結」。所謂的連結，指的是兩個以上的構成要素之間的因果理論，而所謂的因果理論是在說明 X 導致 Y（使其可能、促進、強化）的理由。只是舉出單一的差異無法成為策略，必須將它們互相連結、組合、相互作用，才能夠長期獲利。

神戶大學的三品和廣曾經提出三個有趣的看法[5]，每一個都是和策略的本質「連結」有關的重點。第一，就是大多數的經營問題，都是根據分析師的想法，將大的現象分解成構成要素之後，再逐一進行研究。因此，即使是企業的組織設計，也會被分解成行銷、會計和財務等構成要素。第二，策略的精髓是整合，與分析的想法不符，所以無法在企業中找到因應策略的部門。第三，則是策略應由人，而非部門負擔。如果科學的本質是在於「不依靠人」，比起科學，策略應該更接近藝術。

策略是因果理論的整合，具有「隱藏在特定前後文中的特殊解答」的本質。之所以不可能有擬定好策略的「普遍性法則」，是因為策略是一種依存特定情況而生的綜合體。

因此，自然會有許多人希望能夠從優秀的經營者那裡，得到有關「策略論」的知識，因為優秀的「藝術家」從經驗中累積的智慧非常有用。在日本的經營者中，無論是雅瑪多運輸的小倉昌男所寫的《經營學》[6]，或是成功讓多家企業重生之後，成為Misumi集團經營者的三枝匡所寫的一系列作品[7]，都是最具代表性的例子。即使不是理論性的著作，從一些自傳或佳言錄等書中，也可以找出許多有用的策略智慧。優秀的經營者，例如日本電產的永守重信[8]、伊藤忠商事的丹羽宇一郎[9]，以及日本迅銷的柳井正[10]等人的著作，就是最好的例子。

這些優秀的經營者所提出的策略論，非常具有說服力。首先是因為這些都是他們在特殊的經營情況下，所磨練出的智慧，能夠確保策略與實際狀況之間的關聯性。其次是因為內容整合所有的實際情況，因果理論非常扎實。最後也是最重要的原因，那就是經營者的策略確實成功（或失敗），成為成果與策略之間的因果關係（至少就結果來看確實如此）強而有力的保證。

這樣的說服力，是學者所提出的策略論所望塵莫及的。舉例來說，永守強調的重點是「馬上做、一定要做、做到做出來為止」；而丹羽則強調「流汗、用腦筋拼命幹」；柳井在二〇〇七年對全體員工提出的方針，只有「賺錢」一句話。如果說得簡單些，策略的本質就是這樣。但是，透過實踐和經驗背書的主張，進一步了解就會發現基礎穩固的「理論」。從來不曾實際操作，也無法提示成果的我，如果照本宣科向企業家們談論這樣的主張，對方要不置之不理，要不就是冷笑，要不可能會揍人吧！

▼「G理論」

哈洛德・季寧（Harold Sydney Geneen）所寫的《專業經理人》[11]一書，就是由藝術家所寫的策略論名著之一。如同日譯本的副標題「讓公司收益連續五十八季成長的人」，季寧自一九五九年起擔任美國的ＩＴＴ總裁，在十七年之間創造了驚人的成果。該書雖然是一本由藝術家所寫的策略論好書，但有趣的是，季寧完全不相信所謂的「經營理論」。

根據自己長期的經營經驗，他認為一般人所說的經營理論非常值得商榷。他覺得，所謂的經營理論，只不過就是一種像馬戲團般錯覺的魔術。

即使如此，我們還是不肯悔改，一定要到馬戲團或劇場去觀看錯覺的魔術。我們總是在尋找某種仙丹妙藥，或是利用誇張的廣告推銷的特效藥。就連在商業的世界情況也一樣，甚至將這種妙藥稱為新理論。這是因為我們總是在尋找單純的公式，來解決複雜的問題，只要小小包裝一下，貼上吸引人的標籤，大家就會把它當成糖衣錠，期待它具有藥效，而吞下肚去。

所謂的商業理論幾乎都是如此……（中間省略）……，這些理論沒有一個如同他們所標榜的那般產生作用……（中間省略）……。事實上，在我的專業生涯中，還沒有見過一個最高層經營者企圖利用公式的組合圖表或經營理論，來經營自己的公司（更不要說是經營成功的）。商業理論，就像是嗜好或服裝的流行一般來來去去……（中間省略）……。（經營理論的）「達人」們如果不是笨蛋，不久就會發現這樣的公式，在商業的世界中，無法像實驗室裡的化學家或物理學家所使用永遠不會改變的公式般通用。而事實不過就是商業不是科學罷了！

在季寧的眼中，當時流行的PPM（Product Portfolio Matrix）架構，同樣讓人無法苟同。他認為，一旦引進PPM，他花了將近二十年在ITT建立的一切，以及員工團結一心，對於朝向目標全力發展經營模式的信任，將會被徹底瓦解。沒有人會想在一個無視於自己的利潤、看不見成長、被貼上「搖錢樹」標籤的事業部門工作。

季寧出版此書時，美國流行的最新經營理論是「日式經營」，其中最具代表性的例子，就是「Z理論」[12]。Z理論的名稱[13]，是源於道格拉斯．麥克葛瑞格（Douglas McGregor）所提出的「X理論」和「Y理論」。

X理論和Y理論是將兩個不同的經營前提，互相對比的結果。人類不喜歡過度工作，對於自己的職務也不喜歡負太多的責任，這就是X理論的前提。根據這個前提，以嚴格的指揮系統來經營企業，變得非常重要。相對於X理論，Y理論的前提則是人類的內心都希望能夠發揮自己的才能，如果是在這樣的情況下，讓員工積極參與決策，在組織中形成共同體，才是有效的經營之道。

然而，季寧卻表示：「這些整理十分完整的理論，其困難處在於就我所知沒有一家公司能夠嚴格遵守Y理論或X理論，就連（被視為X理論最典型的例子的）軍隊都辦不到」。

而Z理論則是企圖以終身雇用所代表的重視員工、勞資協商、員工對公司的忠誠與承諾，以及共同體一般的企業文化等，與美式經營不同的地方，來說明日式經營的優勢。關於Z理論，季寧的看法如下。

被這麼一說，比起粉紅色、安靜、體貼的日本企業職場，美國的情況變得灰暗、冷漠，而且充滿壓力。事實上，我不認為兩者之間有這麼大的不同，就算真的是這樣，美國人會想要拿個人的自由和機會平等的傳統，跟日本人交換他們根深蒂固的溫情主義、謙讓和無私嗎？就算他們想換，換得了嗎？日本人和我們完全不同的生活模式，根植於長久以來形成的文化。日本近代產業的經營方式，則是在如此根深蒂固的文化中，以獨特的發展方式形成。……（中間省略）……，我無法想像美國的企業引進日本家族主義式企業的作法，要求員工每天早上在上班之前，高唱GM、ITT或Bellsystem24的社歌。無論是X理論、Y理論或Z理論，都無法一次就解決複雜的問題。

總之，季寧強調的是策略的第二個本質，也就是「隱藏在真實環境中的綜合體」。日本企業和美國企業的文化環境不同，因此，在日本行得通的事，搬到美國，就不一定行得通了。即使同樣是美國的企業，面對的環境條件也不一樣。在其他公司管用的策略，在ＩＴＴ就不一定適用。無論是策略或經營，都是隱藏在公司或事業特定環境中的綜合體，必須將不同的片段合而為一，才有它的意義。經營不是科學，而是藝術，但是「經營理論」卻硬是要將完整的東西分解成一個個的要素，再將這些要素從整體的環境中分離出來胡亂定義。季寧之所以說理論毫無意義，正是因為對這樣的情況深感焦慮。

他提出一套終極理論，那就是「Ｇ理論」（Ｇ是取自季寧名字的第一個字）。內容為「不只是企業，就連其他事物也無法用理論來經營」。

何謂「故事」？

作為一名即使想提出親身經驗，也無從說起的經營學家，即使將隱藏在特定環境中的綜合體視為策略，還是必須以有別於經營者的方式，提出對於企業家有用的策略論。我所提出的就是「競爭策略故事」的看法。故事策略論是一種從正面掌握策略的本質，也就是因果理論的綜合體之觀點。

競爭策略故事將重點放在「差異」和「連結」兩項策略本質中的「連結」。競爭策略主要是由企業提供的「對象」、「內容」和「方式」等各種「對策」所構成的。策略必須與競爭對手有所不同，而各種對策也必須有別於其他公司。

不過，如果只是分別提出個別差異，無法形成策略，只有彼此互相連結、組合、作用，才能夠長期獲利。競爭策略故事注重能夠將各種對策互相連結，促進提供顧客獨特價值，以及連帶產生利潤的理論。也就是說，除了針對個別要素做出決策、採取行動之外，更重視各項要素之間的因果關係和相互作用。

將策略當作故事，就是在說明「個別的要素為何能夠順利連動，合而為一，推動事業」，同時也是在說明「一家公司為何能在激烈的競爭中，製造出其他公司無法製造出的價值」，以及「為何能夠產生利潤」。每個對策不只是「靜止畫」，個別的差異由於因果理論徹底連結，策略就會變成「動畫」。競爭策略故事是一種以動畫的方式，與其他公司做出區隔的思考模式。

以足球為例，應該更容易了解。為了贏得比賽，要在哪一個位置安排什麼樣的選手，是構成策略的「點」。但是，經過選擇安排的選手所踢出的球，如何連結奔向球門，則是連結點的「線」的問題。足球的策略，指的是一個隊伍特有的攻守方式，而這樣的攻守方式，可視為是由幾條線所構成的「變化」和「運作」。真正的策略並不是個別選手的安排或傳球能力，而是使個別的方法互相連動的「變化」，以及讓結果浮出檯面的「運作」。

競爭策略故事，就是一種「影響勝負的關鍵是策略的變化和運作」的思考模式。如果以象棋或圍棋為例也一樣，通常我們在提到策略的時候，無論是否特別意識到，腦海中想像的應該都不是個別的方法，而是如何利用一連串的方法，贏得棋局。將策略視為故事的想法，並不是什麼新鮮事，而是一種非常簡單自然的想法。

關於個別要素的決策（例如某項產品要在公司內生產、還是委外），基本上就是確定what、who（whom）、how、where和when。針對個別的對策，策略故事主要研究的是why。前面之所以提到「線」和「變化」，是因為重點在於因果理論，也就是點和點之間為什麼會互相連結，而前一項對策又為什麼能夠讓接下來的對策產生作用。這也就是為什麼必須將策略當作是具有一連串變化的故事來思考的原因。

▼策略的「變化」和「運作」

萬寶至（Mabuchi Motor）是一家技術成熟、專門生產小型馬達的公司。乍看之下，這似乎是一個不怎麼賺錢的行業，但是該公司卻長期維持高獲利。至於詳細的情形，我會在後面說明。關於小型馬達事業，萬寶至最初擬定的策略故事簡單來說，就是「利用大量生產，降低成本，提高競爭力」。將「大量生產」和「低成本」互相連結的線，就是再平凡不過的「規模經濟」理論。

如果只是這樣的話，內容就簡單了。但事實上，萬寶至的策略故事之所以有趣，原因在於該公司決定以「馬達標準化」，作為大量生產的方法[14]。「標準化」，現在聽來似乎是理所當然的事，但在當時的馬達業界，堪稱是違反常理的「禁忌」。用於玩具或吹風機等家電製品的小型馬達，是業者配合組裝廠商因應特定款式的需求所生產的。為了提高公司的競爭力，組裝廠商會進行產品區隔，因此，必須稍加改變內部馬達的尺寸和特性。在業者依照訂單進行生產的時代，馬達是典型的多品項、小量生產的產品。

如果以少數特定的款式，將馬達標準化，就可以讓馬達從小量生產的枷鎖獲得解脫，進行大量生產。即使是萬寶至的客戶組裝業界（裝有馬達的成品），因為競爭激烈，產品開發的循環也愈來愈快。對於希望馬達的價格能夠愈來愈便宜、開發的速度愈快的消費者而言，一開始應該是排斥馬達標準化的吧！然而，只要願意忍耐，長期來說，此舉應該是合乎經濟理性的，只要消費者開始購買萬寶至的標準馬達，對標準馬達不再那麼排斥。對萬寶至而言，規模經濟應該就能夠逐漸形成降低成本的良性循環，這就是該公司擬定的策略故事。

除了標準化之外，萬寶至還採用其他相關措施，例如階段性開發除了玩具、生活家電以外的新市場、以中國為主在海外進行直接生產、以勞力密集的生產線降低自動化的水準、不設立分店和營業所，以及採取定點集中的營業體制。這些措施之間，以因果理論互相連結，企圖透過標準化、大量生產、規模經濟、低成本來追求長期獲利。這個目標的背後還有一個故事，探討各項措施之所以互相連動的相關理論。萬寶至的成功，與其說是個別的措施，毋寧說是故事的勝利。

如同小說和電影的故事有好壞之分，策略故事也一樣，也就是條理是否分明。如同第三章所說條理分明的策略故事，指的是是否有扎實的因果理論，能夠支持整體的策略，內容是否完整連貫。光靠簡單的因果理論，策略是無法成功的。就算能夠成功，要不是具備有良好的外在條件，要不就是運氣太好。

舉例來說，「中國的競爭對手勢力抬頭，價格競爭愈發激烈，因此，必須降低成本；於是放棄自製將生產外包給中國專門負責組裝的企業好了」，這就是「條理不夠分明」的故事典型。如果將生產外包給中國企業，勞動成本會比自行生產低廉，這樣的作法也不是完全沒有道理。不過，也未免太簡單了。如果其他公司也能夠將生產製造外包給中國企業，即使能夠降低自行生產的成本，也無法拉開和競爭對手的差距。如果放棄自行生產，就無法繼續累積生產技術，而且為了要讓外包工作順利進行，必須提供某種程度的技術。這麼一來，特有的技術就會外流，長遠來看，將會喪失以往提供競爭力的強項。

這只是一個假設的例子，並不是說委託中國企業生產，就是大家所說的「不好的策略」。關鍵在於因果理論太過簡單，策略故事的條理不盡理想，應該說是無法構成一個故事。

一九五四年，萬寶至馬達在日本國內的自家工廠開始生產作業；十年後，在香港成立分公司，並展開在海外的生產作業；一九六九年、一九八六年、一九八七年分別在台灣、中國的廣東和大連，一九八九年和一九九六年則分別在馬來西亞和越南等東南亞地區，設立海外生產據點。到了一九九〇年代，更進一步關閉日本國內的生產據點，將全數的生產作業移往海外，利用直接投資以中國為首的亞洲國家，進行生產轉移。現在看來，雖然是理所當然的事，但萬寶至是第一個這麼做的企業。進入二十一世紀之後，當眾多的日本企業打算直接在中國進行生產時，萬寶至因為率先前往中國設廠而備受矚目，也就是有所謂的「先見之明」。

不過，策略故事的條理是否分明，必須要看其他要素之間的連結而定。萬寶至率先前往中國設廠生產，當然是有先見之明，但更重要的是，和其他措施在因果理論上的緊密連結。

萬寶至將生產作業鎖定在技術最為成熟的帶刷小型馬達，更重要的是，以「馬達標準化」作為策略重點，只要是技術成熟的產品，不僅適合中國勞動力集中的生產線，也能夠受惠於中國廉價的勞動力。只要產品標準化，就毋須生產不同規格的產品。即使仰賴不夠熟練的勞動力，也不會發生太嚴重的問題，加上因為能夠長期生產同樣的產品，員工也更容易練就熟練的技術。

看到萬寶至成功的其他同業，將在中國設廠的策略視為「最佳實務」而引進使用，但由於缺乏其他措施的配合，策略故事的內容反而變得窒礙難行。如同只看部分情節的劇照，無法評價電影的好壞一般，如果不研究整個故事，根本無法判斷內容的條理是否分明。

馬尼（Mani）是一家專門生產手術用針和刀的公司[15]，由於產品擁有全球最高水準的品質，因此，長期以來得以維持高獲利水準。在一九九〇年代後期，該公司也將生產線移往東南亞，不過，不鏽鋼線材在海外進行前置處理之後，需要進行微細加工等特有技術的工程時，還是會再送回日本國內的工廠，結束之後再送回國外的工廠，進行最終加工和品質檢查。

至於設廠的地點，馬尼並未選擇當時非常熱門的中國，而選擇了越南，而且還將工廠蓋在四周連一間工廠都沒有的偏僻地區，而非經過政府進行基礎建設、積極招商的工業區。

他們為什麼要這麼做呢？只要觀察連結所有措施的故事，就能夠看出其中鮮明的因果理論。由於馬尼的強項是品質，因此，將需要特有技術的工程集中在日本進行，而前後的前置處理、最終加工和品質檢查……都需要密集的勞力，因此送往國外工廠處理的好處多多。

品質最重要的就是最終檢查工程。光是特定種類的手術用針，一年的產量超過一億根。由於馬尼以目視檢查所有產品品質的方式來維持品質，這樣的作法需要大量的勞力，因此，適合在人事費用低廉的越南進行。從越南到日本、再到越南的工程移動，乍看之下，非常沒有效率，但是因為馬尼的產品輕薄短小，即使為了縮短交貨時間，而採用空運，也不需要花費太高的成本。如果產品笨重龐大，就沒有辦法這麼做了。

馬尼之所以選擇將工廠蓋在越南的偏遠地區，也是有它的道理。要檢查所有產品的品質，最重要的是作業者的熟練度。由於中國勞動市場的流動性高，勞工不夠穩定，所以越南是比較適合的選擇。不過，如果將工廠設在企業集中的工業區，勞工跳槽的可能性就會跟著提高。於是，馬尼選擇在四周沒有任何一家工廠的地方，從零開始長期經營，並雇用鄰近的居民，徹底訓練雇用的員工，培養技能，讓員工能夠在當地就業。由於四周沒有其他工廠，就沒有跳槽的誘因，員工的穩定度就會跟著提高，技術也會隨之更加熟練。這就是馬尼之所以能夠以低成本，利用全品檢驗，來維持全世界最好品質的原因。該公司的海外生產與其他構成策略故事的因素之間，有非常緊密的因果關係，也就是說，這個公司的策略是一個條理分明的故事。

▼「故事」不是什麼？

要讓靜止畫變成動畫，靠的是策略論的本事。以往的策略論，鮮少從「動畫」的觀點出發，雖然策略原本應該是動畫，但我覺得代表理論的「策略」論，似乎偏向靜止畫。

接下來，我將從「行動清單」、「法則」、「模板」、「最佳實務」、「模擬」、「比賽」等六個項目，來討論以往的靜止畫策略論。目的是為了釐清故事策略論應該是什麼，而不是什麼。

1 不是「行動清單」

這點之前雖然已經說過，策略的本質在於「整合」。但大多數的經營問題都是把大事分解成一個個的組合要素，之後再採取分析的方式研究每個要素，但策略的精髓，其實是在於整合。

事實上，缺少核心整合觀點的「策略」不在少數，其中的故事是否連貫，和資訊量的多寡、分析的密度或正確與否無關。即使無法構成故事，一般的策略還是組織了許多要素，廣泛且詳細地討論必要的重點。例如市場環境和趨勢、已鎖定什麼樣的市場作為目標市場、要在什麼樣的時間點讓什麼樣規格的產品上市、該如何定價、要使用什麼樣的通路、如何促銷、哪個部分要自行生產、哪個部分要外包，以及生產據點的位置。光是這些，就可以做出好幾張的簡報資料。

但是，整體而言，這些構成要素如何運作，會產生什麼樣的結果，完全無法看出故事之間的連結和變化。就連說話的當事者，其實都搞不清楚整個「策略」究竟如何運作，而這就是「行動清單」的策略。

事情為什麼會變成這個樣子？這就像一般的行政業務，策略的擬定是由負責的部門分工合作，原本就不應該企圖以「分析」方式進行。公司的高層只負責明示目標，擬定策略的工作就交給公司內的各個部門，接到任務的各個部門，便就自己的責任範圍內，提出可達成目標的作法後往上遞交，最後再由「經營策略部門」做成一份金玉其外的簡報資料。這樣一來，擬定策略的工作，就會被加長且細分行動清單的作業所取代，原本應該是「動畫」的策略，變成一連串無聊乏味的靜止畫，如同字面上所說，根本「不像話」。

2 不是「法則」

策略「論」最麻煩的地方，就是幾乎無法訂定法則[16]。儘管如此，部分的策略論，尤其是「學院派」的策略論，有不少卻以訂定法則為目標。數十年來，正統經營學的基本態度，就是希望訂定法則。他們假設這樣的法則是一種能夠控制實際經營的系統，希望能夠透過大量觀察，找出這個系統所有變化的規律，從中導出法則。這樣的方法受到近年來統計學的發展和自然科學的成功，給人更「科學」的印象。藉由盡可能觀察眾多不同的系統，導出更為一般化的法則，將這些法則傳授給企業家的過程，成為正統經營學的標準。

這類「法則策略論」的傾向，堪稱是學院派的自然結果。「科學的」實證研究目標，就是希望利用統計的方法，分析大量樣本的結果，能夠訂定出「只要其他的條件固定（all other things being equal），X就會等於Y」這種「嚴密」且「普遍」的法則。

我懷疑這種法則的策略論是否能夠派上用場。首先，由於策略所討論的是與其他公司之間的差異，透過大量觀察，來確認出的規則性，只是一種平均的傾向。如果根據這樣的情況下所呈現的「法則」行事，形同採取和其他公司相同的行動。就策略上來說，是一種自殺行為。其次，在強調「如果其他條件不變的話」的當下，就已經完全捨棄「環境導向」和「結合」的策略本質。

我並不是說嚴密且普遍的見解，對企業家毫無意義可言。如果經營者是以自己的意圖和面對的問題來加以解釋的話，在他們構想公司的策略時，這樣的看法應該能夠提供許多有用的理論要素。不過，除非是熱衷此道的人，否則應該不會有經營者熟讀相關的學術性雜誌。

3 不是「模板」

因此，從這些學術性的策略論中，就獨立發展出一套「實用的策略論」。對企業家的影響力而言，這套策略論應該更具影響力。然而，實用策略論雖然已經脫離正統經營學訂定法則的枷鎖，但仍容易成為「靜止畫」，原因就在於這樣的策略論容易過度配合企業家的需求。

最典型的例子，就是「模板策略論」。這套策略論主要著重於開發可供企業家立即使用的工具，而非解釋因果理論的機制。舉例來說，「藍海策略」就是一套對企業家具有影響力的策略論。以「價值創新」的概念為首，提出各種有用的理論。但另一方面，我認為，這本書過度反應企業家的需求，比起有趣的理論，本書更強調「策略方針」和「行動矩陣」等模板。

身為使用者的企業家，過度「實用」策略論的結果，即使提出理論者並沒有這樣的計畫，但是有許多策略論卻在不知不覺中會成為模板策略論。「價值鏈」是麥可·波特（Michael E. Porter）所提出的著名架構之一，就名稱中的「鏈」字來看，原本應該是用來解釋不同活動間的「連結」。事實上，波特在書中也針對不同活動的整合，進行詳細的討論，然而，幾乎在所有的情況下，價值鏈的架構都被企業當作分類整理各項活動的模板。諷刺的是，隨著價值鏈架構的普及，關鍵的活動之間的連結理論，似乎愈來愈不受到重視。

在這類的模板中，最為廣泛運用的應該是ＳＷＯＴ分析。所謂的ＳＷＯＴ，指的是用來整理、了解Strengths（內部環境的優勢）、Weaknesses（內部環境的劣勢）、Opportunities（競爭環境的機會）和Threats（競爭環境的威脅）的架構。就表面上來看，只要釐清「自家公司的優勢和劣勢」與「外部的機會與威脅」，就能夠掌握應該採取的策略。要列舉出每一個項目的原因和內容，並不困難，但是要如何定義什麼是公司的優勢或劣勢？以及什麼是威脅？什麼是機會？需要相當程度的理論和判斷[17]。

就算真的有辦法做這樣的判斷，SWOT或許真的有助於思考「自家公司」和「外部」之間的因果理論，卻會讓人無法看出自家公司的「優勢」和「劣勢」之間的因果理論。如同我在策略故事的「妙傳」（第五章）會提到，某個部分（應該是故意的）的「劣勢」，有時會成為其他部分的「優勢」，這是好的策略經常會出現的因果理論。

仔細想想，模板策略論幾乎與策略的本質背道而馳，原本應該是整合的策略提案，卻變成填補模板空格的分析。硬是要將策略與該公司的環境條件切割，隱藏構成要素之間的因果關係和相互作用。原本應該是有故事劇情的策略，卻退化成為一幅靜止畫。

4 不是「最佳實務」

策略論因為過度講究「實用」，而成為一幅靜止畫的笑話，也可以用來說明「最佳實務」。最佳實務的策略論，重視成功案例最「顯眼」的部分，企圖從中吸取教訓，了解各個業界和企業的最佳實務有其意義。但如果只是引進最佳實務的「策略」，就不值得掛上策略之名，因為它和競爭策略的兩個本質：「區隔」和「整合」背道而馳。

一看到最佳實務成為話題，就立刻引進自家公司，與其說是缺乏理論性的思考，或許應該說是考慮有欠周詳。沼上幹認為，這種欠缺理論性思考的現象，是一種名為「類別符合」的思考方式的問題[18]。如果有人針對「A小姐為什麼受男人歡迎」的問題，來回答「因為A小姐是女人」的話，應該所有人都會認為這不能算是說明。因為也有女人是不受男人歡迎的。確實受男人歡迎的比例，以女性居多（雖然也有受同性歡迎的男性），然而，只想以女性這個類別來說明問題的想法，就是錯誤的，而且這個答案也無法回答「為什麼」。

沼上曾以下列的例子，來說明什麼是典型的類別符合。有不少人在被問到「為什麼英特爾賺錢，筆電卻不賺錢」時，都會回答「因為筆電是代工業，所以不賺錢，而英特爾是設備廠商，所以賺錢」。由於這是以「代工」和「設備」的分類來說明此事，所以可說是類別符合。不過，如果將代工廠和設備廠商的利潤平均，後者或許較高，卻不是可以用來回答「為什麼」的理論。

「組裝代工廠不賺錢，而設備製造商賺錢」，明顯無法說明成為這個問題的理由。各位想想，曾經喧騰一時的最佳實務——「微笑曲線」理論。所謂的「微笑曲線」，指的是如果觀察價值鏈中上游到下游的活動，會發現位於中段的組裝（微笑曲線的底部）雖然無法產生附加價值，但是位於上游的設備、材料，以及位於下游的服務和行銷（微笑曲線兩端上揚的部分）容易創造附加價值，因此，水平分工是非常重要的事。只要將組裝外包，專心於設備製造或服務（或兩者）就可以了。

這就是類別符合，但明顯可以看出這個說法缺乏理論。儘管因為組裝不賺錢，所以應該改採外包，但也有許多專門從事組裝代工的公司，接受遵守微笑曲線理論之企業的外包工作而財源滾滾（當然也有不少組裝代工廠不賺錢）。光憑這一點，就知道微笑理論是不值得相信的。

我們經常會聽到有人說：「一家公司全包的垂直整合模式已經落伍，今後是水平分工的時代。」這句話和前面所說的幾乎一樣，確實有不少公司放棄垂直整合，改採取水平分工，得以確保獲利，而因為承包式的作業影響獲利的公司也不在少數。不過，光是因為這樣，「所以要採取水平分工」的說法，缺乏理論的支持，無法成為具有理論背景的策略故事。

無論是哪一個時代，最新的最佳實務都會成為大家的話題。不過，這些幾乎都只是一種流行，一、兩年後就會被人遺忘。「最佳實務」要有意義，只有在以扎實的因果理論被納入公司的策略故事的時候。然而，諷刺的是，最佳實務的這種歸類式的想法本身，就無視於故事因果理論的存在。如果只是採用當下流行的最佳實務，是無法創造出屬於自己的策略故事。不僅如此，還會變成藤本隆宏所說的，「不斷採用和放棄其他公司的最佳實務的惡性循環[19]」。

5 不是「模擬」

策略故事聽起來好像是「劇本」或「路線圖」，如果單就詞語原本的意思來說，確實十分相似，關鍵在於如果在公司提出「情境規劃」，就會變成單純的模擬。也就是先設定某個條件，然後再逐一填入GDP的成長率、匯率、相關事業的市場規模、市場占有率、營業額和當時預期的投資報酬率等數字，觀察條件一改變，預期的投資報酬率也會產生變化。

由於模擬會設定時間軸，從這個角度來看，它具有動畫的特色。但是，這類只是排列數字的模擬，不用說當然無法稱之為策略故事，因為完全沒有考量到數字背後的因果理論。要觀察每個數字之間的連動關係，需要相當扎實的理論來推論，不過，最重要的因果理論，卻被「以GDP來看，市場規模應該會愈來愈大」之類，過於單純的假設給取代了。這麼一來，數字只會隨著條件的變化和時間而改變，無法構成一個故事。

為了能夠在事後確認先有一貫的策略故事，各類條件會對這個故事產生什麼樣的影響，類似的模擬或許有用。但如果這只是擬定策略之後的贈品或一種確認，無法成為策略。

6 不是「賽局」

最近幾年發展出的賽局理論，主要是以數理模式分析多個決策主體的手法，其所依照的是合理的標準行動時所產生的狀況。適用的領域十分廣泛，包括：經濟學、社會學和政治學，策略論當然也不例外。

賽局的策略論，是以俯瞰賽局的整體結構的立場，觀察參與的企業、供應商和客戶相互作用產生的狀況。賽局策略論的強項，在於除了提供解決個別問題的方法之外，還能夠掌握各個參賽者（賽局的玩家）在整個商業結構中相互作用的意義，以及所激盪出的火花[20]。因此，賽局的觀點和策略故事論之間，也有相通之處。

然而，我之所以堅持使用「故事」這個詞的原因之一，就是因為企圖想加入「不是賽局」的意思。我有意見的是「賽局」這個觀點的基本前提，賽局的策略論目標是，在與公司有關的其他公司互動的同時，建立有利於自家公司運作的外在環境，因為利潤源自於其中，這就是賽局的策略論。

為了創造出如此「優越」的環境，賽局策略論的重點，在於企業的「策略行動」（strategic behavior）。舉例來說，利用策略性的低價和大量投資，干擾企圖加入的業者和競合企業的行動。倘若說得更白話些，就是「耍心機」。

可是，我認為，策略論「預測其他公司合理反映」的基本觀點太過冷靜，一旦像賽局策略論般被視為「合理的心機」，就會過度在意「訊號」或「篩選」等個別的策略活動，無法掌握玩家合理行為的全貌。

而且賽局理論的策略思考是，基本上，假設參與賽局的玩家完全合理，也完全了解彼此行為可能造成的結果。然而，所謂的合理，應該受到企業主觀判斷極大的影響，只要玩家身處的環境不同，「合理的行為」應該也會跟著改變。我認為，賽局理論的架構雖然有助於理論性思考，卻很難成為實際策略構想的方針。

▼「商業模式」與「故事」

我們再回頭來談談故事策略論吧！只要仔細觀察萬寶至馬達或馬尼等長期獲利高出業界標準的企業，就能夠看出因果理論扎實的策略故事。哪些真的是故事，無法用法則、模版或最佳實務來說明。

麥可．戴爾（Michael Dell）曾說過，「要以擊出安打為目標，而非全壘打，做生意也和打棒球一樣，要盡可能提高打擊率，因為沒有永遠大賣的產品或科技」[21]。如果能夠有創新的產品，尚未有人介入的新興市場；或是只有自家公司可以獨占的技術，生意也許可以成功。這類的要素差異極大，成果肯定非凡。不過，在目前這個資訊普及的時代，很難找到這種的「必殺技」，因為其他公司很快就會有樣學樣。

以足球為例，如果能夠擁有像羅伯特巴吉歐（Robert Baggio）或皮耶羅（Alessandro Del Piero）般球技高超的球員，確實很容易得分。但如果競爭優勢是單靠優秀的選手這個要素的話，一旦這名選手被別的隊伍挖角，球隊就會喪失優勢。

另一方面，無論是巴西隊特有的流暢攻擊模式，或是義大利隊傳統被稱為「十字聯防」滴水不漏的守備方法，都是與整個隊伍的攻守有關的強項。因此，即使義大利隊的球員遭到挖角，也還是能夠做出十字聯防。這是為什麼呢？因為其中的因果關係複雜難懂，不易模仿，所以容易維持優勢。

競爭策略故事，不是現在才重要，萬寶至馬達的策略，也算是歷史上的一個例子。在策略論的世界中，利用「商業模式」、「策略模式」、「結構」、「商業系統」，以及更進一步發展出「商業生態系統」的概念，構成要素間連結的相關研究，在日本，無論是加護野忠男和井上達彥等人，針對商業系統率先所做的研究，或是根來龍之等人所做的商業模式研究，以及藤本隆宏、武石彰和青島矢一針對產品結構所做的研究，或小川進所做的流通結構研究。這些都是將重點放在構成要素連結模式的重要性，而非個別要素的優秀研究[22]。

競爭策略故事的想法，與這些研究有許多共通之處，即使將本文所說的「策略故事」更改為「商業模式」、「商業系統」或「結構」，都不會有什麼問題。瓊安．瑪格瑞塔（Joan Magretta）在二〇〇二年發表的著名論文「商業模式為何至關重大」（Why Business Models Matter）中，就曾經提到「所謂的商業模式，就是說明企業如何有效運作的故事」[23]。

關於企業競爭優勢的來源，正在從策略的構成要素轉換為「系統」或「架構」的問題，我的看法也和這些研究一致。姑且不論名稱是「故事」、「模式」、「系統」或「結構」，其實，這些看法都是立足於個別要素愈來愈難確立企業維持競爭優勢的想法。加護野忠男曾提出一項很有趣的議題「商業系統的寧靜革命」。相較於構成要素的差異化，系統的差異化屬於「寧靜的差異化」。正因為如此，系統差異化不易被模仿且持久，因此，如果能讓差異化的次數，從要素提高到系統的話，就能夠取得新的競爭優勢。

故事的觀點與「模式」和「系統」的策略論，有許多共通之處，但是，我之所以要特別強調故事的觀點，有以下五個理由。

第一是「故事」觀點的特殊意義。由於商業設計思想的商業模式及其產生的商業系統，都將焦點放在商業整體的形式，所以不容易掌握整體的變化和運作。即使結構能夠擴張運用到整個商業，但也只是一個重視產品系統穩定的概念。

故事的策略論和商業模式（系統）策略論的不同，就在於商業模式注重策略構成要素的空間配置型態，而策略故事則重視決策施行的時間。

如果有人要求以圖表的方式來呈現商業模式的話，內容一般都是商業過程中的各種要素和功能部門之間的資金、商品和資訊的交流。如果是策略故事的話，圖表的內容就會包含依照時間軸發展的因果理論。

接下來就以亞馬遜為例，來比較商業模式和故事（圖1.3）。左圖為亞馬遜的「商業模式」，亞馬遜以中間的網站為中心，發展各類商業活動。在成立之初，將營業範圍限定在自行進貨，將商品直接販售給顧客的零售業。日後，外部的賣家（個人或法人）也能夠將二手書等商品賣給亞馬遜的顧客。於是，亞馬遜開始收取手續費的「場地租賃生意」（Amazon Marketplace）。如圖所示，商業模式雖然也重視「相互作用」，但這些都是一種「市場資訊」的提供，或「訂貨」、「付款」、「出貨配送」的「交易活動」，而非因果理論。

右圖為亞馬遜創辦人傑夫．貝佐斯（Jeff Bezos）在構思亞馬遜時，寫在餐廳紙巾上的策略「故事」[24]。這個圖非常簡單，當時完全沒有提到具體的策略，例如要將商品販售的類別增加到什麼程度、要保留多少庫存，或目前亞馬遜致力發展的利用了解顧客喜好，提供

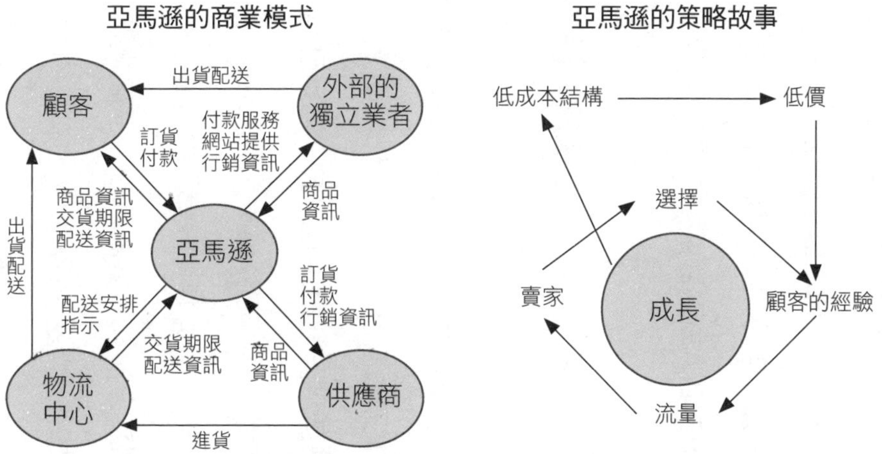

圖 1.3　商業模式與策略故事

「建議」的個人化行銷，以及相關的技術開發。不過，從圖中可以清楚看出包含時代發展的因果理論。

亞馬遜的策略故事，為顧客提供在電子商務和亞馬遜才有的特殊購買經驗，這麼一來，就能夠提高流量。只要瀏覽人數增加，就能夠吸引眾多賣家（出版社或廠商等業者）充實選項，藉此增加客戶的經驗，提高流量，是一種良性循環的理論。只要這個故事開始運作，業績就會成長，隨著業績成長，透過規模經濟或範疇經濟形成低成本的結構，讓低價成為可能，藉此提供顧客迷人的購物經驗。也就是說，亞馬遜的策略故事包含雙重的良性循環理論。

至於利用組合各種方法，互相連動產生的策略變化和運作，則沒有太多的討論。商業模式的概念，的確是掌握整體的「形」，不易掌握構成要素的因果理論，所引發的「變化」和「動作」，因此，容易變成如同靜止畫般的策略思考。我認為，應該要更直接關注多項決策互相影響連動作用的理論，以及因此產生的「動畫」思考。我之所以提出故事這個詞，就是希望強調策略生動的本質[25]。

「生動」，當然是指「可以看見動作」，但倒不一定是指「思考長期的計畫」。長期和短期的分線，與這裡所要強調的動畫和靜畫的分線是不一樣的。即使策略考量的不是未來的事（事實上，「未來」充滿不確定性，根本無法決定），只要未來三、五年的策略故事，看起來像一部動畫，就可以稱為「生動」。

▼「短話」長說

我之所以要強調故事這個觀點的第二個理由是，因為近來在實際的企業經營中，不仔細思考討論策略故事的情況，似乎愈來愈嚴重。

以往的策略論，很少從「動畫」的觀點出發，即使策略原本的模樣是動畫，但討論相關理論的策略「論」時，卻是猶如靜止畫般的內容。而且，我也發現，近來策略論的「靜止畫症候群」的症狀，似乎愈來愈明顯了。

簡單來說，所有的策略原本應該都是有趣的「故事」。如同我一直強調的，一提到故事，不只要談what、when或how much，why才是內容的重點。但麻煩的是，比起what和when，要說明why，內容就一定會變長。而且，why的線不只一條，如果有一個以上的方法，前後左右就會有不同的線向外擴散。只要是仰賴特定環境的因果理論綜合體，就無法用三言兩語說明策略，某種程度一定會變成「長篇故事」。

然而，目前這些應該理論化的策略論，卻經常被人用三言兩語就解決了。最典型的例子，就是之前提到的模板策略論和最佳實務策略論。這些簡短的策略論之所以橫行，說起來還是因為使用者的需求。使用者為什麼喜歡像靜止畫般的簡短故事？以下是我想得到的幾個理由。

第一，因為他們很忙，沒有時間仔細思考策略故事。對這樣的人來說，如果有模板或最佳實務，就能夠在最短的時間內「以為」自己擬定了策略。

第二，事實上，模板策略論或最佳實務策略論的主要使用者，大多是經營企劃部門等的策略人員，而非經營者；他們的工作不是構思策略，而是負責整理和分析構思策略的人（經營者或事業部門的長官等經理人）所需的資訊。而不需要負責整合的人，當然偏好能夠快速分析的模板。

第三，就是「專業經理人」的幻想。當然確實有擅長經營和整合的經營者，但是，這裡所說的「專業經理人」，指的是誤以為策略就是標準的技巧組合的人，也可以說是「經營者的策略人員化」。對這些人來說，模板和最佳實務實在是太好用了。

第四，是顧問對於行銷的影響。因為顧問以書籍或論文提供策略論，往往對於本業的行銷非常有用。優秀的顧問應該非常清楚模板的價值，是依照使用方法而定，也正因為如此，他們這些在特定情況下解決問題的人，才會有存在的價值[26]。但是，針對特殊環境提供的特殊解答，無法成為吸引潛在客戶的推銷手法。這麼一來，顧問所提出的策略論，很容易成為省略「依靠環境的綜合體」這個重要部分（應該是故意的）的靜止畫大遊行。

第五，是像靜止畫般的短篇故事，有時利於溝通。就某方面來說，商業不喜歡「長篇故事」。競爭愈是激烈，就希望能夠愈快獲得容易理解的「解決之道」，沒有心情長篇大論，或是慢慢想、慢慢談、慢慢分享。

資訊技術的發展，使得我們能夠取得的資訊量大幅增加，不過，我們必須注意「資訊（information）愈豐富，就會導致注意力（attention）降低」[27]。支撐策略故事的因果理論，是「注意力」，而非「資訊」的產物。資訊量愈大，就愈分散對因果理論的注意力。反過來說，捨棄因果理論的「靜止畫」，容易利用資訊技術進行處理，因此，也容易溝通和共享，或許應該說是讓人「想要共享」。如果將策略整理成一份模板，就可以用電子郵件，同時寄送給一百個人。然而，這麼做只是在傳遞訊息，無法引起眾人對策略的注意或分享策略。

第六，是近年來大環境的改變。全球化和來自投資者的壓力升高，加上近年來經營環境的改變，使得經營者更不喜歡長篇故事。隨著全球化的發展，企業的經營者必須與公司內外語言和文化背景不同的利害關係人溝通想法。在這樣的環境下，他們自然不願意提出長篇故事。

而投資者則是最不喜歡長篇故事的人。他們天生就具有只接受靜止畫，說得更明白些，就是「數字」的體質。這些對於經營者所施加的壓力，雖然有助於整頓企業，卻讓構思策略故事，以及讓整個組織接受策略故事的工作，變得更加困難。最後使得因果關係和相互依存的理論，被拋到九霄雲外，策略因而淪為「靜止畫」。

多重的壓力，使得策略論被壓縮成「短篇故事」，企業家容易忽略基於策略構想整合所建立的因果理論。我認為，我們必須找回「長篇」的策略論，而故事策略論的作用和貢獻就在這裡。

▼比起數字，條理分明更重要

將策略當作故事討論，與組織共享，對於策略的實際效力有極大的影響。這就是我堅持要從故事的角度，來討論策略的第三個理由。負責實踐策略的人，其具體工作，是負責特定的功能或部門。但是，策略故事是一種整合，無法完全分解成彼此獨立的要素，也無法加以分析。如果無法真正了解整個策略故事，例如自己的工作是負責策略故事中的哪一部分？如何和其他人的工作結合？如何產生結果？也就無法實踐策略。不僅是負責建構策略故事的領導者，中間管理階層以下的員工，也應該都強烈希望遇到能夠激發鬥志的有趣故事。

有趣的故事，是刺激與實際策略有關的內部人員最好的引擎。都是數字羅列的靜止畫，能夠激發任何人嗎？經營理念、願景和價值觀非常崇高的公司不少，但如果具體的策略都是乏味的靜止畫，刻意規劃的願景也將會淪為「壁龕的掛軸」。

在建構策略故事之前，必須先做準備，也就是要將基本的材料備齊。當然，也必須分析現狀，了解自己目前的狀況，並設定應該達成的目標和應有的模樣。在某種程度上，也必須了解競爭環境或市場環境，可供利用的經營資源及相關限制。這如同是在標示有目前所在地和目的地的地圖上，添加了「地圖資訊」。

建構策略故事，就是在標示有目前所在地、目的地和地圖資訊的地圖上，畫出自己應該行進的路線。鎖定應該抵達的目的地，或詳細填寫地圖資訊，都只是事前的準備，而不是策略故事。我認為，「實踐策略的組織」應該是與組織內的所有人分享故事這個路線，帶著劃有行進路線的地圖，邊看邊前進。

有個小故事不僅有助於了解競爭策略故事的本質，而且意義深遠。某支登山隊在攀登庇里牛斯山時，遇到雪崩，隊員暫時失去意識。等到恢復意識之後，才發現基本裝備已經不見。他們拚命地想從自己的口袋找出一點東西，卻找不到任何有用的東西，只有極少的食物和巧克力等緊急食物，最糟糕的是，指南針也不見了。隊員當下心情非常沮喪，因為不知道該如何下山，覺得自己將無法生還。

但是，其中某個人從口袋拿出一張地圖，大家看著地圖，精神逐漸振奮起來，開始討論：「山脊是怎麼走的？」、「四周的地形是什麼樣子？」、「所以我們應該是在這附近」、「太陽從這邊出來，所以這邊應該是東邊。這麼一來，只要這麼走，就可以下山了」。他們開始在地圖上標示路線，也就是建構路線，然後共享。在下山的過程中，登山隊雖然遭遇許多困難，但是他們相信他們在地圖上標示的路線，靠著它一步步度過難關，最後奇蹟似的生還了。這真是一件令人高興的事。

這個故事還有個插曲，那就是雪崩的消息傳到山下時，山下的人都認為登山隊已經罹難，於是組織了搜救隊。但即使是從空中進行緊急搜索，都找不到他們，也無法取得聯繫。從當時的狀況來看，生還的希望渺茫。不過，登山隊卻奇蹟似地生還了。

搜救隊的人非常驚訝，詢問登山隊的隊長在當時的情況下，他們究竟是如何下山的。隊長拿出一張地圖，告訴大家「多虧了這張地圖」。搜救隊員笑著說：「都這個時候了，你還有心情開玩笑。這是阿爾卑斯山的地圖」。登山隊的隊長嚇了一跳，仔細看了看他們在上面畫了路線的地圖，才發現那真的是阿爾卑斯山的地圖，而不是庇里牛斯山的。

我認為，這裡是整個故事的關鍵，也說明了競爭策略故事的一種本質，那就是所謂的策略故事，非常要求主體的意志。換句話說，策略故事並不是只要正確輸入前提條件，就會自動提供解答，任由環境決定的東西。

環境決定論者並不需要策略故事。無論是庇里牛斯山的山難或是做生意，未來都是不確定的。無論分析得多精細，都無法正確得知將來會如何，也不可能是哪裡會有正確策略的問題。對於那些拿著畫有路線的地圖前進的人而言，則是相不相信的問題。未來雖然充滿不確定性，但我們選擇照著這條路前進的明確意志，就是策略故事。這說明了策略故事，就是在表示要這麼做，而不是在預測未來的結果。

與組織內的人共享表明意願的故事，對於實踐策略具有關鍵意義。因為商業是總體戰，武術研究家甲野善紀回答：「優秀的武術家強在哪裡？」的問題時，回答：「即使是一對一的比賽，事實上，也不是一對一；而是必須動員身體的所有的部分，讓比賽變成一對一百」[28]。

從某個角度來看，「寡不敵眾」這句話，是非常簡單的道理。如果身軀龐大、看似很有力氣的人，只使用部分的身體，只拿出百分之七十的力氣，而我如果運用整個身體，全力以赴，使出百分之百力氣的話，就不會打輸對方。……（中間省略）……重量訓練，就是利用重物增加身體的負擔來訓練肌肉，但是強化部分的肌肉之後，某個部分就算變強，也會開始真的想要強出頭，一旦想要出頭的部分愈來愈多，就會不願意團結合作。因為每個部分都想自己作主，就無法形成整體的互助系統。

故事的發想，靠的不是單一的要素，而是要素彼此連結，產生力量，來一決勝負。共享故事是讓比賽成為總體戰的重要條件，只要所有人能夠共享故事，每個人就會了解自己一舉手、一投足，將會影響策略的成功與否，進而完成手上的工作。策略不是不著邊際的「口號」，而是會成為「自己的問題」。只要知道自己是故事中的主角之一，自然就會用心去做，商業因此而成為總體戰。成功重整多家企業的三枝匡，曾經根據自己的經驗，說過以下的話[29]。

我三十幾歲時，在企業經營的現場，曾經親眼看到有公司利用鮮明的策略故事影響員工，創造出意想不到的組織活化效果。……（中間省略）……。我無論到哪一家公司幫忙，最重要的第一步，就是建立員工都能夠了解的策略故事。……（中間省略）。情況如果順利的話，策略一提出，大家的表情就會都嚴肅起來，氣氛也會不一樣，就是這種感覺。大家會開始竊竊私語，因為熱血沸騰了，就算工作到半夜或熬夜，也毫不在乎，這種變化的感覺，彷彿是當領導者的樂趣。

實踐策略時，最重要的是條理分明的故事，而非數字。如果討論的是過去，數字代表的是鐵錚錚的事實，有其說服力；但若討論的是未來，數字就只是在某種前提下的預測。策略通常和未來有關，因此更講究條理分明，而非數字。

以往，我雖然不太強調這件事，但我認為，從故事這個策略本質來看，建構條理分明的故事，讓組織接受，鼓舞實踐策略的人的力量，是擔任領導者最重要的條件。雖然也需要激勵系統等各種制度和措施，不過，我認為在討論這些細節之前，要提出並呈現讓員工興奮的故事，才能讓策略發揮到最大的效果。

近來，大家非常重視要讓公司的各項事物「清楚可見」。如果是就技術而言，而且是過去曾經發生的事實，我也非常贊成這麼做。然而，如果討論的是策略，而非技術，讓所有的事情清楚可見，就本末倒置了。

舉例來說，某位經營者打算投資新興市場，當下的選擇有中國、印度和俄羅斯，可是因為時間和資源有限，必須決定要優先進攻哪一個市場。於是，經營者找來策略企劃部門的幹部，要他們提供每個市場的預期投資報酬率。接到命令的「策略小組」，在使用實質選擇權的方法的同時，還建立許多前提和假設，來計算預期報酬率。之後，他們告訴社長：「根據計算，預期報酬率分別為中國百分之十五、印度百分之十，俄羅斯為百分之五」，結果社長決定前進中國。

這個故事雖然比較極端，但事實上，在進行策略性的決策時，使用這類方法的經營者不在少數。這麼一來，不只是清楚可見，而是「看得太清楚了」，完全沒有深入思考因果理論。如果這算是策略的話，連小孩子也能夠當經營者。

就定義而言，策略構想是把未來當作問題。即使將已發生的事，用數字系統化，也無法延伸出策略，因為所有的數字都是以前的東西。對於不斷累積事實的技術而言，讓所有的事物清楚可見，可以成為一種武器，但對於未來的策略構想，卻沒有太大的幫助。優秀的策略，就是呈現沒有人看過、也看不見的東西。為了要達到這個目的，只能建構故事，並將策略當作故事來構思，讓組織內的人接受構想。

讓事情清楚可見的思考模式，不僅對策略沒有用，思考的方式也脫離策略故事的本質。對策略而言，最重要的是「能夠說出來」，而不是「能夠看見」。把策略當成故事來說，是領導者應盡的本分。

▼日本企業才需要故事

我強調必須由故事的觀點，來討論策略的第四個理由，是因為這樣的策略思考對日本企業具有重要的意義。

第一，因為日本企業面臨相當成熟的經營環境。經營環境愈成熟，想要在個別構成要素取得競爭優勢，十分困難。如果是創新的產品，或還沒有人參與具高成長性的市場，差異就會很明顯。在成熟的環境下，很難找到這類明顯區隔異同的要素，所以才會在故事這個較高的層次中尋求差異。以電影或戲劇為例，即使演員中沒有大明星，但如果能夠搭配有趣的劇情，經常可以創下長期賣座的票房，而這就是故事策略論的目標。

第二，以往的日本企業，傾向以組織能力，而非以定位為基礎的「體育系策略論」[30]。關於定位和組織能力等兩項競爭策略的主要觀點，我會在下一章詳細介紹。日本企業重視組織理論，他們的體育系策略論，在十分講究「磨合」的製造業特別明顯。但是，要求花了時間培養的能力，必須具備競爭力的基本態勢，在零售業之類的服務業，也獲得廣泛的認同。

由於定位策略與其所創造出的成果之間的因果關係更為明確，因此，容易成為「短篇故事」。奇異（GE）的前任執行長傑克．威爾許（Jack Welch），在一九八〇年代所採取的策略，就是最好的例子。他在就任時，就以「只做第一名、第二名的事業」、「門檻較低、公司家數較多的混戰事業不做」，以及「市場和技術變化劇烈的事業不做」，大膽鎖定事業領域，這就是標準的定位策略。威爾許的決策，在數年之內果然提高公司的收益。

另一方面，相較於定位策略，重視能力的策略與成果之間的因果關係較為淡薄。如果以藤本隆宏的話來說，「培養能力至少需要十年的時間」[31]。豐田的生產方式，是由看板方式、以自動化生產線解決問題和平準化生產等各種要素，組合而成的綜合體，是典型以能力作為支撐的優良策略故事。不斷培養能力的結果，最後成為豐田真正的競爭力。但是，由於這個競爭力以能力為基礎，因此，個別作法和成果之間的因果關係，相對不明確。

和歐美或其他亞洲國家的企業相比，重視培養能力的策略，是日本企業的特色，今後勢必也將會成為日本企業重要的競爭力來源。不過，相較於定位，就時間上和因果理論來說，能力策略都需要「長篇故事」。即使定位可以只靠決策完成，但是能力的培養卻沒有辦法。如果沒有意識到個別要素要如何連結，互相產生作用，以導出成果的整個故事，就無法從能力培養中，發展出競爭優勢；倘若沒有故事，重視能力的經營，就會傾向於只仰賴第一線，如此一來，就會變成沒有策略。

第三，是日本企業的組織與人員的動機。功能分化的理論深入歐美企業的組織當中，在其中工作的人，所扮演的角色，也以自己的功能專門性為導向，因此，能夠以功能來為工作下定義，例如「我是做行銷的」。反過來說，這句話也帶有「我對行銷以外的工作沒有特別的想法」的意思。

功能分化的理論也徹底滲透到好萊塢製作電影的組織中。除了導演、劇本、攝影、編劇、角色（演員）、特殊攝影、服裝和美術等主要功能外，還有負責和演員交涉演出費用的經紀人、專門負責決定服裝和背景顏色的調色師、負責演出但擁有高度自由和發言權的主角明星、負責特定動作的特技人員（這也依照不同的動作種類，而有專門的分類）、沒有台詞的臨時演員（和即使只有一句台詞也被稱為「演員」的人，是完全不同的類別，演出費用也完全不一樣），分工十分精細。

就算是攝影，攝影師也只專門負責「攝影」，在工作時，並不知道自己拍攝的影片，最後會被製作成什麼樣的一部電影。最後負責整理所有影片的是「編製」，為了讓編製能夠發揮他的專業功能，攝影師必須從各個角度拍攝每一個片段，編製再從眾多的影像中，挑選出合適的片段，然後完成電影。

類似這樣徹底的功能分化，需要像史蒂芬．史匹柏（Steven Spielberg）這種有本事的領導者。他會預先畫好整部戲的圖片，然後再像拼圖般，一片片分給不同功能的單位，之後再由不同單位的負責人完成自己的工作，提交給他。身為領導者和概念構想人的史蒂芬．史匹柏，再將這些拼圖加以組合，成為一部完整的電影。

相較之下，我認為，日本企業的組織將提供的價值分化成方法，作為員工承諾基礎的色彩十分濃厚，此舉被稱為「價值分化」[32]。舉例來說，日本企業的員工，即使在功能上是負責行銷，但是通常在自我介紹的時候，會說「我是賣音響的，是一家音響公司」，而不會說「我是做行銷的專家」。他們傾向以組織提供外部的顧客產品或服務，來定義自己的工作，或存在於組織中的理由。如果「行銷」是「功能」，那麼「音響」的說法，則是著重於「價值」。

用以下的方式解釋功能和價值，就容易理解了。功能的客戶是組織，某個人具有「行銷的專業知識和技能」，這個功能是這個人提供給所屬組織的東西。從這個角度來說，功能就是對組織輸入。而價值的客戶則不在這個人所屬的組織內，如字面所示，客戶指的是組織外的顧客，承諾提供價值，就是指「想要提供這樣的東西給客戶」的輸出，是工作的來源。相較於歐美各國以自己提供組織的輸入（功能）作為工作的定義，日本企業則傾向以組織提供的輸出（價值）作為每個人的身分。而這就是以分化組織的組成原理為主，進行對比後產生的結果。

索尼中央研究所的所長菊池誠，在回顧以往日本電子產業的成長過程時，曾經說過一個饒富趣味的小故事[33]。

索尼的創辦人井深大在得知電晶體之後，就開始想「這個東西對我來說是什麼？對我們公司來說又是什麼？」而且，在很早期的時候，就已經決定要製作電晶體收音機。……（中間省略）……大約在一九五三年，他在前往紐約時，受邀與西方電子（Western Electric）公司的高層進行餐敘。席間，有一位高層主管問道：「最近你有想做什麼嗎？」井深先生立刻回答：「我想用電晶體做收音機」，當時在場的人都開始大笑，就好像是大人在笑一個做夢的少年所說的大話一般。……（中間省略）……事實上，只要觀察美國的工作方式，便不難看出這之間的落差。在電晶體問世之後，美國成立了四個研究小組，體制非常穩健。

這四個研究小組主要的工作內容分別為：

(1) 研究電子在電晶體中如何作用，以及針對半導體進行物理學研究；

(2) 進一步改善電晶體不盡理想的性能；

(3) 改善電晶體的製作方式、結晶和構造的製作細節；

(4) 一旦電晶體被廣泛使用，習慣處理真空管的技術人員會不知所措，必須進行再教育，所以要針對相關的作法進行研究。

從這裡便可看出美國傾向從大局著眼，建立方針，擬定計畫，然後再依照計畫進行。在造鎮時，也是逐一討論道路的鋪設、主要系統如水電的供應等項目，類似的作法也清楚呈現在電晶體的開發上。基於美國的想法，要將技術尚未成熟的電晶體，應用在消費性產品的收音機，聽起來大概真的很像做夢的少年吧！……（中間省略）……這其實是非常基本且重要的問題，無法用好壞來判斷事關社會的「況味」的問題。……（中間省略）……日本企業整合的技術能力低落，可是一旦設定了製作電晶體收音機的目標，所有的活力便會集中於此，最後終於解決問題，甚至比美國更早找出特定問題的解答，而這就是最典型的「觸發」。我之所以會說：「這終究不是只會模仿，就可以說明的事」，意思就在這裡。

菊池先生所說的社會的「況味」的不同，清楚呈現功能分化和價值分化之間的差異。美國利用功能分化的計畫，來進行電晶體的開發，而索尼的井深大則從一開始就從「用電晶體製作收音機」，這個要提供給顧客的產品價值，來切入自己的工作。事實上，索尼也成功開發出電晶體收音機。根據菊池的觀察，從客戶的使用方法和喜好的觀點，作為開發的基本方向，是培養日本電子產業的基本要素。

索尼的例子代表了日式價值分化正面的案例，當然也有不少誤用價值分化的組織原理的負面教材。例如，日本企業中，常見因事業部門間缺乏溝通，導致次最優化；因為對特定事業的感情過於執著，而導致資源集中；或在選擇時放水，以及人人有獎般的事業發展。如果用以前的例子來說，就像是日本陸軍和海軍之間毫無成果的對立。一旦組織內的成員對於要提供的「價值」給予承諾，就容易產生這類的問題。

總之，這裡要討論的不是好壞，而是差異。我要說的是日本的公司和歐美相比，缺乏功能分化的組織組成原理，取而代之的是有意無意傾向發展價值分化。（「歐美的公司」或「日本的公司」的說法，只是大致的分類，不用我說，大家應該都知道其中還有很大的變化）。

迅銷是新興事業，看起來或許像是外資公司，但是如同柳井正所提出的方針：「要以日本的強項，作為優衣庫的強項」，公司的經營主軸是超越功能部門的境界，將組織內每個人的行為和意識，轉為對客戶的價值提供（也就是第一線的店面）。

柳井將這樣的想法，稱為「全員經營」。在優衣庫，「此舉會為顧客帶來什麼？」的標準，除了與商品、賣場和服務等銷售有關的活動外，也適用於經營計畫和管理部門的各項措施，明確否定依照不同功能，由專門人員負責工作的作法。為了強化顧客的價值，不僅要顧及自己的專業領域，還必須跨越部門，找出第一線的問題點，加以整理，並尋求解決之道。只要是對第一線的顧客好，即使是幹部，也必須親自動手處理第一線的工作。柳井曾經說過這麼一段話[34]。

從外商公司到我們公司二度就業的員工當中，有些人的作風，讓人以為他是「只負責做決定的人」……（中間省略）……雖然有不少工作需要和其他部門互相配合，但是這些人不會接受其他部門的意見。……（中間省略）……而且外商公司的人際關係非常冷漠，只要能夠得到應有的報酬，工作就算和自己的理念不合，也無所謂。他們在乎的，並非對公司的忠誠，而是自己的專業。他們在各種不同的外資公司之間，一家換過一家，湊巧會待在這家公司，只是為了實現自我。但是，日本企業的員工，有不少人對公司十分忠誠，把工作當作是自己生活的一部分，無法把自己和公司完全切割。從這個角度來看，敝公司比較接近後者。因此，曾經待過外商公司的員工到我們公司來，都會覺得我們是日本企業，而不是外商。

雖然說明的部分有點長，不過，這就是我想說的。相較於歐美的公司是以功能分化的理論切割的組織，如果日本的公司是一個員工特質傾向於價值輸出，而非功能輸入的組織，不僅是負責擬定策略的領導者，組織內所有人更需要共同擁有策略故事，才能藉此創造更好的效果。

無論組織的組成原理為何，競爭策略故事很重要，這件事都不會改變。無論是在歐美或日本，策略都必須是一個故事。不過，如果公司是立足於「功能分化」這個組織組成原理的話，就會如同之前所說的好萊塢電影製作的例子，策略故事只要存在於負責擬定策略的史蒂芬．史匹柏的腦海中，就可以了。如果說得更極端一點，甚至只要他知道就好了。依照功能分化的理論，只要領導者的腦海中有策略故事，就會被分解成一個個不同功能，而負責每一個功能的專家，即使不理會整個故事，或負責其他功能的人員，也能夠完成以功能清楚定義的份內工作。

而對於這些成果的評價，則會反映在自己於不同功能的勞動市場中的價格。只要擁有柳井所說的「對自己專業的堅持」，就能夠在與整個故事完全無關的情況下，實現自我，激發動機。

但是，倘若無法以功能分化，來釐清每個人工作的定義，而員工之所以存在，又必須是因為公司提供給客戶的價值輸出，情況又會如何呢？即使整體的目標，因為依照功能分化的理論，被分派到自己負責的部門，而部門也已達成既定的業績，並被稱為是相關功能的專家，依舊會讓人不明所以然，自己究竟負責整個故事的哪個部分？（這不像「行銷」能夠從環境中獨立定義）要如何配合其他成員的工作？如何與故事的運作連結？在這樣的故事環境下，自己的工作對於最後的產出有何貢獻？大家都還是一頭霧水。在每個成員都認為必須輸出價值的組織中，如果缺乏這種「和整體有關的感覺」，應該也無法產生動機。除了由高層建構故事之外，組織內的成員共同擁有這個故事，也很重要。我認為，「比起數字，條理分明更重要」，以及「用故事來鼓舞所有負責實踐策略的人」這兩句話，最適合應用在日本企業。這就是我之所以認為日本的公司，才需要策略故事的原因。

▼擬定策略的有趣之處

故事這個觀點，之所以重要的最後一個原因，非常簡單。故事是為了要讓擬定策略的工作變得有趣，將策略視為故事來擬定，是一種富有創意且有趣的工作。我認為，有太多人以為思考（或被迫思考）策略，就是要設定困難的目標，然後眉頭深鎖、面色凝重。如果擬定策略，就只是單純的列舉重要因素，根據模板不斷分析，以其他公司的最佳實務作為基準，自己也根據半信半疑的前提，不斷進行模擬，除了非常喜歡策略的人之外，應該不會有人覺得這個工作很有趣。

擬定策略為了是要做生意，既不是要打仗，更不需要心不甘、情不願地來做。首先，必須自己覺得有趣，想要和身邊的人討論這件事。策略原本應該是這樣的東西。如果自己都不覺得有趣，就無法有除了自己以外的成員參與的組織，來實踐這個策略，更不可能取悅公司以外的客戶。

如果工作不夠有趣，很難讓人努力投入，總是會忍不住拖延。就算勉強去做，如果很無趣，也無法持久，最後也做不出什麼成果。相反地，如果覺得有趣，就自然會感興趣，也比較能夠持久。

經常有人問我，要如何學習策略思考。這種人通常無法自然延伸日常的思考，認為策略是一種一板一眼的思考模式。策略故事如字面所示，是一種「故事」。聽故事、讀故事、說故事和寫故事，對人類來說，原本就是有趣的事。就連小孩子都能懂得故事的有趣之處，就算你不說，他們也會想聽、想說。

要想學會好的策略思考，最重要的是，能不能將擬定策略當作是一份有趣的工作。只要覺得擬定策略有趣，當下就等同於解決了一半的問題。首先是了解故事的趣味，最後會發現這其實是學習策略思考最有效、也最有效率的方法。從故事這個觀點來看策略，是為了找回擬定策略工作原本的樂趣。

本章從一開始討論以理論來思考極具實踐特色的「策略」之重要性，一直談到策略故事的定義、策略故事不是什麼，以及從故事的角度思考策略之所以重要的原因。

接下來，應該要談到何謂好的策略故事，以及好的策略故事之條件。但是，關於這個部分，我想放到第三章再說。在開始詳細討論「競爭策略故事」之前，下一章我想先談談關於競爭策略所根據的理論當中，值得一提的地方，請大家陪我一起看下去。

---

1 丹羽宇一郎（二〇〇五），《工作訓練人》，文藝春秋。

2 沼上幹（二〇〇〇），《行為經營學——經營學中不得不追求的結果的研究》，白桃書房。

3 馬文蓋（Marvin Gaye：一九三九—一九八四），美國摩城唱片黃金時期的R&B歌手，代表作品是一九七一年大賣的"What's going on?"。雖然和本書內容無關，不過，他是我最喜歡的歌手。

4 本策略的定義是根據Charles W. Hofer和Dan Schendel針對企業策略所做的古典研究而來。Strategy Formulation: Analytical Concepts（一九七八），Charles W. Hofer和Dan Schendel合著，《策略制定——理論與技法》，奧村昭博等人合譯，千倉書房。

5 三品和廣（二〇〇六a），《再問經營策略》，筑摩新書。

6 小倉昌男（一九九九），《經營學》，日經BP社。

7 三枝匡（一九九一），《策略專家——競爭逆轉之劇》，鑽石社；三枝匡（一九九四），《經營力量的危機——是否失去熱情了？》，日本經濟新聞社；三枝匡（二〇〇一），《V型反轉的經營——兩年可以改變一家公司嗎？》，日本經濟新聞社；三枝匡、伊丹敬之（二〇〇八），《創造「日本的經營」——激發員工熱情的策略與組織》，日本經濟新聞出版社。

8 永守重信（一九九八），《成為一個能夠讓別人動起來的人——馬上做！一定做！做到做好為止！》。

9 丹羽（二〇〇五）。

10 柳井正（二〇〇九），《一天就放下成功》，新潮社；柳井正（二〇〇三），《一勝九敗》，新潮社。

11 Harold Geneen（一九八四）Managing, Doubleday（譯本《專業經理人——讓公司收益連續五十八季成長的人》），田中融二譯，President社，二〇〇四年）。

12 William Ouchi（一九八一）Theory Z: How American Business Can Meet the Japanese Challenge, Addison-Wesley（譯本《Z理論——學習日本，超越日本》，德山二郎監譯，CBS・Sony出版，一九八一年）。

13 Douglas McGregor（一九六〇）The Human Side of Enterprise, McGraw-Hill。

14 關於萬寶至馬達策略的相關細節，請參考下列文章。楠木建（二〇〇一a）〈萬寶至馬達——標準化策略與持續的競爭優勢〉《一橋商業評論》四十九卷二號。

15 有關馬尼的描述，是根據該公司代表取締役社長松谷正明的採訪稿所寫。

16 關於經營學中訂立法則的不可能性，沼上幹曾做過前所未有精緻且完整的討論，有興趣的人可以參考沼上（二〇〇〇）。

17 這是三品和廣的看法，請參考三品（二〇〇六a）。

18 沼上幹（二〇〇九），《經營策略的思考法——時間展開・相互作用・力學》，日本經濟新聞出版社。

19 藤本隆宏（二〇〇四），《日本製造業的哲學》，日本經濟新聞社。

20 關於策略賽局論，青島矢一和加藤俊彥曾經做過非常清楚易懂的討論。青島矢一、加藤俊彥（二〇〇三），《競爭策略論》，東洋經濟新報社。

21 Michael Dell & Catherine Fredman（一九九九），《戴爾的革命——以「直接」策略改變產業》，吉川明希譯，日本經濟新聞社。

22 使用商業模式、商業系統或建築的概念所寫的策略論，有以下幾篇具代表性的文獻。加護野忠男（一九九九），《「競爭優勢」的系統——事業策略的寧靜革命》，PHP新書；加護野忠男、井上達彥（二〇〇四），《事業系統策略——事業的架構和競爭優勢》，有斐閣；早稻田大學IT策略研究所編（二〇〇五），《數位時代的經營策略》，根來龍之監修，Media Select；藤本隆宏、武石彰、青島矢一（二〇〇一），《Business Architecture——產品、組織、過程的策略設計》，有斐閣；小川進（二〇〇〇），《Demand・Chain經營——流通業的新商業模式》，日本經濟新聞社。

23 Ioan Magretta（二〇〇二）"Why Business Models Matter," Harvard Business Review, May.

24 Jasper Cheung（Amazon Japan 代表取締役社長）的訪談。（二〇〇五年十二月）

25 我的意圖深受沼上幹提出的「行為經營學」（action system theory management）的範例影響。在靜止畫策略論充斥的情況下，沼上很早就主張將策略視為著眼於相互作用和時間發展的「行為系統」，是非常重要的事。他指出，「類別符合」之類缺乏理論的思考方式的問題，並主張「機制闡明法」的思考方式，對於理論性思考，非常重要。機制闡明法，是指關注各項重要原因與人類行為之間的相互作用，在時間發展的過程中，解釋其複雜糾葛的情形的一種思考法。機制闡明法是競爭策略作為故事基礎的重要思考模式，相關討論請見沼上（二〇〇〇；二〇〇九）。

26 仔細想想策略顧問這份工作，堪稱是充分掌握策略「無對應的部門」（因此，經營者只能在自己的腦海中進行）的特徵。由於公司內部沒有對應的部門，如果經營者缺乏能力或時間，只能全數外包。正因為是整合型的工作，所以也只能全數外包。

27 這是赫伯特西蒙所說的話。Simon, H. A.（一九九七）"Designing Organizations for an Information-rich

World," in D. M. Lamberton, ed., The Economics of Communication and Information, Edward Elgar.

28 櫻井章一、甲野善紀（二〇〇八），《聰明的身體 愚笨的身體》，講談社。

29 三枝、伊丹（二〇〇八）。

30 藤本隆宏、東京大學二十一世紀ＣＯＥ製造經營研究中心（二〇〇七），《製造經營學——超越製造業的生產思想》，光文社新書。

31 藤本隆宏（二〇〇三），《能力建構競爭——日本的汽車產業為什麼厲害？》，中公新書。

32 關於從功能分化和價值分化的組織原理對比，切入討論日本企業傾向的特徵，可參考我的幾篇論文。楠木建（二〇〇一ｂ），〈價值分化與制約共存——創造概念的組織論〉，一橋大學創新研究中心編，《知識與創新》，東洋經濟新報社；Kusunoki, K.（二〇〇四）"Value Differentiation: Organizing know — What for Product Concept Innovation," in H. Takeuchi and I. Nonaka, eds., Hitotsubashi on Knowledge Management, Wiley.

33 菊池誠（一九九二），《日本半導體四十年——從高科技技術開發的經驗談起》，中公新書。

34 柳井（二〇〇九）。

第2章 競爭策略的基本理論

競爭策略與企業總體策略

本章將盡量介紹競爭策略理論和思考模式的精華。首先，我先來介紹一下，在思考競爭策略時，非常重要的幾項前提。第一，是競爭策略的對象範圍；第二，是競爭策略的目的；第三，是獲利的來源。以下將依序說明。

首先是，競爭策略的對象範圍。策略有兩個不同的層次，一個是競爭策略，另一個則是企業總體策略，重點是必須將二者分開思考。

所謂的競爭策略（competitive strategy），指的是某企業的特定事業，在特定的業界，也就是競爭的場地已經確定的情況下，如何面對其他公司的策略。此時，思考策略的單位不是整個企業，而是特定的事業，因此，競爭策略也被稱為事業策略（business strategy）。賓士和BMW在高級車業界互相競爭，如果將範圍拉大，從汽車業界的角度來看的話，賓士、BMW與豐田、日產，也是競爭關係。在特定業界決定與其他對手競爭的方法，就是競爭策略。

與特定事業的競爭策略層次不同的是企業總體策略（corporate strategy），大部分的企業擁有多個事業領域，企業思考應該成為什麼樣的事業集團？如何維持多項事業的平衡，建立對公司最適合的事業組合？為此，要優先提供哪一項事業經營資源？應該開發哪一個領域？又應該從哪一個領域撤退？這就是所謂的企業總體策略。

「松下（Panasonic）和索尼（Sony）互相競爭」。這句話聽起來，並沒有什麼不對，但嚴格來說，其實是錯的。因為松下和索尼是公司名稱，這兩家公司並沒有以整個企業展開競爭[1]。在以客戶為主的產品市場互相競爭的，其實，不是松下或索尼，而是松下和索尼的液晶電視事業。必須將競爭降為事業層次，才會出現競爭策略的問題，因為松下和索尼都是多角化經營的企業，擁有眾多的事業領域，除了競爭策略之外，還需要制定合適的事業組合的企業總體策略。

豐田和日產兩家汽車公司（嚴格來說，也有汽車以外的事業），基本上，事業結構幾乎都是汽車事業。這類的專業企業的總體策略和競爭策略，其實是重疊的，如果想要打入汽車以外的業界，除了汽車業界的競爭策略，還必須另外擬定總體策略。

奇異公司（GE）經常被拿來當作擅長策略經營的例子，介紹相關策略的書籍也不少，內容大多著重於企業總體策略，而非競爭策略[2]。舉例來說，在傑克・威爾許（Jack

Welch）擔任執行長時，曾提出著名的「第一名、第二名策略」，也就是集中投資能夠成為業界數一數二的領域，然後退出其他事業。因為這個策略與改變事業結構有關，因此，也包含在企業總體策略之中。

對於代表整個奇異公司的威爾許而言，身為經營者的工作，就是決定要參與、還是退出特定事業、評估個別事業的成果，以及決定對相關事業投入的資源水準，而奇異展開的個別事業競爭策略，則不在執行長的管轄範圍內。在成為奇異公司的執行長之前，威爾許曾擔任奇異塑膠事業的負責人（奇異塑膠的社長）。對當時的威爾許而言，擬定企業總體策略，並不屬於自己的工作範圍，他的工作是制定並執行競爭策略。

企業總體策略和競爭策略之間，當然有關係，但是特色完全不同。威爾許在自傳中，也提到他曾經擔任奇異事業部門的負責人和執行長，雖然同為經營者，但工作的內容完全不同[3]。在思考策略時，必須注意策略層次的不同，不能將兩者混為一談。本書主要是討論競爭策略，不涉及企業總體策略。

近來，利用併購，進行事業結構重組或企業再生等主題頗受矚目，討論的就是企業總體策略。而企業管理和企業財務也都如字面所示，是與企業（企業總體）層次有關的策略。或許有讀者其實對併購或管理感興趣，卻因為「策略」的標題而購買本書。但是，書中並不會論及類似的主題（不過，也不要因此就放棄閱讀本書，反正都已經買了，還是請看完它吧！）。

▼輸贏的標準

競爭策略的第二項前提，就是輸贏的標準。有競爭，就有輸贏，無論是哪個業界，都有強弱兩種企業存在其中。為什麼強者恆強，弱者恆弱呢？競爭策略論不會針對類似的問題，提供大家可以接受且符合當時情況的說明，而是以統一的觀點，來提供說明。

我們在日常生活中，經常會說某家公司很厲害或某家公司不行，更不討喜的說法，還有「贏家」或「輸家」。我們之所以這麼說的標準是什麼？什麼樣的狀態才是「贏家」，才是「成功」？如果更進一步的話，就是企業管理應該重視什麼？乍看之下，這似乎是個理所當然的問題，但是，仔細想想，就會發現這是一個複雜且容易招致誤會的問題。

企業應該鎖定的目標是什麼？以下，我將舉出七項判斷輸贏的重要標準。

1 獲利

2 市場占有率

3 成長

4 顧客滿足

5 員工滿足

6 社會貢獻

7 股價（企業價值）

各位認為，以上七項中哪一個最重要？或許有人會認為，「每一項都重要」。從某方面來說，以上所說的七個項目，都是衡量「成功」的標準，所以要說每一項都很重要也沒錯。不過，我想問的是，如果要排序的話，大家覺得哪一項最重要？

以競爭策略的角度來說，答案應該是「獲利」。如果說得更仔細些，應該是「可長期持續獲利」，策略論稱它為SST（Sustainable Superior Profit，可持續獲利）。如果你要問我所謂的「長期」，具體來說是幾年？我可能很難回答你。不過，至少不是以季為單位計算的短期獲利，而應該是將目標放在追求可持續五年，甚至是十年的獲利。

如果說這是理所當然的事，倒也沒錯，但最重要的是理論。其實，這個理論非常簡單，只要能夠持續創造獲利，其他重要的事也大多能夠解決，或者是能夠在追求獲利的過程中加以處理，因此，企業應該以追求最大獲利為目標，這就是我所說的理論。

不過，並不是說以追求最大獲利，作為企業的終極目標，就是認為「賺錢才是一切」。除了賺取利潤外，企業還必須對員工、顧客、股東和社會等有所貢獻。我的說法聽起來，或許像在說反話，但是，正因為如此，追求可持續的獲利比什麼都重要。

接下來，依照順序的話，第二項的「市場占有率」和第三項的「成長」都是與企業規模有關的標準；前者為相對規模，後者則是指規模變化的比例。市場占有率和成長當然很重要，事實上，在競爭的第一線，爭取最大的市場占有率或許是參與競爭的企業人最在乎的指標。所謂的「業界第一」或「第一把交椅」，通常都是指市場占有率。

要擴大市場占有率，是一件非常簡單的事，我可以保證，即使是複雜、不易經營的公司，只要交給我（就連我），也能夠立刻在相關的產品領域，將市場占有率提高百分之十。

要怎麼做呢？首先，就是先將價格砍半，只要有生產能力，不要說是以出貨數量來計算，就算以金額計算，也能夠提高相當的市場占有率。也就是說，想要大幅提高市占率，只要採取極端具攻擊力的「低價策略」就行了。但是，「低價策略」的問題，在於不僅無法創造獲利，公司還可能因此而倒閉。市場占有率之所以重要，是因為一般都和獲利高度相關。有一份關於競爭策略的古典研究，名為「ＰＩＭＳ研究」[4]，而這項研究的重大發現之一，就是「市場占有率和收益成正相關」。至於相關的原因，ＰＩＭＳ研究也提出許多理論說明。姑且不論這些理論為何，就可能成為達成獲利目標的重要方法來看（應該說是只有從這個角度），市場占有率非常重要。當然，也可以犧牲短期的利潤，來追求市場占有率，但即使是採取這種策略，且同樣都是為了獲得將來可預期的利潤，企業的首要目標還是獲利。

其次則是第四項的「顧客滿意」。有不少企業以「顧客第一主義」作為自己的理念，這當然是正確的做法，不過，何謂「顧客滿意」？有一項可以正確測量「顧客滿意總量」的指標，那就是獲利。

以前，我曾經拜訪過愛速客樂（ASKUL）的執行長岩田彰一郎先生。愛速客樂提供各式辦公用品和消耗品，已經是一家眾所皆知的公司。（愛速客樂的例子對於思考故事的競爭優勢，極富啟發意義，我稍後再詳加介紹。）我前往拜訪時，愛速客樂還在成長的初期，但是，當時岩田先生就認為，「獲利才是顧客滿意的總量」。也就是說，顧客滿意和獲利，其實指的是同樣的東西，就像是一體的兩面。

在某個條件下，我也同意他的看法，那就是要在「有正常競爭的狀態下」（獲利能夠非常準確反映顧客的滿意度）。即使管制稍有放寬，但是，電力和瓦斯等業界依舊是處於幾近獨占的狀態，東京電力和大阪瓦斯雖然創造出獲利，姑且不論真相為何？但無法說顧客是滿意的吧！在這樣的特殊業界，獲利和顧客滿意度關係，就未必是一體兩面了。不過，我認為在其他正常競爭的許多業界，岩田先生的主張都是成立的。

堅持「顧客第一主義」的某位經營者曾說：「顧客高興的表情，對我們來說，就是一切，所以我們決定大手筆降價。你們看每個客戶都好高興，都面帶微笑。」但是，這其實是強詞奪理，反過來說，那些商品或許都是不降價，根本不會有人要買的東西。

當然，低價經常能夠提高顧客的滿意度，也可以說是要讓顧客滿意的王道之一，但重要的是，背後是否有能夠支撐低價的成本競爭力。如果低價不能搭配低成本，就無法維持顧客滿意度，沒有低成本支撐的低價，只是假的顧客滿意度。

在「只要設定獲利目標，自然也能夠達成其他的好事（至少會比較容易達成）」的理論支持下，第五項的「員工滿意度」和第六項的「社會貢獻」自然也會成立。員工滿意的要素，從基本的工作穩定、支付薪水（愈多愈好）到工作有趣、有意義、對個人成長有所貢獻等，內容十分多樣化，但逐一條列之後，會發現除了工作穩定和薪水給付，員工滿意的要素中，有許多和獲利都有密切的關係。能夠確實創造獲利的公司，就會有更多機會提供員工具有挑戰性的工作。在考量員工個人的成長時，獲利良好的公司反應也會比較積極。

用最近的話來說，企業貢獻社會或對社會的責任，就是CSR（Corporate Social

Responsibility），即使如此，還是存在「衣食足而知禮節」的相反「貧則鈍」的傾向。對企業而言，什麼是最直接的社會貢獻？當然就是繳交法人所得稅，創造能夠讓社會重分配的財富。雖然古今中外都不斷有錯用稅金的感慨，但對企業而言，繳交法人稅依舊是最大的責任，也是能夠創造財富的企業活動。因為沒有本錢，就沒有紅利。

增加工作機會，也是企業應盡的社會責任。為了能夠持續創造工作機會，前提是必須擁有能夠創造獲利的事業。

企業當然可以更直接採取對社會負責的行動，例如負責回收售出的產品，或支援義務服務或文化活動，可以做的事情很多，而積極從事類似活動的企業也不少。不過，只要觀察相關報導所刊登的「CSR優秀企業排行榜」，就會知道前幾名的企業，幾乎都是能夠創造獲利的公司。如果是NPO（非營利組織），就能夠專心貢獻社會，但企業就不一樣了。老實說，類似的活動（至少短期來說）對企業是額外的成本，即使貢獻社會的意願強烈，但是在獲利不佳的情況下，「灶裡無柴，總不能燒菩薩」吧！而且「股份公司」又是一個非常講究「灶裡無柴，不能燒菩薩」的制度。

▼什麼才是市場導向的經營？

最後是第七項的「股價」。一九九〇年代末期，日本開始出現「企業價值的最大化，才是企業的終極目標」；或「以（股票）市場為導向的經營很重要」的論調。

其中，最具代表性的就是當時的SoftBank。這似乎已經是很久以前的事，但是當時的SoftBank標榜「市值極大化經營」，並在一九九九年成為純粹控股公司。一般的控股公司主要以分紅的方式，從旗下的事業體吸收現金流創造獲利，但當時的SoftBank卻不這麼做，而是將旗下公司的所有營業利益再投資原公司，藉此賦予對公司將市值極大化的任務。每家公司都完成股票上市，只要股價上漲，SoftBank所擁有的股票市值也會跟著增加。只要處理部分的股票，就可以用來當作償還公司債的必要資金，這就是「市值極大化經營」的內容。

根據當時的訪談紀錄，SoftBank的會長孫正義曾經說過這麼一段話[5]。

事實上，SoftBank對這些（會計上的獲利）沒興趣，唯一最大的指標，就是股票市值所呈現的「企業價值」。我們對合併營收不感興趣，對合併整體收益也沒興趣，我們唯一感興趣的是每家公司的市值。當然，也有人認為，股價不可能脫離公司實際的營運狀況而過度膨脹，但長期來看，只有股價不會脫離公司真正的價值。

SoftBank在這一年和美國的NASD（全國證券商協會）合作，發表Nasdaq Japan的構想。只要有這類以新興企業為主的股票市場，SoftBank投資的企業，就可以馬上讓股票上市，增加市值。當時，SoftBank的經營模式是標準的「市場導向」。

在類似企業的刺激下，以及（當時的）報章雜誌的搧風點火，有不少日本企業也開始採取「市場導向」（至少是假裝以市場為導向的樣子）。不過，市值極大化真的能夠成為經營的目標嗎？股價上漲，讓股東滿意，確實是件好事，而這當然也是衡量企業成果的重要標準之一。可是，大家經常忽略外部的投資家和評論家用來衡量企業成功與否的標準，和企業的經營者希望企業的哪個部分最大化之間是有落差的。

而「市場導向經營」就是混淆兩者的結果。企業以外的投資家、金融機構和媒體在衡量企業的成果時，可以任意選擇自己偏好的標準，而股價就是其中之一。但是，經營不應該以股票市場為導向，而是應該關注持續性的獲利。因為就時間來看，只有持續性的獲利，才能夠抬高股價。

最重要的是，要了解事情發生的先後順序，首先是，必須達到超乎業界標準的高獲利水準，持續創造獲利。這麼一來，就能夠獲得投資者好評，藉此推升股價，這才是正確的「思考順序」。無視於創造獲利的步驟，光想要增加市值，是沒有用的。如果不講道理，道理就會消失不見。要抬高股價最快的方法，應該只有不斷違反證券交易法。近年來，各種「企業犯罪」的根源，就是來自於這種過度以市場為導向的經營模式。

這種現象現在似乎已經告一段落，但是，從一九九〇年代後期到西元兩千年一直維持高股價的企業中，最具代表性的就是微軟公司（Microsoft）。為什麼微軟能夠維持高股價呢？是因為比爾·蓋茲（Bill Gates）和史蒂夫·巴爾默（Steven Ballmer）的經營模式，是以股票市場或股東為導向嗎？當然不是的，而是因為他們達到高獲利水準，並加以維持。對經營團隊而言，高股價當然是件好事，因為他們的薪水是以員工優先認股權的方式來支付。而微軟確實也做了許多為了滿足股東的「市場導向」的事，例如分配超高額的股利，但這並不是能夠維持高股價的基本原因。能夠分配高額股利，固然也是因為手邊的資金充裕，而之所以能夠有充裕的資金，正是因為不斷創造獲利。

最重要的是，要了解事情發生的先後順序，首先是，必須達到超乎業界標準的高獲利水準，持續創造獲利。這麼一來，就算投資者喊停，也會給予好評，股價也會跟著水漲船高，我們或許也會因此而成為大富翁……。而這就是比爾·蓋茲所認為「事情的先後順序」。經營的直接目標是長期獲利，而非無視於創造獲利的步驟，光想要增加市值。我認為，微軟是好惡分明的公司，但是在設定目標時，應該是以非常正統的順序，來思考的企業。

企業價值擴大後，應該產生的是「良好的狀態」。如果經營團隊以市場為導向，不會有好的結果。一味希望能夠符合股東短期的期待（也就是討好股東），將會忽略原本為了創造持續性獲利，而應該為經營付出的努力。在善變股東的操弄下，策略的主軸也會產生動搖。即使受惠於大環境，創造出短期獲利，也無法維持長期獲利。

日本職棒樂天金鷹隊的教練，如果在比賽前，激勵選手說「今天也要拉高樂天的股價」的話，選手應該會不知所措吧！因為他們無法直接針對這件事做出努力，所以教練理所當然會說「今天也要贏球！」雖然能不能贏球，要打了才知道，但至少選手會自動朝向「贏球」的目標邁進。

這裡所說的「贏」，對企業而言，就是獲利。樂天這家公司的「教練」三木谷浩史在鼓勵自己的員工，也就是選手時，應該不會說「今天也要拉高股價」吧！以將市值極大化作為目標的經營模式，形同是將自己無法直接控制的事設定成目標，就理論上來說，絕對是錯的。

▼企業家與投資者之間的差別

不過，我並不是在批評一九九〇年的微軟或孫正義先生直接以市值極大化作為目標。因為以當時的SoftBank來說，市值極大化的經營方式，在理論上是正確的。在之前提到的訪談中，孫先生還說了這麼一段話[6]。

我們將出資的對象鎖定在與網路相關的企業，每家公司出資百分之二十至百分之三十，能夠影響公司的經營，但無法掌控……（中間省略）……。以往的財閥或企業集團母公司擁有企業百分之五十一以上的股票，而集團企業則全部使用相同的商標、規則，甚至是社歌，也使用同樣的標誌。但是，SoftBank並不刻意持股超過百分之五十一，也不統一品牌、名稱或標誌，我們讓大家各自為政，用自己的方式成長。

孫先生說這段話，是在表示他將SoftBank定義成投資公司，而非一般的公司，而將他自己定義成投資者。這麼一來，採取「市值極大化的經營」是再自然不過的事。無論是以前或現在，主持投資公司的投資者都是以將市值極大化為優先，而非追求獲利。

但是，「以市場為導向的經營模式」口號，對一般的事業公司（除了以前的SoftBank和部分特殊的金融機構之外）是一種非常危險的想法。如同前面提到訪談，孫先生自己也說「長期來看，只有股價不會脫離公司真正的價值」。這裡所說公司的「真實價值」，指的是能夠創造可持續獲利的力量。即使是SoftBank，日後的投資組合，也精簡為行動電話等通訊基礎事業。由於事業公司的色彩逐漸強化，有別於一九九九年，該公司也必須開始關心事業創造的獲利。

就算要將股票市值極大化，能夠直接影響股價的不是企業，而是投資者。從這個角度來看，尤其是擁有不特定多數股東的上市企業，股價原本就受到熱門與否的影響，企業能夠直接參與的部分並不多，頂多是提出以「市場為導向」的經營模式，無法採取具體有效的行動。

反過來說，要提高企業價值，也無法採取「以市場為導向」的經營模式。除了股價之外，為了對各類股東有所貢獻，企業的目標應該是創造可持續的獲利。我認為，討論「應該以哪一種利益相關者為優先？是股東、客戶、員工，還是整個社會？」之類的問題，根本就有問題。經營者有責任要滿足所有人，因此，目標應該是創造可持續的獲利。要以什麼樣的順序來思考，才能滿足這些乍看之下利益互相衝突的關係人，其中的故事非常重要。

二〇〇五年，大型成衣製造商World由經營團隊以企業收購（Management Buyout）的方式，讓此公司的股票成為非公開發行股票。身為成衣業界優良企業的World為什麼會淪落到終止上市呢？後來，我曾經有機會和該公司的社長寺井秀藏討論這件事，他告訴我這家公司之所以這麼做，有兩個原因。

第一是，因為經營團隊和投資者之間對時間的看法不同。為了在瞬息萬變的時裝業界建立賺取穩定獲利的體制，必須不斷開發投資新的經營型態和店面。而且由於事業領域是「時裝」，很難在事前以客觀的指標評估成功的可能性。即使寺井先生根據以往的經驗，在考量未來的獲利下想要進行投資，但由於投資者當中有不少人希望能夠在短期內獲利，因此，經常無法有效採取適當的措施。事實上，回顧過去在股票公開上市時，遭到投資者否決的計畫中，日後有不少成為支撐World獲利的主力。

另一個原因，就是如果要讓股東同意進行以長期成長為目標的相關投資，必須公開相當程度的內部資訊，可是這麼做不僅麻煩，而且相關資訊還可能被競爭對手得知。「如果你問我要長期獲利，應該採取什麼樣的經營方式，我認為以World為例，上市的成本和風險要遠大於上市的好處。我身為經營者，已經提供水準以上的投資人服務，正因為我確實面對股東，所以才能觀察到股票上市的成本和好處。」寺井先生的話，讓我印象深刻。

World雖然終止股票上市，但仍是股份公司。雖然採取的是由管理階層收購的方式，不過，原有的資金是向銀行借貸的，也就是說World終止股票上市，是將資金政策從原本的直接金融轉變為間接金融。這件事清楚顯示出經營原本的目標是追求持續獲利。不只是World，只要經營的目標是獲利，股票上市與否只是一種方法，策略性終止上市，是非常有可能的選項之一。

以會計上的營業利益和經常利益的絕對數字，來衡量企業的表現，太過粗糙，事實上，必須以ROS（銷售利益率）、ROA（總資產報酬率：稅後盈餘／總資產）、ROE（股東權益報酬率：稅後盈餘／股東權益總額）、EPS（每股盈餘）、每股現金流和ROIC（投入資本報酬率）等各種「比例」來分析獲利。不過，無論使用哪一種比例，都只是分母不同，結果都是獲利。如果沒有分子的獲利，就無法判斷結果。雖然利用裁員等其他方法使分母變小，還是能夠在獲利沒有成長的情況下，提高上述的比例，但這不是我們要談的主題。

獲利，就是收入減掉成本，也就是客戶支付的金額水準與為了取得這個金額所花費的金額之間的差。這是一個非常簡單的標準，連小孩子都懂，因此，是一個有效的目標。姑且不論從外部評估企業的投資者或金融機構，站在企業經營的立場，目標確定，並為組織內部的所有人接受、共有，要比目標設定是否客觀，涵蓋範圍是否廣泛或精緻要來得重要。如果以太過複雜的指標追求成果，將會有損標準簡單的強項，讓人搞不清楚究竟為何而戰，甚至讓公司誤入歧途。

在網路泡沫的時代，NOPLAT（Net Operating Profits Less Adjusted Taxes，計算稅後淨營業利益）和EBITDA（Earnings Before Interest, Taxes, Depreciation and Amortization，稅前息前折舊攤銷前淨利）等複雜的指標，在美國特別受到矚目。我要再重複一次，從外部評估企業的投資者，或是為他們提供服務的分析師，使用什麼樣的標準都可以。但是，企業如果使用如此複雜的指標，作為經營目標的話，經營者和員工努力的方向，經常會逐漸偏離創造持續獲利的正道。

包括經營者的報酬系統，以及因此而扭曲的經營，產生的道德風險背後有許多問題。最近，有愈來愈多的人懷疑這種複雜的經營指標，之所以有人會把EBITDA說成是Earnings Before I Tricked the Dumb Auditor（欺騙啞巴稽核員之前的獲利），或者把EPITDA說成是（Earnings Post-Indictment, Trial, Denunciation and Arrest，起訴、審判、告發和逮捕之後的獲利），也是因為如此。

▼業界的競爭結構

如果企業需要追求的目標是獲利，接下來，我想說明的就是大家對於獲利從何而來，也就是「獲利的來源」的認知。從策略論的角度來看，企業的獲利有幾個來源。

第一，是「業界的競爭結構」。世界上原本就有容易創造獲利和不容易創造獲利的產業，影響產業創造獲利的潛力的主要原因是什麼?關鍵就在於業界的競爭結構。如果各位從現在開始要白手起家的話，了解業界的競爭結構，具有非常重要的意義。各位必須選擇容易創造獲利的業界，避免進入不易創造獲利結構的業界，這種策略性的選擇非常重要。

如果用搬家來比喻業界的競爭結構，應該會更容易了解。有一對老夫妻因為不喜歡太熱的夏天和太冷的冬天，希望生活能夠過得舒適一些，所以想要搬家。他們考量的第一件事，應該是要住在哪裡吧!東京和大阪的夏天十分炎熱，但北海道的冬天又太冷。

總之，為了達到自己的目的，這對老夫妻應該考量的是要住在哪個城市，至於要蓋什麼樣的房子，則是其次。當然，如果是具有冷暖氣設備，充分鋪設隔熱材料的房子，住起來會很舒適，但如果是住在嚴寒或酷熱的地方，就沒意義了。這裡所說的「要住在哪裡」，指的就是要選擇哪個業界競爭。如果是夏威夷，就算是很簡樸的房子，也能住得很舒服吧！如果是住在北極，要是不把房子蓋得像要塞一樣特別的話，不要說住起來舒適，可能連生命都會有危險。

一橋大學的青島矢一和加藤俊彥，用了一個很有趣的例子，來說明這樣的想法。美國職棒的日籍選手松井秀喜在大聯盟表現優異，不只是名聲和人氣，就連收入應該也會大幅增加！他為什麼能夠成為高所得者？大部分的人應該都只會回答「因為他是個優秀的選手」，或許也會有人仔細深入他之所以優秀的核心，考量他具有「長打的能力」、「擅長比賽」、「打擊技術佳」和「日本人謙虛誠實的人格特質」。

但是，如果認為業界的競爭結構，就是獲利來源的話，結果就不一樣了。答案會變成「因為他在眾多的職業運動中，選擇了棒球」。這個答案看似毫無根據，但其實這是從「在哪裡比賽」的想法而來。排球和桌球也有職業選手，不過，即使是全球收入最高的職業排球選手（大家知道是誰嗎？應該不知道吧！我也不知道），年收入也應該不及大聯盟選手的平均年收入吧！因為作為職業運動，棒球和足球在結構上比其他競技，更容易創造獲利。

奇異公司是全球具代表性的高收益企業，原因就在於該公司決定該進入哪個業界時，是經過冷靜徹底的判斷。奇異參與的事業，就製造業來看，無論是飛機引擎或能源等基礎建設事業、塑膠或矽膠等生產財事業、醫療用機器、生物科技等健康醫療事業，都因為某種原因而導致進入障礙較高，在某種程度上，競爭業者被限定在某個領域。無論是健康醫療或飛機引擎，競爭的企業頂多三、四家，而奇異的策略，就是利用併購，逐漸形成寡占的狀態。董事長兼執行長傑夫．伊梅特（Jeff Immelt）曾說：「我不喜歡有三十二家公司競爭的行動電話，或有十五家公司競爭的筆記型電腦的世界」[7]。他重視的是「在哪裡比賽」，而非「如何比賽」。

就獲利的比例來看，大家應該都了解，原本就存在有處於較具吸引力的競爭結構的業界，以及不具吸引力的業界。當被問到「公司賺錢嗎？」的時候，大家一定都會回答：「不賺錢！快撐不下去了！（苦笑）」。但是，如果接著被問道「最近的銷售利益率如何？」時，每個人說出來的數字都不一樣，落差很大。

有人表情黯淡地說：「終於跌破百分之十五了！情況很不妙！」（但是心裡還是游刃有餘），他是製藥業界的人。也有人說：「我們的目標是百分之十，但只能撐在百分之五，不過，情況已經好多了」，這個是汽車業界的人。還有人說：「我們的銷售利益率是負的，終於出現虧損，快撐不下去了」，這是個人電腦業界沉痛的心聲。

主觀來說，競爭通常是很殘酷的，但實際的營業利益率，就像前面所說落差極大，因為每個業界的競爭結構都不一樣，客觀環境和實際狀況之間有落差，也是很正常的事。麥可．波特（Michael Porter）提出的「五力」，是競爭策略中，著名的分析架構之一[8]。我想，應該有不少人聽過五力分析，這個架構主要是用來分析和了解某個業界的競爭結構是否容易賺錢，由於相關的內容不只出現在波特自己的書中，許多競爭策略的教科書也會提到，所以我就不詳細介紹，只稍微談一下五力分析的基本想法。

這個架構的前提，就是「簡單」。無論屬於哪個產業，企業都有爭奪這個業界獲利的壓力（force）。壓力愈大，業界潛在的獲利機會就愈小。相反地，如果壓力沒有那麼大，潛在的獲利機會就會變大，而這種壓力可以分為以下五種。

第一種壓力是「業界內部的對抗度」。大家或許對對抗度（rivalry）這個字很陌生，意思是指已進入業界的企業之間的激烈競爭。對抗度會因為各種不同的原因而改變，例如競爭企業的數目。比起有一百家公司的業界，只有三家公司進入的業界，通常比較容易創造獲利。如果是獨占的話，對抗度就等於零。

市場的成長性，也會影響對抗度。在快速成長的業界，整體市場會逐年擴大，企業之間必須爭取新的市場。但如果是成長已經停滯的業界，企業要成長，就要減少營業額或市占率，這如同是「早上一起床，就發現鄰居家的圍牆推進自家土地兩公尺」，對抗的程度要比爭取市場更為嚴重。

最典型的對抗度高的產業就是航空業。如果你現在要從東京飛紐約的話，會用什麼標準，來選擇航空公司呢？即使機艙服務或出發和抵達的時間，多少有些差異，但應該還是有不少人會選擇機票便宜的航空公司吧！這就是價格競爭。如果必須以單一價格來競爭，對抗的程度會非常嚴重。

相較於「業界內部的對抗度」著重於進入市場時，業界間的實際競爭，第二種壓力「新進者的威脅」，則是一種潛在的競爭關係。如果看到目前進入相關業界的企業，平均都能夠達到高獲利水準的話，應該會有不少企業也想要進入吧！但是，進入一個市場需要成本，而這就是所謂的進入障礙。如果一個產業，誰都能夠輕易進入的話，為了要阻止新的企業加入，就必須設定較低的價格。因此，導致相關業界的獲利機會變小。

底片產業就是進入門檻較高的業界。製造底片，需要相當大的投資，建立銷售管道，也需要極大的努力，因此，底片廠商多年來一直維持相當好的獲利。即使如此，之所以一直沒有新的企業加入，就是因為門檻太高。

然而，底片業界後來卻面臨第三種壓力，那就是「替代品的威脅」。由於數位相機快速發展，只要擁有數位媒體和印表機，就不需要購買底片。這裡所說的替代品指的是「具備相同的功能、能夠滿足消費者需求，而且一旦購買，就不需要原有商品的產品」。

由於賽馬、自行車賽和汽艇競賽都是一種賭博，對購買者而言，它們的價值就是「可以享受緊張刺激的感覺，運氣好的話，還可以賺上一筆。（這是他們的希望，不過，事實上，幾乎不會有這種好事）」。從這個角度來看，對購買者而言，確實滿足了同樣的功能和需求。然而，必須注意的是，「不能只賭賽馬，而不賭自行車賽」。因為有不少人賭輸賽馬，就會想用自行車賽，把本錢贏回來。如果又輸了的話，就改賭汽艇，這樣的關係不是替代，而是「補充」）。

目前，除非是日文打字機迷，否則幾乎沒有人使用日文打字機了吧！因為在替代品——日文文書處理機出現之後，日文打字機就被取代了。就算是日文專用的文書處理機，使用者也很少吧！因為ＰＣ（個人電腦）這種替代品出現了。只要存在替代品的威脅，相關業界的獲利機會，就會變小。如上所述，一般來說，替代品的Ｃ／Ｐ值（編按：Ｃ／Ｐ值為capability/price的縮寫，意指性能或功能與價格的比值）比既有的產品高。如果要在相關業界中互相競爭的話，就必須將價格降得比替代品還低，藉此來吸引消費者。

第四、第五種壓力分別是「供應商的談判能力」、「購買者的談判能力」，著重的是產品和服務利益的競爭關係。業者和供應商與購買者之間，經常為了彼此的利潤互相拔河。無論是哪個業界都需要投入資源（材料、生產機械、員工和零件等）的供應商，因此，業界和供應商之間，是一種日常的交易關係。所謂的談判能力，指的是在交易中較有力量的一方。如果供應商的談判能力較強，對業界就會形成威脅，因為業界的獲利會流向供應商。談判能力就是在獲利的拔河賽中力量的強弱。

由於業界和購買者之間也會進行交易，因此，也會產生談判能力的問題。如果購買者的談判能力較強，業界的獲利機會就會變小。以五力的觀點來看，顧客不是神，而是透過談判爭取利益的「敵人」。談判能力較弱的顧客，是可以帶來潛在利益的「好客人」，而談判能力強的顧客「就未必是好客人了」。

從這個角度來看，專辦婚喪喜慶的儀式或小鋼珠的行業，在與購買者拔河這一點，堪稱是具備了迷人的結構。大家不會閒著沒事，就舉辦結婚典禮，即將要結婚的新人，也大多摸不著頭緒。就算資金不夠充裕，也經常會在婚禮顧問的建議下，購買許多昂貴的婚禮節目、餐點、服裝或花飾。此外，也很少看到喪家和殯葬業者討價還價的。至於小鋼珠店，就算店家勸客人不要再玩，或不要花那麼多錢，但是要求店家再讓他玩一下的客人不在少數。這是因為談判能力由業界主導，而非購買者。

▼夏威夷、還是北極？

以上是以五種壓力，來分析業界的競爭結構。如果這五種壓力都很小，這樣的業界被稱為「五顆星業界」，結構上比較容易創造獲利，就好像是住在夏威夷，可以期待非常舒適的生活。相反地，如果每一項壓力都很大，就會成為難以創造獲利的「零顆星業界」，猶如是住在北極。接下來，我將利用這個架構，來分析之前提到的製藥和ＰＣ業界。

從五力的角度來看，至少到目前為止，製藥業界是最接近五顆星的業界。雖然看似有許多企業進入，但是由於產品容易區隔，使企業能夠專注於自己的強項征戰市場，而不需要和其他公司正面衝突；企業之間的對抗，也控制在較低的水準。

供應商主要是化學品業界，由於他們負責生產裝置，經常會出現供給過剩的情形。如果是一般的化學品，只要能夠滿足必要條件，使用哪一家的產品都差不多，因此，談判權掌握在製藥業界的手中。

製藥業界的進入門檻相當高，不僅是產品和行銷開發需要龐大的投資，更因為管制嚴格，從投資到真正有產品銷售，平均要花上十年以上的時間，要撐過這段時間並不容易。因此，除了是在開發階段，而且是專門「開發」能夠成為新藥基礎的特定化合物的生技公司，鮮少有大型企業進入這個行業。

ＪＴ（日本香煙產業）是少數幾個新加入的企業之一。該公司之所以能夠進入製藥業界，是因為香菸事業每天流入大量的現金，只有擁有充足現金的企業，才能夠忍受金額龐大且蟄伏期長的投資。

仔細想想，香菸事業也是五顆星產業。這個市場或許已經從成熟走向衰退，但是，要介入並不是件容易的事，而且缺乏替代品。雖然有戒菸菸斗之類輔助戒菸的方法，可是取代的力量並不大，結果就是身為購買者的吸菸者，毫無談判能力。就算香菸業者提醒消費者「為免有損健康，請勿過度吸菸」（最近更是直接在包裝上印製「抽菸是導致肺癌的原因之一」的警語），還再加上課稅導致價格上漲；消費者還是樂於掏出錢包，繼續吸菸。因為我也抽菸，所以非常能夠了解自己有多缺乏談判的能力。

醫藥的替代品是什麼？東方醫學和醫藥，或許是一種替代關係，不過，一旦生病，就不得不仰賴能夠立即生效的醫療用品。而健身房業界由於是提供培養不需要藥的健康身體的價值，廣義來說，堪稱是製藥業界的替代品。然而，如果血壓已經升高，才要上健身房，反而會有危險，所以替代關係十分薄弱。

購買者又是誰呢？其中之一是醫院的醫師。大家都覺得相對於藥品廠商，醫師處於優勢，因此，製藥公司的負責人（ＭＲ）必須拚命拜託醫師。不過，因為每個國家對藥品的價格多少都有管制，所以醫師並不具備最重要的價格談判能力。而且醫師也只是購買者之一，說得更正確些，應該是決定使用什麼藥的決策者，最終的購買者是病患，但是因為他們缺乏專業知識，所以才會依照醫師的決定進行購買。因為如果不依照醫師的決策行事，他們將會面臨極大的風險。製藥業界的另一個購買者，就是「付款者」，最終的使用者雖然是病患，但事實上，大部分的費用還是由政府（或保險公司）負擔。

總之，製藥業界有別於一般的業界，決策者、使用者和付款者完全不同，因此，削弱購買者的談判能力，會使得製藥業界更容易賺錢。如果汽車業界購買者的結構也是如此的話，汽車廠商的獲利率將會比現在高出許多。也就是說，除了使用者之外，還有一個擁有專業知識的第三者，幫你決定要開什麼車。這麼一來，使用者就會相信如果不聽專家的意見，將會有壞事發生，所以只好購買專家建議的車種，結果一問價錢，才知道非常昂貴，要五百萬日圓。即使如此，使用者還是覺得沒有關係而將車買下，因為政府會負擔七成的費用。像這樣決策者、使用者和付款者完全不同的話，廠商賺錢，也是理所當然的事。而且沒有車子只是有些不方便，如果沒有藥可能會出人命，所以根本沒有不消費（non-consumption）的選項。綜合以上所說，製藥業界的結構在五種壓力中，都屬於容易賺錢的一種，堪稱是五顆星業界。

相反地，PC業界則幾乎是零顆星的業界。PC產品日益標準化，基本軟體（OS）大部分都是微軟的Windows，而且因為處理器都是「英特爾」，速度也都是大同小異，使得進入這個市場的企業嚴重互相對抗，因此，大同小異的產品展開正面衝突。PC業界進入門檻低，只要購買在市場上販售的零件，就能夠輕易組裝PC。

身為購買者的企業和消費者，對於PC業界有很強的談判能力，標準化的發展，也是原因之一。如果是像以前NEC、IBM或富士通等企業，分別使用專屬作業系統的話，NEC98的使用者，就會被封鎖在NEC的世界裡。因為如果改用其他公司的PC，就會立刻無法使用以往的軟體和文件資產。即使逐一變更格式，也很麻煩。

類似像這樣購買者在轉換產品或品牌時所產生的成本，被稱為轉換成本。產品如果像PC這樣標準化，購買者的轉換成本，就會大幅降低。此時，如果出現廉價的PC，購買者就會立刻琵琶別抱。對企業而言，也就會愈來愈難留住消費者，消費者的談判能力便因而提高。

在PC業界的競爭結構中，供應商的談判能力逐漸成為最糟、也是最大的壓力。在眾多的供應商中，滑鼠、硬碟（hard disk drive）和鍵盤等設備的供應商，不具備強大的談判能力，因為這些設備只要接上ＵＳＢ介面，就能夠驅動，就ＰＣ業界而言，轉換成本較低。不過，這些設備在ＰＣ的成本中，所占的比例相對較小，成本較高的，當然是ＯＳ和ＭＰＵ（microprocessor），以企業來說，就是微軟和英特爾這兩家公司。這兩家核心供應商對ＰＣ業界擁有較高的談判能力，大幅壓縮了他們的獲利機會。

微軟和英特爾與其他競爭產品相比，擁有區隔市場的獨特規格，同時還利用智慧財產所有權制度，來保護特有的核心部分。在這樣的情況下，即使微軟的作業系統價格較高，ＰＣ業者也無法更改供應商，因為沒有企業能夠提供同樣的產品。如此一來，價格和交貨的期限，只能讓供應商說了算。由於供應商擁有強大的談判能力，互相拔河的結果，就是ＰＣ業界的獲利都流入微軟和英特爾這兩家公司。

如同以上的說明，五力是從五個方面分析相關業界所面臨的威脅大小，藉此討論業界獲利機會的架構。從相關的分析結果，大致可了解兩件事。

第一，當然就是藉由分析競爭結構，了解相關業界是否容易獲利。我要再強調一次，獲利的首要來源，就是業界的競爭結構。如果各位所屬的業界，很幸運的剛好是五顆星的話，只要順其自然拚命努力，就能夠獲取還算滿意的獲利。

另一件事，就是策略的必要性。事實上，第二個獲利來源，就是「策略」。如果你是住在夏威夷，說得極端些，就不需要策略了，只要順其自然過日子就可以了。但並不是所有的企業打從一開始，就住在輕鬆愜意的地方，大部分的企業就算不是置身北極，也是被迫在只有一顆或兩顆星的業界互相競爭。

在一開始談到業界的競爭結構時，我就故意設定了「如果大家今後都是從零開始發展事業的話」的條件。不過，事實上，除了一無所有卻想要創業的人之外，從零開始的人沒有幾個選擇。選擇的業界大部分都是已經經營一段時間的特定業界，對於那些想要從外部判斷獲利潛力的分析師、顧問或潛在的新加入者來說，五力分析非常有用。但是，對於競爭的當事人，也就是業界人士而言，難免有些馬後炮的感覺。

業界的競爭結構有很大的程度，是因為受到環境的影響，已經不是個別企業努不努力的問題，因此，突然要整個業界升級為五顆星，有其困難之處。也就是說，幾乎所有的企業或多或少都必須面對競爭的壓力，所以才會需要第二個獲利的來源——即「策略」。

即使目前是身處在有如夏威夷般的五星級業界的企業，從中長期來看，還是無法忽略策略的存在，因為幾乎所有的業界星星的數量，都會隨著時間不增反減。

這存在兩個原因，第一個還是競爭。如果某個業界是夏威夷，明顯容易居住，一定會有不少企業想要搬家，即使在某個時間點進入的門檻較高，也會想辦法跨越或鑽進去，以便在這個業界生活。如果一個業界對許多企業充滿吸引力，不難推測它將會隨著時間愈來愈擁擠，愈來愈不易居住。

另一個理由是大環境的改變。無論是全球化、技術革新或放寬管制，這些主要的潮流幾乎都在增加競爭的壓力，使得以往閃耀的星星一個接著一個消失。也就是說，從大環境來看，企業將會愈來愈難獲利。

以下是個有趣的問題。我將列舉幾個業界，請各位想想以網路為代表的ＩＴ產業，分別針對五力的各項壓力造成什麼樣的衝擊。零售業界的情況如何呢？以網路為媒介的電子商務快速普及，和以往的零售業相比，電子商務不需要擁有實際的店面，進入障礙大幅降低，擔任購買者的顧客（可利用「價格.com」等比價網站），比以往更容易且大範圍地比較商品，尤其是價格。隨著網路的出現，供應商可以不透過零售業者，直接將商品賣給消費者，也就是供應商和消費者的談判能力提高。由於市場容易進入，不易區隔，導致業界內部的抵抗度提高。網路這種新技術的出現，使得業界的競爭結構逐漸朝向難以獲利的方向發展。

網路問世之後，有許多經營者期待將會出現許多新的商業機會。當然也有像亞馬遜或樂天這類實際掌握網路技術革新帶來的機會，成功創造極大利潤的企業。然而，以宏觀的角度來看，因為網路勢力的抬頭，有更多的企業反而必須面臨競爭的壓力，因而喪失以往能夠獲取的利潤。考量網路對業界的競爭結構造成的衝擊，這也是非常自然的事。無論是全球化或放寬管制，大環境的主要潮流，都使業界的競爭結構難以創造獲利，也就是「使其惡化」。

即使是能夠將網路這種技術革新帶來的機會，與獲利實際結合的企業，也不是因為網路讓業界的競爭結構更具吸引力，而是因為他們擅長在不易獲利的業界中，提出能夠創造獲利的策略。

反過來說，即使第一個獲利來源「業界的競爭結構」，不具吸引力，只要能夠以第二個獲利來源「策略」一決勝負，也能夠持續創造獲利。即使是身處北極的ＰＣ業界，戴爾電腦（Dell）都還是能夠長期獲利。航空業界的環境，更是標準的北極，但西南航空（Southwest Airlines）還是能夠不斷地創造獲利。在星巴克（Starbucks）進入連鎖咖啡業界之前，客觀來說，美國的咖啡業界絲毫沒有吸引力。當時，美國人已經開始不喝咖啡，對咖啡的需求也逐漸降低，陸續有企業退出這個業界。而且有愈來愈多的美國人不喝溫熱的飲品，即使如此，如同下一章所說，星巴克在這個業界還是大獲全勝。戴爾電腦、西南航空和星巴克的獲利，從何而來呢？因為這幾個業界都不具吸引力，所以無法期待第一項的獲利來源，這些全都是企業的策略帶來的長期獲利。

▼不是策略的東西

「競爭策略」聽起來似乎有點難懂，不過，簡單來說，就是討論「如何賺錢」，更進一步，就是如何在競爭當中，比其他公司更能夠維持良好收益，而競爭策略呈現的就是基本的方法。前一章也提到因為「策略」這個字很好用，可以包山包海，所以常讓人搞不懂什麼是策略，因此，我故意縮小範圍，來討論策略這個詞。在討論策略之前，我們先來釐清什麼「不是策略」。

有一回，我曾經應邀參加日本某大企業討論事業策略的會議，結果發現一件有趣的事。當天明明是討論策略的會議，有不少人卻幾乎不談策略，而是一直在談不是策略的東西。

當天發表的時間限制每人三十分鐘，但是，大部分的事業負責人把一開始的十到十五分鐘，都花在說明設定的目標。我已經強調，事業的終極目標是長期獲利，但還是需要注意市占率、成長或資本效率等目標。事業負責人在報告為了達到這些目標，組成整體事業的幾個產品和市場，分別需要交出多少成績之後，又開始說明每個部門應該負責的目標，甚至更進一步在這些目標數字上標示日期，明示每一季應該達成的部分。除了這些數字之外，也會討論願景和任務。

企業當然需要有系統地設定目標，因為不設定目標，就不可能有策略。但是，我必須澄清一點，那就是設定目標不等於策略。「在二〇〇×的第二季之前，要確保百分之十的營業利益率！這就是我們的策略！」之類的話，並不是策略，而是目標。

但是，在實際工作時，只要目標確立，經常會給人「策略也擬定好了」的錯覺。也就是說，「擬定策略」的工作，經常會被「設定目標」所取代，最後導致策略不明。現在想來在泡沫經濟時代盲目擴大經營，最後卻因此而倒閉的企業當中，有不少就是缺乏策略，只是一味朝著目標前進。

再回到前面那家大公司的策略會議，討論完目標之後，接下來的問題，一定是「要以什麼樣的組織體制進行？」舉例來說，為了強化客戶服務，將以往依照產品項目組織的營業部門，按照客戶類別重組，或是為了強化某項產品，集中公司菁英，成立直屬於對應事業部門主管的團隊。這類的組織方法是執行策略時的要素，但並不是策略。策略也很容易被這類的組織編制所取代。

讓人驚訝的是，有不少會議就是在這樣的目標和組織報告中結束的。如果會議就這樣結束，領導者的策略，就會變成「衝！大家努力！就是這樣！」。目標很明確，方向很清楚，該以什麼樣的組織編制邁進也已確定，但是，應該朝什麼地方怎麼走，如何前往目標地點，卻完全搞不清楚。如果只是明示目標，整裝待發，然後告訴大家「去吧！好好幹！」（有時，後面還會加上一句「我會幫你們收屍！」），「經營」這個工作，也未免太輕鬆了。

我挑釁地發問：「這種事誰都會做！各位身為主管，坐領高薪，公司為什麼需要你們？」某人回答：「雖然聽起來我們好像只說了『去吧！好好幹！』，但是，事情沒有這麼簡單。要用一句話，就讓下屬去做事，有賴上司的魄力和領導能力。」他說得雖然沒錯，缺乏策略的事實卻依舊沒有改變。

也有不少會議會開始朝分析的方向發展，類似像「本事業的總需求，在今後五年內將會有這樣的改變」；「整個市場可區分為這幾個區塊，某個區塊有成長，某個區塊沒有成長」之類的市場環境分析。然後，就是針對競爭進行分析，例如本公司的主要競爭對手有X、Y和Z三家公司，分別朝著某個方向發展。無論類似的環境分析做得再精細，都無法自然衍生出策略。不過，深入分析確實會讓人以為自己在擬定策略，這也是一種替代現象。

▼潮語的功過

我們經常可以看到人們利用當時備受矚目的「尖端辭彙」，來修飾策略的相關重點的情形，也就是在發表會上大量使用報章雜誌上熱門的「潮語」(例如大競爭、非中介或長尾理論等)。

這雖然是題外話，不過，我對這類經營概念的流行語，之所以會流行的原因，倒是挺感興趣的。企業人對於「最新資訊」非常貪婪。我非常佩服那些上班族，可以在客滿的通勤電車裡，熟練地把日經新聞折成摺扇似(搞笑藝人用的那種)的長條狀，從頭看到尾。日經新聞的張數比其他報紙多，但上班族手中的摺扇大多是它。如果有「在狹窄的空間裡，可以讀完報紙的世界選拔賽」，日本應該是有最多選手可以參加的國家吧!

在這樣的情況下，都還要看報紙，表示這份報紙值得一讀。讀它的價值到底何在?當我詢問客滿電車裡的「讀報大師」時，他們告訴我「因為可以增長見聞」。可以增長什麼見聞?我問一位三十三歲在商社工作的青年才俊，他告訴我「看報學習的成果」，就是「最近是『大競爭』的時代，商社在ＩＴ的浪潮中也開始『非中介化』。為了提高自己的市場價值，在這個快速變化的時代，我必須強化自己的『工作能力』才行……」

大競爭、非中介化和工作能力，總結來說，就是「潮語」，也就是「流行語」（如果是這樣的話，應該一開始就用用日文的「流行語」來表示，但我還是用了「潮語」，這就是它「潮」的地方吧！）潮語的來源，大致可分為以下五種。

最多的是「直接英譯」。以最近這十年來說，最潮的流行語應該是「ＩＴ」吧！ＩＴ就是「Information technology」，也就是資訊科技。「資訊科技」這個詞從以前就有，不過，還是會有人說出「現在已經不是資訊技術的時代，而是ＩＴ的時代」之類，讓人覺得不可思議的話（沒有嗎？）。英譯的流行語，大都是像Ｂ２Ｂ或ＣＳＲ之類的簡稱。

第二種是「形容詞」，主要是由以往用來加強某個詞或概念的形容詞轉變而來，例如「new economy（新經濟）」或「mega competition（大競爭）」。

第三種和第二種有一部分重複，那就是「現象」。用來形容新商業現象的詞，也有不少成為流行語，最典型的例子就是「flat化（平面）」。如果是像「dog year」之類簡單易懂的比喻，更容易成為流行語。

與這類稍有不同的流行語，還有「方法」，主要是用來描述新的工具、系統或制度，例如「cloud computing（雲端運算）」、「ＥＶＡ（Economic Value Added，經濟附加價值）」、「stock option（員工股票選擇權）」和「執行董事制」（這個不知道為什麼不是英語）。如果有許多人開始用三個字來表示這些詞，例如「ＥＲＰ」（Enterprise Resource Planning，企業資源規劃）或「ＳＣＭ」（Supply Chain Management，供應鏈管理），就表示這些詞在某種程度上，已經成為一種流行語了。

最後一種是「概念」。這一類詞的意思要比「方法」抽象普遍。例如「複雜系」、「收穫遞增」（這些詞有點抽象，所以以日語居多）、「competence」、「competency」和「capability」（排在一起好像動詞變化）。（這些英文字都是名詞，而非動詞？）

流行語之所以會成流行語是有原因的。這些字不是掌握了世間變化的本質，要不就是包含重要的觀察。如果就其本質的意義或背後理論的暗示來看，流行語也有它的意義，遺憾的是，很少有人能夠了解這一層。因此，就會出現以下這種讓人匪夷所思的對話。

「什麼是core competence？」

「就是核心能力啊！」

「那麼，什麼是new economy？」

「就是完全有別於以往的經濟……」

「什麼是mega competition？」

「就是激烈的競爭。」

「那……hyper competition呢？」

「就是很激烈的競爭，程度大概是mega competition的五倍。」

「那麼，我問你經濟規模和收穫遞增有什麼不一樣？」

「煩死了！啪！（用日經新聞摺扇打我頭的聲音）」

這樣就沒意思了。大部分的流行語五年後幾乎都會消失（流行語是有季節性的）。

如果從這些詞背後的理論暗示來思考，流行語也有它的意義，但遺憾的是，一旦被拿來說，就會讓人停止思考。前一章所說的「類別符合」，所引發的欠缺思考，就是最典型的結果。使用大量流行語，製作ＰＰＴ時，會讓人覺得自己在擬定「策略」，但這完全不是真正的策略。

最後是「氣勢和毅力」。在之前提到的那場事業策略報告會上，有不少發表者最後都用這樣的話來結尾，那就是「以打死不退的決心，無論如何都要完成目標」；或「我們預料會遭遇許多困難，但是，我們相信只要有毅力，天無絕人之路」，也就是要靠氣勢和毅力，然後會出現「最後我們一定會想辦法，只要有效集結所有的力量，就一定能夠完成使命」之類，有如「念力」般的理論。

我在本書一開始的地方也提到，我並不否認氣勢和魄力很重要。這對公司來說，或許是最重要的事，但是，「重視」和「依賴」是兩回事。仰賴氣勢和魄力的主管，是無法提出策略的。如果你的公司是屬於夏威夷的業界，顧客對你唯命是從，供應商也要看你臉色，也沒有新進入的對手，那就不需要策略。從某方面來說，策略是「住在北極的人」的發想，策略性的思考，應該是「如果放任不管，就絕對無法成事」，而非「最後一定會有辦法」。

以足球為例，教練的工作當然是構思引導球隊獲勝的策略，並讓隊員完全接受。請各位想像日本代表隊的教練詢問選手「要以什麼樣的策略，來面對世界盃」的畫面，如果教練斬釘截鐵地說「日本代表隊的策略，就是打進決賽的前八強，就是這樣」的話，選手應該會很無力吧！因為這只是目標。

如果教練說「這次的代表球員，就是這二十三個，先發球員是這十一個，每個人分別負責這些位置，中途我想在這個時間點更換這些球員，這就是我們的策略」的話，大家也應該會覺得很奇怪吧！因為這不是策略，而是組織編制。如果教練說「這次的對手是韓國隊，他們應該會這樣進攻，因為場地在室內，所以條件應該是這樣，當天的溼度和溫度是這樣，這就是日本的策略」，這也不是策略，而是環境分析。如果說「最近足球的世界潮流是採用「Two Top戰術」（最佳實務）；或「代表隊幹勁十足，共識越來越高昂」（氣勢和魄力），這很明顯也不是策略。

以足球為例，自然會發現，以上所說的每一項都不是策略。但是，到了實際的商業經營時，雖然說要構思策略，可是關注的全都是上述所說的「不是策略的東西」，結果經常搞不清楚什麼才是策略。

▼製造「差異」

前面我們談到的是乍看之下像是策略，但實際上，「並不是策略的東西」。那麼，什麼才是策略呢？前一章已經談到競爭策略的第一項本質，就是「製造與其他公司之間的差異」。一家公司能夠在競爭中，創造高出業界平均水準以上的獲利，是因為和競爭對手有所「不同」。

我在前面也說過「在互相競爭的情況下，針對如何創造出優於其他公司的收益，並加以維持，提示基本方法的就是競爭策略」。我之所以強調是「在互相競爭的情況下」是有原因的，所謂的競爭，指的是「如果放任不管，就無法賺錢的狀態」，涉獵過經濟學的人應該都聽過「完全競爭」這個詞吧！關於相關理論的說明，我就把它讓給經濟學教科書了。如果競爭變成經濟學所說的「完全」競爭的話，企業的獲利，也就是剩餘利益就會變成零。大家或許會覺得，既然是企業，當然要創造獲利，但是考量競爭的本質，在有競爭的情況下，還要創造獲利，是非常不自然且不可靠的狀態。

只要這麼一想，大家就會發現，乍看之下十分相近的經濟學和經營學，基本的想法正好完全相反。經濟學家認為，完全競爭的狀態，基本上是「好的」，因為在這種狀態下，整個社會最有效率。「貫徹市場原理」的主張，是經濟學家最典型的想法，而獨占禁止法這種法律制度，也是來自於完全競爭尊重效率的思考模式。

競爭策略十分講究不同企業之間的差異，一旦成為經濟學假設的完全競爭，就無法創造獲利。這麼一來，為了創造獲利，就必須破壞經濟學所說的完全競爭的前提，那就是「大家都一樣」的前提。在完全競爭的世界裡，每個參賽者是沒有「臉」的。但是，如果參賽者之間有差異的話，就無法形成完全競爭，也就能夠創造出獲利的機會，這就是競爭策略最根本的想法。

無論是古今中外，這個世界上都充滿了「因為競爭激烈，所以賺不了錢」的感慨，但這是非常自然的事。讀者當中應該也有人為虧損所苦吧！從理論來看，並不需要感到羞恥。請各位一定要光明正大的說出「賺不了錢」。（完全的）競爭狀態，原本就是賺不了錢的。在競爭中如何賺錢，是個非常棘手的問題。如何建立一個在競爭當中，仍然可以賺錢的「不自然的狀態」，並加以維持，就是競爭策略需要面對的課題。

就算設定好目標，整頓好隊伍，做好環境分析，蓄勢待發，如果和競爭對手之間沒有任何差異，很快就會淹沒在競爭的驚滔駭浪中。換句話說，競爭就是一種消弭企業之間「差異」的壓力。當競爭存在，只要放任不管，「差異」就會逐漸消失，而「差異」一旦消失，剩下的就是（缺少成本優勢的背書）單純的價格競爭。這麼一來，理所當然不會有獲利。

如果運氣好，所屬的業界是五星級的，只要順其自然經營，就能夠創造獲利。但是，這麼理想的業界並不多，每個業界或多或少都存在潛在的壓力。天才政治學家馬基維里（Niccolò Machiavelli）曾說：「上天堂最好的方法，就是熟知前往地獄的路」。如果貴公司所屬的業界情況並不理想，那就必須在這個業界中，建立與競爭對手之間的「差異」。

▼「差異」中的「差異」

我在此必須強調，在思考與其他公司之間的差異時，有兩種完全不同類型的差異。為了讓大家更容易了解，請各位想想身邊的家人或朋友。你和他之間有什麼不一樣呢？只要是不一樣的地方都可以，請你依序舉出十個。

例如身高、性別、年齡、髮型、體重、職業、興趣或血型，應該可以找出很多，然後再依照某個方法，將你們之間的差異分成兩組，你想到用什麼方法來分類了嗎？

可以是「可以改變的東西」（例如髮型）和「不可改變的東西」（血型），或是「一看就知道的東西」（身高）和「光看也看不出來的東西」（興趣）等，可以有很多方法。

我想討論的分類方法是「程度的差異」和「種類的差異」。程度的差異，是指有可以顯示差異的尺度或標準的差異，前面所舉的「身高」、「年齡」和「體重」，就屬於這一類。如果以「頭髮的長度」來看，「髮型」也可以算是這一種。這類差異的共通之處，是背後都有一個標準，以英文的形容詞來說，就是比較級的差異。

第二種則是「種類的差異」，包括：「性別」、「職業」和「嗜好」。種類的差異沒有標準，以性別來說，一般不會說「我比他多了百分之三十的男性」（除了極少的例子之外）。如果以造型，而非長度來看，「髮型」也屬於這一類。

我在前面已經說過：「製造差異是競爭策略的本質」，而在那之前，「差異的內容」和「製造差異的方法」，還有兩種不同的範例（基本的看法）。如同在茶道的世界裡，有表千家和裏千家，競爭策略論也有兩種不同的「流派」，如果以上述所說的兩種差異來看，「表千家」和「裏千家」所重視的就不一樣。

就結論來說，這兩種差異中，重視「種類的差異」的是表千家，這樣的想法被稱為「定位」。而裏千家則是想從「程度的差異」，尋求競爭優勢的來源，關鍵就在於「組織能力的概念」。相關的細節，我會在後面介紹。我要強調的是，這兩種基本的策略觀，企圖製造的差異種類不同。

我以餐廳為例，來說明表千家和裏千家之間的差異。假設有一家非常好吃又時髦的餐廳，它的風評之所以很好，或許是因為主廚設計的菜單很不錯，又或許是因為使用的材料、廚師的功力或團隊合作表現良好。如果將關注的焦點，放在主廚的菜單，那就是策略定位（ＳＰ，Strategic Positioning），以下簡稱為ＳＰ。若是關注的焦點是廚房，那就是重視組織能力（ＯＣ，Organizational Capability）的策略，簡稱為ＯＣ。接下來，我們就依序來看看這兩種策略的內容。

▼定位——主廚的菜單

所謂的定位，就是「占位置」。以ＳＰ策略論來說，策略就是在企業所處的競爭環境中，「在有別於其他公司的地方，取得自家公司的定位」。說得更明白些，就是「做與其他公司不同的事」，這就是ＳＰ策略論所說的競爭優勢的來源。

松井證券原本是一家小型的證券公司，但是，在個人股票交易的成績，卻超越大型企業。他們之所以能夠快速成長，是因為在證券業界做了「和其他公司不同的事」。松井證券清楚選擇了自己應該做什麼，以及構成事業各種活動的策略。首先，就是脫離以往證券公司的「營業」，專門利用網路仲介股票交易。目標鎖定在頻繁買賣股票、知識豐富、幹勁十足的個人投資客，而非法人，或偶爾才買賣股票的普通個人投資客。在日本政府放寬手續費的規定之後，證券公司的競爭愈來愈激烈，有不少公司以「顧問」為名，開始提供詳細的資訊強化服務，但松井證券卻不介入這類複雜的業務，而是專心從事股票買賣仲介。

把重點放在由松井道夫主廚所設計的「菜單」的作法，就是ＳＰ的策略論。就算什麼事都摻一腳，也無法和其他公司有所區隔。釐清想做的事，做不一樣的事就是ＳＰ的發想。「選擇和專心」就是ＳＰ[9]。

我曾經有機會在PC業界各大公司人員聚集的場合，詢問他們和「競爭對手之間的不同」。當時是一九九〇年代的後期，他們的答案，現在聽來或許有些落伍，不過，我還是列舉幾個當時的對話內容。

A公司人員：「請看看我們家的電腦螢幕，不但比別家公司清楚，視野也比較廣。你看別家公司的電腦螢幕，如果從旁邊看，畫面都在飛，但我們的就算從旁邊看，也還是很清楚，因為視野的角度寬達十五度。」

B公司人員：「請拿拿看敝公司最輕的一款電腦，很輕吧！而且你看這麼薄，比其他公司要輕了幾公克，薄了幾釐米。」

C公司人員：「電池的待機時間才是關鍵。你看這個圖表（對方一邊說一邊秀出投影機的圖表），我們在迴路設計上，下了功夫。比起其他公司，我們的電池待機時間要多出百分之二十到百分之三十。」

D公司人員：「大家都好像只注意硬體，我認為，產品區隔的焦點，應該是軟體。你看！（此人一邊說，一邊換掉C公司的投影片，呈現出新的圖表）這是預先安裝在家用電腦裡的應用軟體，我們的種類最豐富，購買之後，馬上能用的方便性，是我們和其他公司不同的地方。」

除此之外，還有許多說明自家公司和其他公司差異的例子。但是，這些企業當中，有許多後來都因為在ＰＣ事業幾乎無法創造獲利，而傷透腦筋。

就定位的角度來說，液晶螢幕的視野寬廣、預先安裝的軟體種類眾多、電池的待機時間長、持久耐用、輕薄短小等差異，都不是策略。因為這些差異和身高、年齡、體重一樣，都只是程度上的差別。ＳＰ的策略論，將程度問題的差異，稱為ＯＥ（Operational Effectiveness，營運效能），將它與ＳＰ明顯區隔。就定位而言，策略在於ＳＰ的選擇，追求ＯＥ，不是策略。也就是說，策略應該是做不一樣的事，而不是把事情做得更好。

定位策略論為什麼重視ＳＰ的差異呢？至少有三個理由。第一，是ＯＥ的有效期限太短。輕薄短小或電池待機時間長的電腦，確實不錯，競爭對手自然也會努力讓自己的產品輕薄短小或待機時間長。圍繞著這種程度的差異，展開的競爭，就好像ＰＣ業界競相推出業界最小最輕的產品一般，容易變成小孩子捏著手臂玩，無法製造出明確的差異，徒增消耗能量的風險。

第二，如果ＳＰ不夠明確，企業就會努力企圖改善所有的要素，將資金耗費在沒有用的地方。「視野角度比其他公司的產品寬」，絕不是件壞事，但是，要讓螢幕的視野更廣角，就必須耗費相當的開發成本。而要拉長電池的待機時間、預先安裝軟體，或讓機體變薄變輕，都會產生成本。這些成本究竟花得值不值得，必須重回ＳＰ進行檢討，才會知道。

我問那位告訴我他家的電腦螢幕廣角比較寬的先生，「確實從旁邊來看也很清楚，不過，我想請教您有消費者會從旁邊看螢幕，然後，因為覺得看得很清楚，就很高興的嗎？」這位先生被我這麼一問，表情雖然不太好看，但這就是ＳＰ策略論關注的焦點。

如果這家公司認為，「ＰＣ事業主要是以因為某種原因，必須從旁邊看螢幕操作鍵盤的消費者為對象，而不是其他消費者」的話，情況又會如何？這就是和其他競爭對手完全不同的ＳＰ。事實上，這樣的定位太過侷限（應該不會有這樣的分類吧！），根本做不了生意。但如果刻意追求這樣的ＳＰ，將水平方向的視野角度放寬十五度的ＯＥ，或許會變成可一決勝負的有效武器。然而，沒有明確的ＳＰ，只是盲目的放寬視野角度，是否真的能夠成為影響顧客購買行為的差異，倒也不一定。即使企業打算用這種方法製造差異，但其實幾乎所有的顧客根本不以為意，這麼一來，投入開發廣角的努力就白費了。

和這個理由有關的第三個理由，就是如果沒有明確的ＳＰ，根本無法判斷以某個ＯＥ為標準，到底應該怎麼做。以個人電腦為例，「服務細心」或「產品種類豐富」等ＯＥ是否真的理想，只能與定位互相對照決定。如果再配合第二項理由，使出「為了改善所付出的成本」來考量，「豐富」的產品種類，或許是更不理想的作法，也說不定。

就SP而言，前面提到電腦公司人員所說的「差異」，只是在列舉OE，而非有效的策略。缺乏明確的SP差異，可說是眾多日本綜合電子廠商電腦事業業績惡化的原因，而「綜合」這個詞，清楚呈現出企業欠缺SP的情形。

▼波特的競爭策略論

反應快的人，應該已經發現一件事了，那就是「為了創造獲利，判斷容易賺錢的業界和不容易賺錢的業界非常重要。如果將獲利極大化，是企業的目標，在個人電腦這個不容易創造獲利的業界展開競爭，不就是一種錯誤的行為嗎？」

就SP的角度來看，這個問題問得很對。由於SP就是在廣大的競爭空間中，尋找自家公司的定位，經營者首先必須考慮的，就是「要進入哪個業界競爭」。最好的選擇，當然是進入結構上容易創造獲利的業界，也就是說，SP的發想，根據的是將業界的競爭結構，視為第一個利潤來源的想法。

我在前面也提到（當然，事實上，他應該不是為了爭取最高的年收，才這麼做的吧！）松井秀喜選擇了棒球，也就是選擇競爭的業界，這就是定位的第一步。他還將競爭的舞台從日本的職棒移到美國的大聯盟，而且選擇人氣和資金充裕的洋基隊，作為所屬的隊伍（目前隸屬坦帕灣光芒隊），防守的位置是相對人員較少的外野。SP的策略論，就是像這樣從業界的選擇到自己的定位，以及其中的相關細節，不斷重複階段性的定位選擇。

提出五力分析的麥可．波特，堪稱是策略論的代表人物。至於波特的策略論厲害在什麼地方，只要將它和之前的古典策略論相比，便可一目了然。

在波特確立主流之前，策略論被貼上「商業政策」的標籤。商業政策時代的策略論，簡單來說，就是蒐集有助於擬定策略的手勢和技巧，最具代表性的例子，就是前一章提到的SWOT。此外，還開發出產品／任務矩陣、多角化矩陣、決定數、PPM和經驗曲線等各類工具，使得自訂策略的方法愈來愈精緻化，相關的討論，在策略論的經典作品《策略制定》一書中，寫得十分詳細，有興趣的人不妨一讀[10]。初期的策略論，主要是為了開發制定策略的技法，並清楚提供經營者決定策略的方法。

除了五力之外，波特的策略論，也提供基本競爭策略的類型論和策略分類等各種架構。不過，和以往的策略論相比，波特的策略論，最大的不同在於使用的概念或提出的架構，全都是由一個理論，也就是「定位」來貫穿。波特認為，「獲利的關鍵在於，成為和其他公司差異化的獨特存在。而所謂的獨特，就是企業定位的問題」。波特的策略論，不再是個別的技法，而是一個以單一理論貫穿組合而成的思想體系。

以波特為首的主流策略論，並不是無中生有，而是以經濟學當中某個領域的產業組織論為基礎。產業規定企業的行動，使得產業的收益能力可以預測，更進一步使得相關產業的企業收益能力也可以預測。屬於經濟學的產業組織論，發展的前提是產業的剩餘利益原本就應該回歸社會，而不是一種理想的狀態（因此，才會有利用獨占禁止法等規定，限制「具吸引力的結構」扎根的想法）。從某個角度來說，SP策略論完全顛覆產業組織論。因為SP策略論認為，只要業界擁有具吸引力的結構，就能夠獲得剩餘利益。

無論如何，以往的策略論缺乏扎實的理論，作為了解整個體系的基礎，而波特策略論最大的貢獻，就是首次在策略論中，引進一貫的理論，確立策略「理論」的身分。

相反地，業界競爭結構的想法重點，不在於競爭，而是在於「無競爭」。與其說是在有競爭的前提下，贏得競爭，毋寧說是找到定位，避免正面衝突。簡單來說，就是「把自己放在容易賺錢的地方」。

不過，即使能夠找到這樣的業界，而這樣的業界之所以具有吸引力，有一個很重要的條件，那就是進入障礙較高。因此，要實際成為這個業界的一員，進而獲取利潤，一般來說，是很困難的事。這就是我為什麼會說重視業界的競爭結構，認為一定有容易賺錢生意的想法，根本就是外行人說外行話。就本質來說，麥可．波特風靡一時的第一本著作《競爭策略》[11]，或許可說是「無競爭的策略」。

取捨

第一章介紹的萬寶至馬達，在堪稱是「北極」的馬達業界持續獲利，可說是使用ＳＰ策略的典範。該公司向來都維持超過百分之五十的市占率，從一九七五年以來，已經維持三十年平均超過百分之二十五的營業額經常利益率。身為低價的通用零件廠商，萬寶至堪稱是一家令人驚豔的高收益企業[12]。

該公司之所以能夠維持高收益的關鍵，就在於專門生產小型帶刷馬達，並採取馬達標準化的策略。該公司特有的ＳＰ，是將原本配合製造商生產的小型馬達，轉變成標準化生產特定種類的馬達。只要使用者開始購買萬寶至的標準化馬達，規模經濟就會降低成本，提高萬寶至的價格競爭力，形成良性循環。

對於競爭對手來說，萬寶至的競爭優勢是成本低、交貨時間短、供給穩定等「程度的問題」，表面上，看起來像是ＯＥ，但重要的是，這個競爭優勢的背後，有明確的ＳＰ撐腰，只要有這些ＳＰ，就能夠降低成本、縮短交貨期限。

ＳＰ策略，就是活動（activity）的選擇，也就是決定「要做什麼，不做什麼」。萬寶至專門生產特定種類的小型馬達，不生產其他種類的馬達，堅持標準化，就是不生產客製化商品。從這個例子也可看出，為了利用明確的定位，製造差異，決定「不做什麼」，要比決定「做什麼」，來得重要。

這是因為支撐ＳＰ策略論的是「取捨」，也就是「這個成立，那個就不成立」的理論。要同時推動標準化和客製化，是不可能的事，由於能夠投入的資源有限，不可能在同一時間做所有的事，這樣的話，會導致資源分散，影響收益。反過來說，如果能夠釐清「不做什麼」的話，就能夠維持與其他公司之間的差異。

松井證券不像野村證券從事以法人為對象的金融業務。大多數的證券公司都利用「提供客戶詳細的諮詢服務」來區隔市場，但松井證券卻決定「不做」這樣的服務。該公司的ＳＰ策略論指出，該公司專門從事以個人為對象的網路交易業務，同時因為投入所有資源，因此，取得相對優勢。

當然，大型的證券公司也因為網路的普及，而投入網路交易業務，但仍同時維持傳統的店面和人員的業務活動。這是因為像野村證券這類的大型證券公司，擁有扎實的客戶基礎，而客戶與營業員之間的關係也比較密切，即使在技術上能夠發展更有效率的網路交易業務，但由於有一直以來培養出的強項，所以無法突然全面轉向網路發展。而且，如果貿然強化網路交易業務，有可能會摧毀以往建立的優勢，這就是取捨。

換句話說，「更努力」並不是ＳＰ的發想。我在前面也提到，電腦業界的各大公司確實不斷「努力」，讓機體更輕薄，或電池的待機時間更長，但是無論怎麼努力，如果其他公司也以同樣的方式努力，就無法成為ＳＰ的差異。決定「往北」是ＳＰ，而決定「往北」的同時，也等於決定「不往南」，換句話說，如果「你是男人」，你就「不是女人」。

戴爾電腦採取取捨的ＳＰ策略，最有名的就是「直銷模式」（Direct Model），主要是由眾所皆知的「成本競爭力」、「接單生產」和「直接銷售」等要素所構成的。不過，正確來說，這樣的作法代表戴爾清楚知道他們「不追求尖端技術，只經營已成為商品的產品領域」、「不從事存貨生產」、「不使用外部的銷售管道」，而這就是重視取捨的思考模式。這和之前提到的其他電腦廠商一味追求機體的輕薄，或運算速度的ＯＥ，正好形成對比。如果在被問到「貴公司的產品和其他公司有何不同」時，能夠像戴爾這樣逐一列舉他們「不做什麼」的話，就稱得上是擁有明確ＳＰ策略的公司。

ＳＰ就是在競爭時，只能採取必要的取捨，反過來說，如果不需要取捨，也就沒有選擇的必要，也不需定位了。但是，在這樣的情況下，無論是多好的創意，都會馬上被競爭對手模仿，因此，選擇「不做什麼」，是非常重要的事。定位策略論的基礎，就是這麼簡單的理論。

▼組織能力──廚房裡

前面介紹的是，相當於表千家的SP的邏輯；相對於SP，則裏千家的就是OC（組織能力）。相較於SP，是「做有別於其他公司的事」，OC則是「擁有和其他公司不同的東西」。如果SP是主廚的食譜，那麼OC的重點，就在廚房裡試圖從冰箱裡的材料或廚師的手藝中，尋找差異的來源。

SP策略論，重視的是圍繞企業的外在因素（最重要的就是業界的競爭結構），OC的策略論則是企圖從企業內部的因素，找出競爭優勢。我在說明SP時，借用了松井選手的例子，他選擇棒球這個項目和外野手（如字面所示）的定位；同樣是職棒，他選擇大聯盟的洋基隊，而非日本的球隊。如果這些「活動的選擇」是SP的話，重視松井選手的選球能力、打擊速度與其背後的動體視力和肌力，以及精神的成熟度，就是OC的策略論。

也就是認為「要贏得競爭，必須擁有獨特的強項」。這麼說，似乎是理所當然的事，但最重要的是，什麼才是「獨特的強項」？

OC策略論的起源，是一種從經營資源的觀點，以資源為基礎，考量企業特有的強項和弱點的企業觀（RBV，resource-based view of a firm）。所謂的經營資源，就是企業累積擁有的人才、物資、資金、資訊和知識等企業活動必需要素的總稱，但並不是所有的經營資源，都能夠成為OC。

OC的概念，指的只是無限的企業經營資源中的一部分。無論哪一家公司應該都有辦公室，也都有鉛筆、電話、傳真機或影印機。無論金額多寡，也應該都有預備金和員工。無論是人才、物資或資金，都是企業活動的必要經營資源，但不能說就是競爭優勢來源的OC。

在各類的經營資源中，只有滿足「組織特殊性」（firm-specificity）的條件，有別於一般經營資源的資源，才能稱為OC。所謂的組織特殊性，簡單來說，就是「其他公司無法輕易模仿（就算想模仿，也必須耗費極大的成本），在市場上也不容易買到」。相較於SP強調取捨，OC的關鍵，則是「模仿的難度」。

在半導體業界，眾多的機械和裝置，都是不可或缺的「經營資源」，而其中大部分都是半導體製造企業外部的裝置製造廠商所開發的。半導體廠商通常都是購買裝置製造廠商的產品，來建立生產線。舉例來說，在半導體的生產過程中，有一個階段叫做「曝光」，主要是利用光刻機或對準機等曝光裝置來進行，目前幾乎所有的半導體廠商所使用的曝光裝置，都是由外部的裝置製造商所提供，只要有錢就可以買到。從這個角度來看，無論是多高科技、多有價值的東西，都不能算是ＯＣ。

便利超商的銷售和庫存管理系統的情況也一樣。部分的連鎖便利超商和電子廠商合作，開發領先其他公司的ＰＯＳ等ＩＴ系統，引進接單和出貨管理。在初期的時候，雖然這樣的系統讓這些超商比其他超商在營運上更有效率，但目前這樣的ＩＴ系統在每一家超商已廣泛使用，因此，無法說是ＯＣ。

假設有兩家公司以同樣的材料和生產過程生產同樣的產品，並使用同樣的通路銷售給同樣的顧客。由於企業之間並沒有差異，只能淪為價格競爭，無法獲得充分的利潤。不過，如果其中一家公司成功開發出能夠大幅提高生產效率的生產系統，另一家公司就只剩下兩個選擇，一個是維持現狀，可是企業的收益將會逐漸惡化；另一個選擇，就是了解競爭對手開發出的生產系統為何能夠提高效率，並加以模仿。如果這個生產系統不需要耗費太大的成本，能夠輕易模仿的話，競爭又會回到原來的狀態。

問題在於這樣的經營資源，其他公司是否能夠模仿。如果這樣的經營資源，在短時間內以低成本被移轉或被其他公司模仿的話，就喪失競爭優勢了。由此看來，資金資源並不能算是ＯＣ，因為資金是轉移的可能性最高的經營資源，不僅能夠透過資本或經營市場調度，也容易在企業之間流通。

什麼才是其他公司無法輕易模仿的經營資源呢？那就是在組織內根深蒂固的「慣例」。所謂的慣例，簡單來說，就是「做事的方法」（ways of doing things），大部分的時候都隱藏在日常業務的背後，該公司特有的「作法」就是ＯＣ。

7—11的「假設驗證型訂貨」

以下就以便利超商業界為例，來進行討論。7—11每日每店的平均營業額，較其他超商要高，擁有競爭優勢。但如果從外表來看，看不出7—11的ＳＰ和其他公司有何不同。因為和其他連鎖便利超商相比，7—11開店的位置並沒有太突出，販售的商品也大同小異，店面的空間也差不多，營業時間也都是二十四小時。

如果從定位來看，競爭對手的Lawson在策略上，似乎更具有ＳＰ意識。該公司以

「Natural Lawson」為目標，將客層鎖定年輕女性，開發新品牌，提供其他超商所沒有的獨家商品，同時也透過併購，積極開發新業態和服務。

7－11的策略關鍵是OC，而非SP，其中最重要的，就是7－11花了相當長的時間開發出的「假設驗證型訂貨」的「作法」。關於假設驗證型訂貨，神戶大學的小川進有詳細的研究[13]。接下來，我們就根據小川進的研究成果，來探討7－11的假設驗證型訂貨的作法，如何成為OC。

以沃爾瑪（Wal-Mart）為代表的美國大型零售連鎖店，是利用「自動訂貨系統」來進行訂貨業務。自動訂貨系統是由本部提供各分店應訂貨的數量，而本部提供的訂貨數量，是根據以往的訂貨記錄和銷售成果等資訊，利用電腦進行資料處理計算而來。沃爾瑪利用資料探勘等IT技術，由本部管理各店庫存，為了能夠自動計算出最適合各店的訂貨數量，不斷改良系統。

自動訂貨的作法，有許多優點，因為根據的是定量的數據，可以以「科學」的方式，來決定訂貨的數量。即使各店負責訂貨的人員不具備高度的技巧，根據以往的訂貨紀錄和銷售成果，也能夠進行「適當」的操作。對於大量仰賴兼職人員勞動力的連鎖零售業者而言，這樣的優點特別有利。

而7－11的假設驗證型訂貨，也和自動訂貨系統一樣，將訂貨紀錄和銷售成果做成電子資料，再將相關資料活用在訂貨上，不過，負責分析資料和決定實際訂貨數量的人卻不一樣。便利超商的POS等IT系統，目前已經十分普遍，但是製造競爭優勢的並不是IT本身，而是7－11的「作法」。

假設驗證型的訂貨方式負責決定訂貨數量的不是本部，而是各個分店。各店的訂貨負責人根據自己建立的假設來決定訂貨的數量。舉例來說，某7－11的店長得知該店附近的小學周末要舉行運動會，於是「假設飯糰的需求會比平常高」，之後再決定訂貨的數量。

本部的電腦所提供的是支援各店負責人進行決策的資訊，以前面的例子來說，天氣預報應該是決定運動會當天飯糰訂貨量的重要資訊。各店的店長根據自己的經驗直覺觀察，和本部提供的資訊加以組合之後，建立假設，決定訂貨數量，之後再利用銷售數據，確認假設是否錯誤。經過這次的學習，結果會反映在下一次的訂貨。我之所以說假設驗證型的訂貨是一種慣例，是因為每天都在重複同樣的循環。

假設驗證型的訂貨有幾個自動訂貨系統所沒有的強項。第一，是會強化實際銷售商品的店面負責人的承諾。由於自動訂貨的訂貨量實際是由本部決定，此舉將會使店面負責人不在乎顧客的商品需求，也不思考。即使商品沒有賣完，店面的負責人應該會認為是本部的責任，而不是自己的過錯，時間一久，店面對市場變化的反應，就會變得遲鈍。第二，是負責訂貨的人員能夠自由組合自身的經驗和感覺，以及本部所提供的客觀數據，建立假設。自動訂貨由於一開始就決定使用何種數據，來計算訂貨數量，無法立刻將各店人員發現的市場動向，立刻反映在訂貨上，也無法活用每個人的經驗和直覺。第三，是可活用「運動會的飯糰」之類，本部無法取得的在地「隱藏情報」，就是以上這些強項支撐7—11高出其他連鎖店的每日營業額。

支撐假設驗證型訂貨的另一項慣例，就是本部與各店之間雙向且極為頻繁進行面對面溝通的情報交換。各店的經驗和直覺，以及以往成功的假設，透過負責指導各店的「地區店舖經營指導員」（ＯＦＣ）傳回本部。本部也透過ＯＦＣ將蒐集的各類成功案例，回饋給各店舖。此外，7—11每周都會從全國各地召集超過一千名的ＯＦＣ聚集在本部，進行有關商品和市場動態等資訊交換的例行工作。

▼為什麼無法模仿？

這類被用來作為慣例的ＯＣ，為什麼很難模仿呢？有三個理由彼此相關。第一個理由是緘默性，也可以說是「因果關係的不明確」。相較於ＳＰ，某項慣例是如何作用，和高經營成果之間的因果關係，確實較不明確，而7—11的訂貨工作就是最典型的例子。由於ＯＣ的存在，深植於日常的「工作方式」中，一般無法從外部觀察它實際的情況。就算能夠模仿ＰＯＳ或行動終端機等訂貨業務使用的ＩＴ系統，也無法模仿應該注意取得資訊的哪個部分，並加以運用等本質上的技術。

第二個理由是路徑依賴性（path dependency）。組織的慣例，是企業內部花了相當長的時間，歷經曲折才形成的，因此，在思考ＯＣ時，無法與該企業以往的商業經驗和路徑做切割，這就是所謂的路徑依賴性。或許能夠在表面上模仿，並引進已經形成的慣例，但如果這個慣例具有路徑依賴性的話，想要導出完全相同的效果，就必須重新追溯形成慣例的歷史過程，這是非常困難的事。

舉例來說，其他公司或許也能夠召集全國的ＯＦＣ每周舉行會議，但由於7—11的ＯＦＣ會議是花了相當長的時間，才建立成形，要取得同樣的效果，應該會需要很長的時間。（不過，根據前面介紹的小川進的研究結果顯示，其他大型連鎖超商並沒有每周召集第一線負責人開會的慣例。這些人即使會聚集在本部，也頂多一個月一次，原因應該是每周召集超過一千名以上的負責人開會，需要付出相當大的成本，但與成果之間的因果關係並不明確，這就是之前提到的第一個理由）。

第三個理由是OC會隨著時間進化。從一九七八年起，7—11開始透過網路接單和訂貨，一九八二年引進POS系統，改採用假設驗證型的訂貨方式，隨後7—11的業績，便逐漸攀高。競爭對手也發現，假設驗證型訂貨方式的效果，全家和Lawson分別在一九八九年和一九九二年從原本的自動訂貨（Lawson則稱為「建議訂貨」）改為假設驗證型的訂貨方式。但是，即使改採和7—11同樣的訂貨方式，這兩家超商並未獲得同樣的效果。因為當時無論是店舖建立假設的能力、訂貨的準度或本部累積的成功案例，7—11都略勝一籌。根據小川的研究，就連7—11本身要將假設驗證型系統移轉海外時，都必須花時間讓海外分店逐漸達到日本的水準。

一九七三年，伊藤洋華堂（Ito Yokato）與美國的南方公司（The Southland Corporation）聯手將7—11引進日本。日後，由於南方公司經營不振，於一九九一年被伊藤洋華堂併購。當時，南方公司還是使用一九七三年時的訂貨系統，也就是說，南方公司雖然採用了「便利超商」這個新業態的SP，可是由於缺乏OC，所以無法維持競爭優勢。反過來說，就目前日本連鎖超商業界的競爭狀況來看，光靠SP，也很難說明7—11的競爭優勢，因為7—11的策略主軸是放在OC，而非SP。

▼豐田的產品開發能力

不用我說，大家都知道豐田是一家一直將獲利維持高於業界水準的公司。就製造業而言，豐田堪稱是全球最強的企業之一。但這是否就表示該公司的策略定位有別於其他公司？事實並不然。豐田在世界各國和地區販售汽車，從高級車到跑車、休旅車到小型車，產品種類一應俱全。除了著手開發以油電混合系統為主軸的「環保車」之外，和通用與福特並沒有什麼兩樣。也就是說，豐田的「菜單」並不特別，而且進入中國市場的「定位」，也被其他公司搶先一步，但豐田的獲利水準遠超過其他公司，卻是不爭的事實，這是為什麼呢？

關於這個問題，豐田的答案和7－11一樣，都在「廚房裡」，也就是OC。以豐田的生產方式（TPS，Toyota Production System）為例，構成TPS的要素中，廣為人知的有JIT（Just In Time），以及為此與供應商建立關係、看板方式、平準化生產、利用以人為主的「自動化」改善和重複「為什麼」五次來解決問題等方法。這些都是豐田長久以來的「做事方法」，也就是慣例。TPS猶如是OC的組合。

「看板」、「系列」和「改善」等構成TPS的要素，已經聞名歐美，為競爭對手徹底研究，即使如此，競爭對手還是無法取得與豐田同樣程度的強項。這是因為豐田真正的ＯＣ，隱藏在組織的慣例中，其他公司無法輕易模仿，而且也無處可買，就連豐田本身或許也無法清楚說明自家公司的強項。

以豐田為代表的日本汽車廠商，在產品開發方面，也因為組織能力，而擁有競爭優勢。根據東京大學的藤本隆宏和一橋大學的延岡健太郎等研究指出，日本汽車廠商開發產品的強項，立足於ＯＣ[14]。

開發的前置時間，是衡量產品開發成果的指標之一，前置時間愈短，除了能夠控制成本，也容易因應市場變化。比起歐美的汽車廠商，日本企業對歐洲企業從一九八〇年代起，就維持一貫的優勢，而美國企業雖然在一九九〇年代前期曾一度迎頭趕上，但到了九〇年代後期，又大幅落後。

在這個競爭優勢的背後有幾項ＯＣ，其中之一，就是日本企業開發計畫人員的數目遠少於歐美企業（只有三分之一到四分之一），這是日本開發產品的第一線「多能化」的關係。豐田是最典型的例子，技術人員的專業化程度較低，負責的職務範圍較廣，這樣的作法和歐美有極大的不同。

從專案經理（ＰＭ）的領導方式，也可看出二者的不同。豐田擁有號稱「重量級ＰＭ」

的開發組織，組織中的專案經理握有極大的權限。根據藤本等人的研究，證實這個組織對豐田的開發競爭力，提供極大的幫助，在一九九〇年代，歐美企業也都知道這件事，於是競相仿效，提高專案經理的權限。

然而，雖然同為重量級ＰＭ，歐美企業的專案經理對於產品概念的創造或行銷，卻未獲得充分授權，這是因為歐美企業高度分工，概念創造和行銷分別由不同的專業人員負責，無法將權限集中在專案經理身上。即使在形式上，強化專案經理的權限，但歐美的「重量級ＰＭ」卻無法深入參與重要的概念創造，所以也就無法重現豐田的作法。

提前負載和ＩＴ工具的問題也一樣。豐田之所以能夠快速開發出產品的原因之一，就是從開發設計每個零件的初期，就考量組合的狀況和製造的難易。也就是說，在前期作業，增加調整的質量是非常重要的事，這個動作就稱為「提前負載」（前置）。而３ＤＣＡＤ之類的ＩＴ工具，則有助於提前負載的進行，因為可以在尚未製作試作車的階段解決問題，歐美企業引進３Ｄ ＣＡＤ的時間比豐田早了三年以上。

然而，到了一九九〇年代中期之後，以豐田為首的日本企業，讓提前負載的作法更進一步。因為比起是否引進３Ｄ ＣＡＤ作為工具，在開發的初期，建立由所有相關技術人員共同解決問題的組織慣例，更顯得重要。強調分工的歐美企業，企圖利用３Ｄ ＣＡＤ，來處理下游的設計資訊，因此，就算引進尖端IT，也無法使3D CAD成為縮短前置時間的OC。

根據藤本和延岡的研究顯示，豐田和日本汽車廠商的競爭優勢，立足於OC，而非SP。借用藤本的話，如果SP是「用腦的總公司提出的策略」，OC就是「用體力的第一線提出的策略」，也就是「體育系的策略」。

▼迴避或對抗

以上是從策略定位（SP）和組織能力（OC）的兩個角度，來說明競爭策略的思想。雖然兩者都強調要創造差異，但我想說的是「差異中還有差異」。SP企圖用主廚的獨特食譜，來創造差異；而OC則是企圖利用廚房裡其他公司無法輕易模仿的材料或刀工，來一決勝負。

SP的策略，企圖從圍繞企業的外部環境，尋找競爭優勢的來源，也就是企圖釐清在廣泛的競爭空間中，能夠順利創造與其他公司之間的差異之「定位」何在，也就是「outside in」（由外而內）的發想。

另一方面，比起外在環境，OC更重視企業內部的環境。如果能夠充分了解自己擁有的武器，創造出其他公司無法輕易模仿的OC，就能夠成為與其他公司之間的差異，進而創造利潤，這就是「inside out」（由內而外）的發想。

SP策略的內容，主要是決定要做什麼，不做什麼。如前所述，從這個角度來看，OE（比其他公司好）無法成為策略。比起「做什麼」，策略性的決策本質是「不做什麼」。因為選擇「不做什麼」，才能夠取捨，一旦權衡取捨，就能維持與其他公司之間的差異。

相對於此，OC則是懷疑SP的持續性。因為擔心即使是在經過取捨之後，SP一旦成功，其他公司也會想辦法選擇相同的活動。如果使用之前的詞彙來說明差異，OC更重視OE，就SP和OE的分類而言，即使是OE，只要無法被其他公司模仿，就是OC，就可以成為利潤的來源。即使耗費時間，也必須建立無法輕易被模仿的慣例，這就是策略的焦點。

只要將SP和OC加以對照，就會發現二者基本思想的不同。如果用一句話來說，SP策略的本質，就是「如何迴避競爭壓力」。如果什麼都不做，就會被迫面臨競爭壓力，因此，必須爭取自己的位置。只要爭取到一個好位置，就可以避免正面衝突。從這個角度來看，SP策略論，與其說是「競爭的策略」，在本質上應該是「無競爭的策略」。

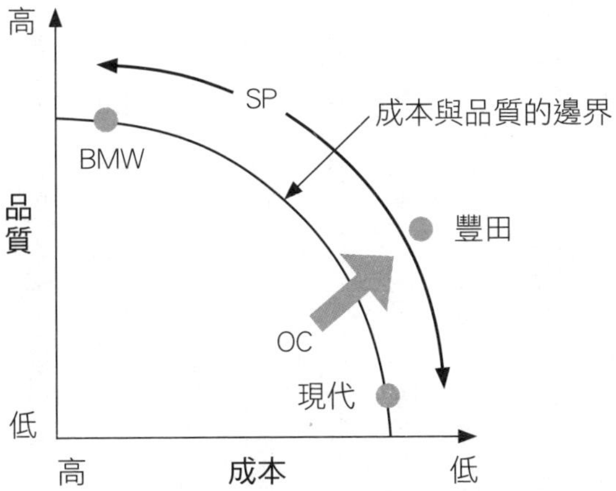

圖2.1　SP和OC的競爭優勢高

OC並不是避免競爭，而是認為「男人有時非戰不可」（女人也一樣），企圖接受競爭的壓力，並與之對抗。這個策略論認為，互相競爭是無法避免的事，因此，必須挺身迎接，並磨練出其他公司無法模仿的厲害武器，可說是較具「競爭性」的競爭策略。

如果從SP和OC的競爭優勢來看的話，兩者的差異會更清楚。圖2.1是成本與品質的邊界，縱軸為品質，橫軸為成本。愈往右，成本愈「低」，因此，距離原點愈遠，成本和品質的狀況就愈「好」。圖中的曲線代表某個時間點成本與品質的界線，如圖所示，一般來說，顧客認知的品質和低成本的關係，是一種權衡取捨。

而SP所討論的，就是要將自家公司定位

在圖中邊界的哪個位置。如同圖2.1所示，BMW的策略是將公司定位在邊界的左上方。相對於BMW，現代汽車則將公司定位在重視低成本的右下方，這個例子並不是在說明哪個位置比較好。就SP的想法來說，定位不同很重要，如此一來，BMW和現代汽車就能夠避免正面衝突。換句話說，清楚決定向量的方向，藉此建立與其他公司之間的差異，就是SP的策略。

就向量的方向，也就是SP的角度來說，豐田並不特別偏向哪一方，但收益卻大幅超越業界的其他公司。這表示豐田已超越既有的邊界，是什麼讓他們達成這個目標呢？那就是以「豐田生產方式」為代表的豐田特有的OC。

從圖2.1中，也可看出SP的重點，在於向量的方向，而OC則表示和原點之間的距離，也就是向量的大小。只要能夠建立其他公司所沒有的OC，就能夠不管方向，來拉大與原點之間的距離。而位於既有邊界上的BMW和現代汽車（以這個假想的例子來說），OC的強度一樣。由於豐田擁有強大的OC，在面對這兩家公司時，也處於競爭優勢，由此可以看出，SP和OC企圖實現的競爭優勢並不同。

▼SP和OC的位置關係

SP和OC的差異，也可以從時間軸來看。儘管SP是針對活動的選擇進行決策，但並非與經營資源毫無關係。當然，在進行決策之後，必須針對某些資源進行投資或分配，因此，SP的策略無法忽略經營資源。然而，SP並不考量時間軸上的方向，如圖2.2所示，活動選擇的決策，指的是決定資源的分配，可立刻動員資源，而這就是SP策略論背後的思想。換句話說，只要有資金，透過決策，就能夠自動獲得或分配到經營資源。

相對於SP，OC在決策的當下，取得的經營資源，無法對競爭對手造成有效的影響，因此，必須花時間建立特有的組織慣例。圖2.2的虛線箭頭，表示經營資源（的集合）轉變成組織能力的過程，而這就是OC策略論的焦點。相較於OC，SP策略論的特色比較偏向靜態。

由此可以看出，SP和OC在策略形成中，所扮演的角色與不同的前提。就SP策略論而言，負責管理的人是決策者，必須負責決定要做什麼或不做什麼，負責選擇活動（這句話在這裡很怪異）。就好像是負責「做重大決策的CEO」，管理者的決策直接影響策略，從這個角度來看，管理可直接影響策略和競爭優勢。

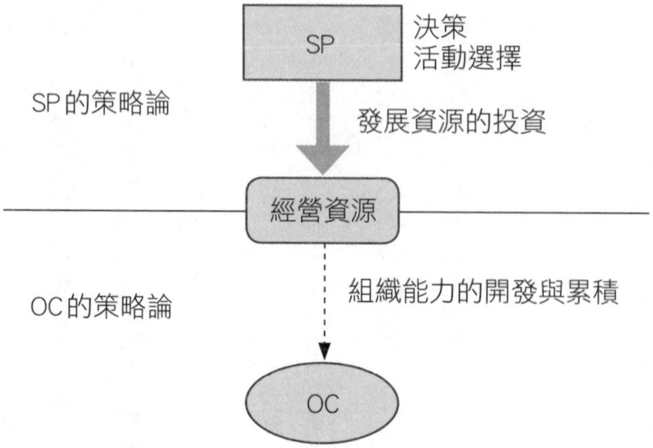

圖2.2　SP與OC的關係

但是，在OC的策略論中，管理對競爭優勢的影響力，則比較間接。一般來說，建立OC，需要比較長的時間，作為慣例的OC，有不少突發情況。反過來說，正因為OC無法透過決策直接管理，因此，和成果之間的因果關係變得不明確，比較容易出現路徑依賴的情形，也就是不易模仿，而這就是OC的理論。

如上所述，SP和OC的管理觀各有不同。以我教授MBA課程的經驗來說，MBA的學生偏好SP，因為來就讀MBA的學生都是希望將來能夠透過自己的決策影響公司，所以對他們來說，比起OC，自然會更認同SP的策略。

詹姆斯·柯林斯（James C. Collins）所寫的《基業長青：企業永續經營的準則》和《從A

到A+》，是近十年來最熱門的商管書之一。柯林斯在書中提出下列的觀點[15]。

無論是致力於革命、劇烈改革或伴隨著痛苦的大規模裁員的指導者，毫無例外，都無法使公司搖身一變成為偉大的企業。一家公司要成為偉大的企業，即使結果看似充滿戲劇性，但是都無法一蹴可幾。如果沒有一次關鍵性的行動，缺乏偉大的計畫，欠缺起死回生的技術革新，或僅有一次的幸運，也不會有奇蹟似的瞬間。反過來說，這就像是讓巨大沉重的飛輪朝著固定的方向不斷旋轉，在旋轉一段時間之後，力量就會愈來愈強大，速度也會快的讓人無法想像。

以本書的分類來說，類似的看法，與其說是SP，應該是將OC當作是維持競爭優勢的來源。柯林斯反覆強調：「經營高層針對SP所做的重大決定，無法保證一家公司能夠成為偉大的公司」，而OC就好像上述引用文中的「飛輪」，無法鎖定是哪一項決策影響企業的業績，而是平常做出的小決定或行為，經過不斷的累積，成為飛輪的力量。而且從旁觀察也無法看出是哪一項決策加強了飛輪的旋轉力道（問這種問題，根本毫無意義），因此，也不知道要怎麼做，才能讓飛輪旋轉得更快，也就是說，無法馬上模仿。

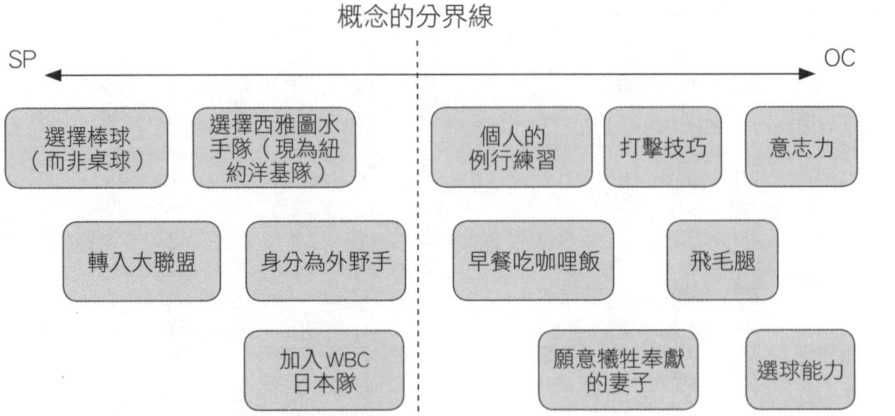

圖2.3　鈴木一朗選手策略的構成要素

ＳＰ和ＯＣ雖然是截然相反的策略思考，但其中的差異只是一種「思考上的不同」，無法實際劃出一條明確的線。換句話說，無法將構成某公司的策略要素獨立出來，加以區分哪一個是ＳＰ、哪一個是ＯＣ，只能對照判斷相關要素，是以ＳＰ和ＯＣ中的哪一個理論，來建立競爭優勢。實際的策略，就是在以ＳＰ和ＯＣ為兩端的空間中，尋找定位，因此，ＳＰ和ＯＣ之間具有連續性。

前面曾以松井選手為例，來加以說明，接下來將以鈴木一朗選手為例，來解釋這個情形。圖2.3是將為鈴木選手帶來成功（應該是吧！）的策略中，屬於ＳＰ理論或ＯＣ理論者，加以區分。

首先，是選擇棒球這個項目，而非桌球或冰壺。我在前面已經說過「業界的選擇」，是ＳＰ的策略構成要素，這是鈴木選手所做決策的直接產物。此外，選擇擔任外野手的守備位置、在日本創下優秀的成績之後，趁著年輕，加入美國大聯盟，而非日本職棒，以及在眾多球團中選擇西雅圖水手隊，這些都是策略性的選擇，也是SP的要素。

日本代表隊在第一屆和第二屆的「世界棒球經典賽」（WBC）中，連續兩年獲得勝利，相較於松井秀喜放棄參加，鈴木一朗選手不僅毅然決然參加，還帶領日本隊贏得冠軍，言行舉止在在都展現了鬥志，給日本球迷「不愧是一朗，真值得信賴」的深刻印象。在當時的熱潮散去之後，總是被松井的光環掩蓋的鈴木一朗，因為WBC而大受歡迎。如果說這就是「成功」，參與WBC這項決策自然有它的效果，或許堪稱是SP的策略。

相較於這項決策，鈴木一朗超越內野手絕妙的打擊技巧、速度和優秀的選球能力，當然也是他成功不可或缺的要素，而這些就是基於OC理論的競爭優勢。除了這些生理能力之外，特殊的打擊姿勢、時間的分配和平日的練習方法等，也是他人難以模仿的慣例，也可以說是OC的要素。

聽說，他每天早餐都要吃咖哩飯，雖然此舉和成果之間的因果關係不明，不過，這或許也是OC之一。因為他吃的應該不是速食咖哩，而是了解他喜好的妻子，每天早上為他特製的咖哩飯。有如此願意犧牲奉獻的妻子，也是構成OC的要素之一。如果再深入研究，能夠讓鈴木一朗專注於棒球，穩定的家庭生活形態和良好的夫妻關係，應該也都是他成功的重要因素。這就是「其他公司無法模仿，必須花時間建立的專屬慣例」，堪稱是最OC的要素。

各位不妨也嘗試條列自家公司的策略要素。既然是「策略」，就必須「與其他公司不同」，然後再試著像鈴木一朗的例子一般，將這些要素逐一標示在SP和OC的連續軸上，如果有屬於SP的，也應該會有屬於OC的。

▼SP—OC矩陣

實際的策略通常都是SP和OC的組合，並不是其中一方比另一方更「正確」或「更有力量」。對於好的經營而言，兩者都需要，但最重要的是，因而了解並意識到SP和OC這兩個「差異中的差異」，之後再擬定策略。利用戴上裝有兩個不同鏡片的眼鏡，就能夠確定焦點，看清競爭優勢的本質。

如果將SP和OC的組合，視為競爭優勢，來討論企業的強弱時，就必須以圖2.4的矩陣，來進行評估。也就是說，企業的強（或是弱）大致可分為四種，右上角當然是最理想

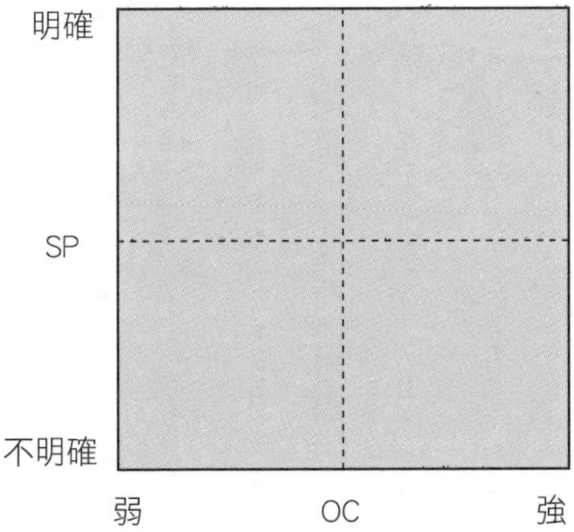

圖2.4　SP-OC矩陣

的狀態，堪稱是主廚的食譜獨特，且手藝也很厲害的企業。左下角什麼都沒有的企業，就是「很弱」的企業。左上角的企業食譜，雖然具有獨特的魅力，卻缺乏實際的料理能力。右下角的企業食譜儘管不特別，但是因為冰箱裡全都是精選的食材，廚師的廚藝也不差。

以IT業界來說，IBM就可以歸入右上角。無論是傳統技術、人才開發或企業文化，IBM的廚房品質非常高。雖然一度因為裁員和開放的風波，導致SP不明確，而移動至右下角。但是，在路易士．葛斯納（Louis V. Gerstner）從納貝斯克（Nabisco）跳槽到IBM，成為新的主廚之後，提出了「銷售解決方案」的新菜單。葛斯納的新菜單，雖然一度被質疑「賣餅乾的了解IT產業嗎？」，但日後大家都知道他確實挽救了ＩＢＭ的業績。

惠普（ＨＰ）在菲奧莉娜（Carleton S. Fiorina）擔任執行長期間，堪稱是以主廚的食譜為優先考量（左上）。菲奧莉娜自一九九九年擔任總裁兼執行長以來，接二連三提出新的方案，例如收購康柏電腦（二〇〇二年）、以針對大企業的「活成長企業策略」（adaptive enterprise）及針對中小企業的「聰明辦公室策略」（smart office）和「享受更多」（enjoy more）作為關鍵字，強化適合消費者的產品群，並將與消費者互動的介面，集中於一處的「同一種聲音策略」（operation one voice）等。

但是，菲奧莉娜所提出的方案未能見效，最後在二〇〇五年黯然下台。繼任的馬克．赫德（Mark Hurd）一上任，就立刻收回菲奧莉娜時代充滿「數位、虛擬、行動、個人」等字眼的提案，以印表機等具有競爭力的既有產品為主，強化業務能力為軸心，提出體育系風的策略。

赫德原本是ＮＣＲ的業務員，給人的印象非常適合說「硬體會賺錢」之類的冷笑話，是個身經百戰的經營者。相較於菲奧莉娜時代的ＳＰ導向，赫德在擬定策略時，較傾向採用ＯＣ。若以圖2.4而言，菲奧莉娜時代的惠普是試圖往上走，而赫德時代的惠普，則以往右移動為目標。

索尼的位置，則是在右下角，與菲奧莉娜時代的惠普正好相反。索尼的強項之一，就是開發輕薄短小且具有流線造型的消費性電子產品，該公司小型化的能力，在於專為小型化建立的特有組織慣例，獨立於個別的產品設計和開發之外。舉例來說，在設計階段，一旦決定好以電池為首的零件配置和位置，就具有某種的強制力，可決定功能和裝置開發。索尼真正的產品開發能力，就在於特有的「作法」，在面對各類難題的同時，解決裝置或軟體發生的問題，之後再放入特定的空間。

但是，一提到SP，索尼的產品開發，過度傾向於面面俱到，因為不清楚「不做什麼」，導致有限的經營資源分散，錯失全力投資的時機，因而有不少事業領域陷入苦戰。索尼應該是屬於在OC的冰箱裡儲存許多好材料，卻無法提出明確的SP食譜的企業吧！

▼SP和OC的混合體——加入時間軸考量

我們就加入時間軸，來考量上述的問題吧！有許多企業在成立之初，希望利用SP策略，爭取競爭優勢。一般來說，一家公司剛成立時，缺乏OC的累積，如果要在SP—OC矩陣上進行標示的話，一家公司在成立之初，以特有的定位策略嶄露頭角（圖2.4左上），之後就必須花時間培養組織能力（往右移動）。如果以ＩＴ企業為例，戴爾就是最典型的例子。該公司利用身為主廚的麥可．戴爾特有的食譜快速成長，但是目前的戴爾已經全力強化能夠推動戴爾模式的ＯＣ。我在ＳＰ與ＯＣ對比的地方，也曾經提到，由於ＳＰ是一種企業在外在環境中，爭取競爭優勢的策略思考，因此，最重視的就是在第一時間掌握競爭環境給予的機會（opportunity）。近年來，出現的最大「機會」，應該就是網路，在網路開始普及時，成立的網路公司，自然會將策略的主軸放在ＳＰ。

初期最典型成功的例子，就是eBay。eBay之所以成功，是因為掌握快速普及的網路機會，比其他公司先取得Ｃ２Ｃ（個人交易）拍賣的定位。Ｃ２Ｃ網路交易市場製造者的定位，一旦順利運作，就會產生強大的網絡外部效應，說得極端些，只要有強而有力的ＳＰ，就能夠光靠ＳＰ，維持長期獲利。

在日本，由於同樣的好處，已經被雅虎拍賣捷足先登，因此，在美國發展順利的eBay到了日本，也只能鎩羽而歸。由此可以看出，eBay的策略傾向ＳＰ，日本的雅虎日後也持續維持Ｃ２Ｃ拍賣事業的龍頭地位。

除了網絡外部性強力作用的世界之外，初期即使能夠掌握機會，以ＳＰ一決勝負，但隨著業界的成熟，通常會愈來愈難維持定位的獨特性。這個時候，ＯＣ就扮演了重要的角色。競爭優勢雖然是ＳＰ和ＯＣ的組合，不過，隨著業界逐漸成熟，ＯＣ所占的部分也會愈來愈大。因此，在像網路這類新的業界發展成功的企業，大多將策略的主軸放在ＳＰ，而像汽車業界之類成熟的業界，以ＯＣ為主軸的企業，大多位居優勢，豐田就是最典型的例子。

SP和OC的對立關係

我們再回頭來談談ＳＰ—ＯＣ矩陣。就理論來說，位於右上角的企業，應該是最強的，但企業的策略競爭，其實是偏向ＳＰ或ＯＣ的其中之一。正因為發想完全相反，ＳＰ和ＯＣ的關係就像拔河，有一方取得優勢，另一方就會位居劣勢，也就是說，ＳＰ和ＯＣ之間是處於對立的關係。

我在「成本與品質的邊界」也提到，ＳＰ策略是以某一種取捨為前提，利用向量的方向，來製造差異。這在本質上是一種「不勉強」，企圖避免正面衝突，盡可能創造無競爭的狀態。而ＯＣ則是像豐田的例子，即使必須耗費時間，培養獨特的能力，以此為槓桿，突破既有的取捨，也就是「只要硬著頭皮來，道理（取捨）也會閃一邊」。因此，以其中的一項理論追求競爭優勢，就會削弱另一項理論。

如果從公司高層經營風格的差異來考量的話，就不難理解了。傾向SP的經營者希望透過大膽清楚的策略選擇，取得競爭優勢，給人黑白分明、乾淨俐落專業決策者的印象；這類的經營者比較性急，偏好自己針對策略選擇所做的決策，能夠盡早反映在公司的業績上。也就是說，這些人不會積極採取當下與競爭優勢因果關係不明確的行動。

相反地，傾向OC的經營者想法，則是像體育系，「只要確實鍛鍊身體，日後一定能夠派上用場」。如同肌力訓練，只要加強負荷進行訓練，一段時間之後，就能夠拿起原本拿不起的重物。他們認為，「只要勉力而為，一段時間之後，就不覺得勉強了」，因此，積極接受各式各樣的強人所難。

對這類想法偏向體育系的經營者而言，透過決策，釐清取捨，在做決策的當下，可能會扼殺未來成就OC的可能性。SP的經營者認為，正因為資源有限，所以必須釐清「不做什麼」；然而，傾向OC的經營者卻覺得「就算現在辦不到，在經過訓練之後就能夠辦到了」。對於這類的人來說，應該不會想要在事前釐清「不做什麼」吧。

以成衣業界為例，相較於美國的Gap重視SP策略，日本的World則是傾向採取OC策略。Gap將產品聚焦在基本的休閒服，利用在海外進行大量生產，降低成本，大規模展店，進行銷售，以清楚明確的ＳＰ帶動成長。

另一方面，World則沒有像Gap有明確的ＳＰ，除了擁有直營店的ＳＰＡ（製造零售）事業之外，還有傳統的批發事業（例如「CORDIER」）、在百貨公司以單一品牌成立專櫃的品牌（「UNTITLED」和「INDIVI」），以及在郊外的購物中心提供以家庭為對象的實用成衣品牌（「Hush Hush」和「3can4on」）。為了因應各種不同的通路、世代、性別和品味，World總共發展出一百多個品牌。

World的策略主軸是ＯＣ，該公司將以往經常被切割的品牌、企劃、開發、零售等功能，加以連結，使庫存和機會損失降到最低。同時，為了快速因應變化劇烈的顧客要求，發展出獨特的慣例，也就是World的ＯＣ。透過將這項慣例，作為平台的橫向發展，即使為了因應不同的標的而發展出的眾多品牌，也能夠確保一定的效率。利用建立ＯＣ，並加以改進，藉此打破效果和效率的取捨，堪稱是World的基本架構。

觀察日本兩大零售企業——永旺（AEON）和伊藤洋華堂就會發現，相較於永旺的策略立足於ＳＰ，伊藤洋華堂則傾向於採取ＯＣ策略。以二〇〇三年為例，永旺新開設二十三處店面，同時也關閉了二十家店。新成立的店面，主要是販售與生活關係密切的食品超商，專營食品的店面比例提高。針對永旺的動作，就開店的地點和販售的商品來看，不難發現該公司企圖凸顯SP。

而伊藤洋華堂新成立五家店面，僅關閉一家。新成立的店面，全都是銷售食品、服裝和住宅相關商品的綜合超市，雖然沒有一眼就可看出的SP，但是伊藤洋華堂每一賣場面積的營業額，都是各家超市中最高的。仔細研究每項商品暢銷的原因，並加以維持，避免滯銷的各項OC，為該公司帶來優於其他公司因應需求的能力和庫存管理。

如上所述，企業的策略經常會傾向SP或OC的其中之一，就是因為兩者互相制衡，無法輕易同時極大化。

▼福特和馬自達

我擔任的MBA課程中，有一門「田野調查」課，主要是由學生進入合作企業，進行顧問實習，負責提案、解決該公司提出的課題。二〇〇一年，學生進行田野調查的對象是馬自達，當時的社長馬克．菲爾茲（Mark Fields）所說的一番話，讓我印象深刻。

當時，馬自達的業績惡化，而菲爾茲是擁有馬自達股票的福特公司所推薦的社長。身為外籍經營者的菲爾茲，上任時才三十多歲，頗受媒體注目。一般人都認為，菲爾茲是福特為了協助馬自達派遣的指揮官，不過，菲爾茲強調：「馬自達是一家非常好的公司，進駐該公司之後，我才發現它的實力，比我想像的還要堅強。」不只是生產能力，在技術和開發等基礎上，馬自達的實力也非常堅強，甚至優於福特。福特有許多地方，都必須向馬自達學習，但在那之後，菲爾茲也說：「為什麼這麼厲害的公司會淪落成這個樣子，真讓人不可思議」。

他所說的問題，指的就是泡沫經濟時代，馬自達所採取的「五通路策略」。這個策略是將銷售通路區，分為販賣商用車、小型車和高級車的「馬自達店」、販賣RX-7和MX-9等高級車的「Efini」、充滿歐洲風味的「Eunos店」、專門販賣小型車和輕型車的「Autozam店」，以及販賣福特品牌的「Autorama店」。這是為了對抗當時豐田的五通路體制（「Toyota店」、「Toyopet店」、「Corolla店」、「Auto店」和「vista店」）。當時，除了馬自達店之外，販賣的車種都沒有馬自達的標誌，形同被視為獨立品牌（就好像現在Toyota和Lexus的關係）。

針對五個銷售通路，提供全然不同款式新車的「五通路策略」，不久就開始發生問題。事實上，到了後來，每個銷售通路都開始販賣所有的車種，而且都被掛上「馬自達」的品牌，可是情況卻未見改善。五個銷售通路在經過整理縮編之後，Autorama店成為福特的直營店。

這就是缺乏明確的SP，順其自然全面發展的最典型例子。將有限的經營資源（比豐田還少）任意撒向每個方向，自然會落得「腳踏五條船，將一無所得」的下場。當初，馬自達建構競爭優勢的想法，太過偏向OC，如同菲爾茲所言，馬自達的OC或許比福特強，然而，因為太過忽略SP，導致業績嚴重惡化。

菲爾茲的前東家福特，當時的執行長是著名的策略家雅克．納瑟（Jacques Nasser），採取偏重SP的策略。也就是說，公司接二連三提出SP作為主廚的食譜，一旦進入廚房之後，會發現OC一點都不管用。

傳統上，福特原本就是偏重由總公司帶領第一線前進的SP策略，總公司的經營專家，例如傳說中的天才麥克馬拉（Robert Strange McNamara）利用提出優秀的策略，帶領公司成長，而納瑟也是其中之一。他將重心放在相對容易獲利的皮卡貨車和休旅車（SUV，Sport Utility Vehicle），同時建立讓總公司的金融服務部門創造利潤的體制。

這裡有一個有趣的小故事，顯示福特的策略偏向總公司的SP的情形。二〇〇二年，福特因為鈀的稀有金屬庫存過多，出現高達十億美元的評估虧損，讓華爾街大吃一驚。汽車廠商購買鈀，提供廢氣淨化系統使用，因為擔心廢氣排放管制，導致需求增加，同時又無法預測俄羅斯的供應量，使得鈀的價格逐漸攀高，大量生產油耗驚人的SUV的福特，在總公司調度部門的主導下，和供應商簽訂長期契約，開始購買儲存鈀，最後導致庫存大量出現。

然而，在此之後，鈀的需求量減少，市場價格也隨之下跌。擁有大量高價購入鈀庫存的福特，不得不評估虧損。鈀的需求，為什麼會減少？由於日本的汽車廠商擔心鈀的價格飆漲，於是開發出減少稀有金屬使用量的技術。舉例來說，本田開發出可減少百分之七十包含鈀在內稀有金屬使用量的廢氣淨化系統，而豐田則努力以其他稀有金屬取代鈀，或開發其他材料，以減少鈀的使用量。

福特並非沒有努力。該公司位於美國密西根州第波恩（Dearborn）的研究所，著手研究如何延長觸媒轉換器使用稀有金屬的壽命，但研究所的開發小組與調度部門之間完全沒有合作。該公司之所以會在總公司調度部門的主導下，大量購買鈀，導致庫存過多，原因就在於這種「作法」。

總之，相較於日本企業利用第一線的OC，企圖解決稀有金屬的問題，福特總公司調度部門的人員，則嘗試以特定的「策略性決策」（以長期契約購買儲備鈀）來解決問題，明顯太過偏重SP。

負責馬自達經營工作的菲爾茲，發現馬自達的ＳＰ不明確，而且往ＯＣ一面倒的偏頗情形。他認為，「福特的問題是努力也沒用，但馬自達只要努力，就能夠解決問題。因此，馬自達必須釐清不需要努力做什麼，而福特則必須學習馬自達的努力。我要將福特和馬自達的優點互相組合，解決兩家公司的問題，這就是我的挑戰」。這段話清楚說明，在對比過馬自達和福特兩家公司的策略之後，會發現ＳＰ和ＯＣ之間的拉鋸戰。

▼日本企業偏重ＯＣ與復活的模式

這雖然是大致的傾向，可是相較於歐美企業傾向ＳＰ策略，日本企業就像馬自達偏好ＯＣ策略。如果以汽車業界的福特對馬自達、成衣業界的Gap對World、零售業界的家樂福對伊藤洋華堂、ＩＴ業界的惠普對日立、消費電子業界的飛利浦對索尼來看，日本企業在許多業界都偏重ＯＣ。

二〇〇二年，荷蘭著名的電子公司飛利浦，因為受到網路泡沫破滅的影響，面臨存亡的危機。但是，不到四年的時間，營業利益率就回復到將近百分之十。這次的Ｖ型反轉，全靠執行長加羅·柯慈雷（Gerard Kleisterlee）明確的ＳＰ策略。就規模而言，飛利浦的本業是ＡＶ事業，除了和索尼共同開發規格的ＣＤ、ＤＶＤ之外，電視的市占率也是名列前茅。

不過，柯慈雷卻在二〇〇二年將ＡＶ事業在全球的九個工廠，賣給美國的ＥＭＳ（電子製造服務商）捷普科技（Jabil Circuit），將ＡＶ生產排除在飛利浦的活動之外；同時，也針對ＡＶ產品使用的半導體等設備，快速轉為「不擁有的經營方式」，讓半導體部門獨立，而飛利浦僅擁有少數股權。至於電視使用的顯示器，也退出小型液晶顯示器的生產。在與韓國的ＬＧ電子合資成立的大型液晶顯示器公司ＬＧ飛利浦的持股比例，也從百分之四十降為百分之三十。其實，半導體事業的業績並不差，但收益變動劇烈，而且由於設備和研究開發的投資龐大，飛利浦決定改變策略，不擁有相關事業，而是從外部購買品質好的半導體。

柯慈雷所提出的策略基礎，是「消費者想要薄型電視，並不在乎你是否擁有技術。只要商品的設計、品牌和銷售能力夠好，就能夠一較高下」，業務和行銷則集中委託沃爾瑪、Best Buy和家樂福等主流零售業者。此外，飛利浦還早其他公司一步，聚焦高成長的開發中國家市場，展開行銷工作。

飛利浦之所以能夠讓業績恢復，可說是因為徹底追求ＳＰ的理論。相較於飛利浦，索尼、日立和夏普等日本大型ＡＶ企業的ＳＰ並不明確，但這並不是好壞的問題，而是必須注意「創造差異的方法不同」。飛利浦決定「不從事」設備的技術、開發和生產，而是鎖定對象進行行銷，將營業活動集中在大型的零售商，確實是得力於清楚的ＳＰ。然而，在日益變化的競爭環境中，是否能夠持續創造利潤，就不得而知了。

從某個角度來看，「不擁有經營」，光靠「短視」的行銷，是否能夠長期維持品牌能力存在風險。我想說明的是，如同飛利浦和日本企業的對比，所呈現的典型結果一般，相較於歐美企業傾向ＳＰ，日本企業則容易偏好ＯＣ。

這是為什麼呢？原因有很多。由於ＯＣ的發想中，有「只要忍耐，加以訓練（即使現在沒有），以後也一定會有好事」的一面，比較適合日本人的個性和日本的文化氣質。ＯＣ最重要的慣例「模仿難度」，如同在談到路徑依賴時所說，是長期累積而來。這麼一來，長期雇用和根據資歷敘薪等傳統制度，也是讓日本企業偏好ＯＣ的原因之一，而經營者的類型和成長過程似乎也有關係。一直以來，日本企業的經營高層大多偏好以長期的角度，來建立ＯＣ，屬於一步一腳印的作法，而不是在總公司的董事室裡，進行重大決策。

在泡沫經濟瓦解後，有一段時間，不少日本企業喪失競爭力，並為業績惡化所苦，這就是「失落的十年」。不過，其中也有不少日本企業提升國際競爭力，這些企業在「沒有失落的十年」當中，有不少從ＳＰ—ＯＣ矩陣的右下角往上攀升，也就是在原本表現良好的廚房中，引進明確的食譜。

最典型的例子，就是日產。除了是因為執行長高森（Carlos Ghosn）提出的方案奏效，也是因為「日產的實力雄厚」，而這個「實力」就是ＯＣ。就算執行長是高森，如果日產是位於ＳＰ—ＯＣ矩陣左下角的公司，或許也很難出現Ｖ型反轉[16]。即使是花王或佳能等ＯＣ底子深厚的企業，能有今天，也是因為在失落的十年內，嚴格執行整頓的結果。馬自達雖然不像日產進行大規模重整，但是比起以往，ＳＰ更為清楚，原本的ＯＣ也再度恢復強勢。從這方面來看，菲爾茲後來確實在某種程度上，實現了「讓福特的優點和馬自達的優點結合」的企圖。

相較於以上的例子，美國的優良企業剛成立時，大多靠著優秀的經理人提出的策略，而獲得成功（ＳＰ—ＯＣ矩陣的左上角），在確立ＳＰ之後，逐漸培養ＯＣ往右邊移動。無論是比爾．蓋茲的微軟、麥可．戴爾的戴爾電腦，或是山姆．沃爾頓（Sam Walton）的沃爾瑪等美國企業，都是利用創辦人所提出的明確ＳＰ，站穩腳步後，再花時間強化ＯＣ的例子。三星儘管不是美國的企業，但也是位於ＳＰ—ＯＣ矩陣右上角的優良企業，同時以日本的競爭對手所沒有的決心，率先採用ＳＰ策略，日後再逐漸加強ＯＣ。

利用眾多併購案發展成長的日本電產創辦人永守重信，重複做過好幾次高森在日產所做的事。日本電產在當時收購的都是業績表現不佳的企業（因為表現良好的企業價格較高），但這些企業往往都位在矩陣圖的右下角，也就是雖然擁有理想的廚房，卻因為食譜不明確而陷於低迷，而不是位於左下角的企業。永守認為，「雖然有技術和人才，卻因為經營問題，導致業績不盡理想的公司，比較容易重整」。於是，他將特有明確的策略，引進被併購的公司，讓業績快速好轉，提高整個集團的收益，而這就是巧妙組合了SP和OC的策略。

位於矩陣圖的左上角，使用SP策略的企業向右移動，和傾向使用OC策略的企業向右上角移動，哪一個的可能性比較高？情況當然因企業而異，但一般而言，比起偏好食譜的企業，要取得理想的廚房，已經擁有廚房偏好OC的企業，如果取得食譜，更能夠在短時間內交出成果。食譜一旦派上用場，效果顯而易見，可是要強化廚房，就需要花時間了。從這個角度來看，位於矩陣圖右下角的企業有極大的潛力。如果日本有很多這種企業，依照日產、佳能和日本電產的模式，只要透過確立SP，就可能恢復競爭力。

不過，偏好SP的企業有一大優勢，那就是業績惡化的時候，能夠清楚且快速的惡化。這類的企業如果領導者的策略失效，就無藥可救，無法利用OC度過難關，業績惡化的情形，也會愈來愈嚴重。但這未必是壞事，因為經營團隊和員工會清楚了解危機，反而容易振作。之前提到的惠普，就是一個例子，這種時候，企業經常會更換專業經理人，而新的專業經理人也會引進新的策略。

相對於偏好ＳＰ的企業，偏好ＯＣ的企業則必須擔心公司本身出問題，內部的一切會隨著時間慢慢腐敗，而管理和員工也不容易建立明確的危機意識，等到發現情況不對，公司已經淪為矩陣圖的左下角。如同佳麗寶破產一例，日本傳統的優良企業之所以破產，可能就是因為這樣的機制。

▼競爭優勢的來源

本章主要討論競爭策略的基本理論，圖2.5就是主要的架構。策略就是利潤，而且不是瞬間產生的利潤，而是持續創造利潤的基本方針。業界的競爭結構，會影響企業的獲利水準，這就是第一個利潤的來源。但是，本書將業界的競爭結構視為策略以外的變數（如果以ＳＰ來考量，要決定在哪個業界競爭，也算是策略的內容之一。不過，與其說是競爭策略，這應該屬於企業總體策略的問題。）如果業界的競爭結構，原本就容易創造獲利，而

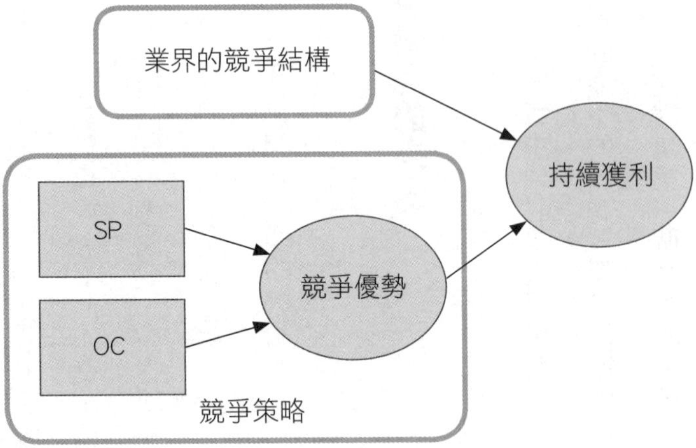

圖2.5　競爭優勢的來源

且具有魅力，就不需要講究策略。

策略的本質，是製造自家公司與業界中其他競爭對手之間的差異，即使業界的競爭結構嚴苛，但只要能夠利用策略，取得競爭優勢，就能夠持續獲利。而「製造差異的方法」有SP和OC兩種不同的思維，也就是要攀登競爭優勢這座山，有SP和OC兩種路徑，而考量的基礎，就是了解SP和OC針對競爭優勢形成的架構。

如果SP明確，且OC也很強，就是最好的狀態（如果再貪心一點，所處的業界競爭結構，具吸引力的話更好）。但事實上，SP和OC之間互相抗衡，造成一般企業的策略思考都會偏向其中之一，要如何處理兩者之間的抗衡，是經營企業必須面臨的本質挑戰。

以上就是本章內容的精華。構成策略的要素，就是與競爭對手之間的各種差異，其中有根據ＳＰ製造出的差異，也有根據ＯＣ製造出的差異。利用因果理論，將這些差異加以結合，創造出變化和動作，就是故事的策略論。下一章將要談到本書的主題「競爭策略故事」。

---

1 如果一定要說的話，他們在資本市場或許是「互相競爭」，松下和索尼是一種爭奪有限投資者資金的關係，因此，如同稍後會提到的，財務管理與總體策略的關係十分密切。

2 例如以下的書Noel M. Tichy和Stratford Sherman合著（一九九四），《奇異傳奇》，小林規一譯，東洋經濟新報社；William E. Rothschild（二〇〇七），《ＧＥ——全球最強公司的祕密》，中村起子譯，Index Communications。

3 Jack Welch和John A. Byrne合著（二〇〇一），《Jack：二十世紀最佳經理人第一次發言》，宮本喜一譯，日本經濟新聞社。

4 關於ＰＩＭＳ請參考以下著作。Buzzel, R. D., Gale, B. D., and Sultan, R. G. M.（1987）The PIMS Principles: Linking Strategy to Performance, Free Press.

5 〈SoftBank的市值極大化經營〉，《日經Business》，一九九〇年十月二十五日號。

6 同上。

7 〈特集ＧＥ——世界最強的秘密〉，《日經Business》，二〇〇五年七月二十五日號。

8 Michael Porter（一九九八），On Competition, Harvard Business School Press（日譯《競爭策略論I．II》，竹內弘高譯，鑽石社，一九九九年）。

9 松井在看過集結成這本書的連載之後，表示我在第一章曾用「壁龕的掛軸」來做為否定的比喻，不過，將日本畫作成掛軸，裝飾在壁龕，是正統、也是美觀的作法。也就是說，「壁龕的掛軸」原本應該是指「好的東西」或「正確的狀態」。松井先生似乎非常喜歡繪畫藝術，真是失禮了。

10 Charles W. Hofer / Dan Schendel

11 Michael Porter（一九八〇），Competitive Strategy, Free Press（日譯《競爭的策略》，土岐坤等人譯，鑽石社，一九八二年）。

12 萬寶至馬達的獲利水準，至二〇〇五年後，有逐年降低的趨勢，可以看出我在寫作本書時，該公司的策略正面臨轉捩點。不過，本書關注的是該公司維持長達三十年獲利超過業界平均水準的策略，有關萬寶至馬達策略的詳細內容，請參見楠木（二〇〇一a）。

13 Susumu Ogawa (2002), "The Hypothesis-Testing Ordering System: A New Competitive Weapon of Japanese Convenience Stores in a New Digital Era," Industrial Relations, Vol. 41, No.4.

14 藤本隆宏、延岡健太郎（二〇〇六），〈競爭力分析中持續的力量——產品開發與組織能力的進化〉，《組織科學》，三十九卷四號。

15 Jim Collins（二〇〇一），《Visionary Company 2 從A到A^{+}》，山岡洋一譯，日經BP社。

16 即使高森在日產提出的方案生效，但在OC方面，日產與豐田仍有極大的落差。觀察後來的日產會發現，出現「SP疲乏」的現象，OC逐漸薄弱，這就是之前所說的SP和OC互相抗衡的問題。

第3章 從靜止畫到動畫

各位聽過「三張護身符」的故事嗎？我小時候非常喜歡這個故事，女兒還小時候，我也經常說給她聽。儘管隨著時代和地區的不同，會有不同的版本，但內容大致如下。

▶「三張護身符」

某座寺廟裡，有個小和尚，從來不聽老和尚的話。老和尚很生氣，於是給了他三張護身符，就把他趕出寺廟。小和尚無奈只好往山上去，遇到一個老婆婆，就在人家家裡住了下來，卻發現老婆婆其實是女妖，藉口如廁以便逃走，結果卻被女妖抓住，並在腰部綁上繩子。

小和尚把繩子綁在廁所的柱子後，急忙逃跑，面目猙獰的女妖發現，追了上來。小和尚就丟出一張老和尚給他的護身符，結果出現一座滑溜的冰山，但女妖還是設法爬過冰山；小和尚又丟出第二張護身符，結果出現一條河，女妖卻將河水全部喝光；小和尚只好丟出第三張符，這回出現的是火，女妖將喝下的水吐出，滅了火。眼看女妖就快追到時，小和尚在千鈞一髮之際，逃回寺裡，向老和尚求救，老和尚便開始和女妖鬥法，最後將變成豆子的女妖吃掉，小和尚這才獲救，從此洗心革面，變成一個好孩子，真是可喜可賀……。

競爭策略，就好像這個故事中的三張護身符，而競爭就是那個「面目猙獰、追上前來」的女妖。一旦被女妖追上，就無法創造利潤，此時企業會丟出第一張護身符，那就是業界的競爭結構。如果這張護身符的力量夠大（也就是所屬的業界是五力當中，所說的「具有吸引力的業界」），一切就可以歡喜收場。但事情通常無法盡如人意，五星級的業界原本就不多，而且進入的門檻高，原本就是「具有吸引力的業界」的條件之一，自然也就不容易進入。

假設你很幸運，所屬的業界非常具有吸引力，但是，如同冰山會隨著時間融化變小，「星星」的數目跟著時間減少，也是理所當然的事。以往，明明是像夏威夷般適合居住（容易創造利潤的業界）的地方，驀然回首，卻發現它成了宮崎，雖然都有椰子樹，但是冬天很冷，如果還是維持和住在夏威夷時一樣的生活方式，很可能會感冒。無論是放寬管制、全球化、數位化或資訊化等大環境的趨勢，都會使星星的數目減少。以經濟學的理論來說，社會愈「合理」，就會愈接近完全競爭，也就是沒有星星的世界。

第二張護身符是「策略」。策略的護身符有兩張，一張是SP（策略定位），一張是OC（組織能力），要先用哪一張，因產業和企業而異。假設我們先用SP這張護身符，如果能夠取得與其他公司不同的策略定位，就不需要承受百分之百的競爭壓力，如此便可確保利潤，是可喜可賀的事。

但事情並不會就這樣結束。即使利用SP暫時成功，不久之後，還會有女妖（競爭對手）追上前來，最麻煩的是，選擇的SP愈成功，女妖就會追得越拼命。SP雖然有防止先行者優勢或取捨等模仿的理論（河），但女妖應該還是會想辦法追上來。

如果利用SP，無法一決勝負，就會輪到第三張護身符OC上場。如同前一章所說，如果SP的差異，是主廚的食譜，OC的差異，就會是廚房裡廚師的手藝和使用的菜刀是否鋒利等企業內部累積的能力。即使優秀的主廚做了「決策」，也無法立刻取得OC。從定義來看，OC是一種很難模仿的例行工作。其他公司為了取得這個能力，必須從平常就開始訓練。即使是女妖，想翻山過河，也需要時間。可是，如果其他公司也開始培養OC，就算花時間，或許有一天也會迎頭趕上。

▼故事是「第四張護身符」

如果女妖追上來了，怎麼辦？此時，第四張護身符「故事」，就派上用場了。考量目前企業所處的競爭環境，光靠特定SP和OC的差異，很難持續利潤，要維持競爭優勢所需要的護身符，就在策略故事當中。

接下來，我就利用第一章提到足球的隱喻，重新再說明一次競爭策略故事的觀點。請各位看圖3.1，策略的目標，是持續追求高於業界標準的利潤（SSP，Sustainable Superior Profit）。以足球來說，相當於「得分」，得分多的隊伍「獲勝」，是競爭的基本模式。

姑且不論個別隊伍的想法，足球這種比賽擁有特定的競爭結構（足球是以規則來定義競爭結構）。如前一章所述，競爭結構會受到得分的影響，由於足球得分不易，幾乎不可能有領先十分的情形，但競爭對手面對的，也是同樣的競爭結構。SSP的發想，並不在於得分的多寡，而是要在相關業界中，獲得比競爭對手更高的分數。

此時，策略的內容，指的就是朝向SSP的這個球門，不斷展開各式「傳球」。策略的構成要素，就是與同一業界中競爭對手的差異，而傳的球有SP和OC兩種。所謂的策略，是為了達成目標不斷傳球，取得比對手更高的分數。

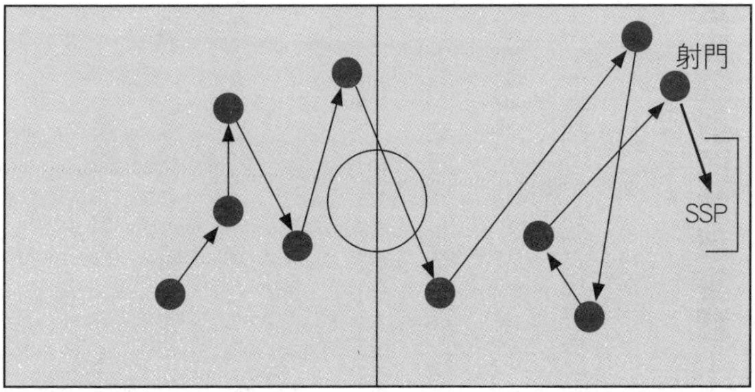

圖 3.1　足球的隱喻

競爭策略故事，重視的就是傳球與傳球之間的連結，「也就是如何組合傳球，以便將球踢進SSP這個球門」。如果只使用SP或OC，策略只是「靜止畫」，將「靜止畫」加以連結，並將踢進球門之前的傳球變化和動作，想像成「動畫」，即為將策略組織成故事。

繼競爭的業界結構、定位和組織能力之後，故事是第四個利潤來源。即使同樣都是踢足球，只要傳球的方式，有別於其他公司，就能夠取得競爭優勢。這裡所說的競爭優勢，是指每次的傳球之間的連結，而非個別的構成要素，因此，並不需要跑得快，或擁有其他人無法模仿的運球技術的「明星球員」。故事的發想是，即使每個球員都不是超級明星，也可以運用特殊的傳球技術來一決勝負。

後面將會再詳細介紹經營流行服飾零售的島

村，如何利用自己的故事區隔市場，以故事作為競爭武器，達成追求長期利潤的目標。該公司的前任社長藤原秀次郎，在談到島村的優勢時，曾說過以下的話[1]。

只要建立架構，外人就很難推測或模仿。要模仿外型很容易，卻沒有什麼人會研究架構，但事實上，關鍵就在於無法發問的地方。只要完整建立整體的架構，即使其他公司模仿了其中的一部分，也無法呈現整體的樣貌，創造出好的結果。

我一開始介紹的「三張護身符」的故事，之所以有趣，並不是因為人物（小和尚、老和尚和女妖）有強烈的特色，或使用的道具（冰山、河川和火）很特別。而是構成故事的要素，充滿大家熟悉的「傳說」的元素。「三張護身符」之所以能夠成為被傳誦的「名作」，是因為人物和道具之間的連結很有趣，如字面所示，是「故事」很好。

▼決定支撐射門的那隻腳——故事的競爭優勢

前面主要是以運動為例，來討論如何擬定競爭策略故事，實際在商場上的情況，又是如何呢？表3.1是擬定競爭策略故事時的五項重點。因為每項重點的英文名稱，都是以C為開頭，所以我稱它們為「策略故事的5C」。我將分別在第四章和第五章，詳細討論第二項的「概念」和第四項的「關鍵核心」，本章將依序說明其他三項重點。

如前所述，競爭策略故事是有劇情的動畫，但並不是那種一次就能夠重頭到尾，連細節都完成構想的複雜動畫。思考的順序，也就是「從結局開始想」很重要。

無論是什麼樣的策略故事，結局都是一樣，那就是「持續創造利潤」的Happy Ending。如果以紙偶戲為例，就是最後出現的那張，寫著：「於是就創造出長期利潤，真是可喜可賀……」圖片。因為結局固定，

- **競爭優勢**（Competitive Advantage）
  故事的「合」——創造利潤的最終理論
- **概念**（Concept）
  故事的「起」——顧客價值的本質意義
- **構成要素**（Components）
  故事的「承」——與競爭對手的「差異」
  SP（策略定位）或OC（組織能力）
- **關鍵核心**（Critical Core）
  故事的「轉」——獨特性和一致性的來源的核心構成要素
- **一致性**（Consistency）
  故事的評價標準——連結構成要素的因果理論

表3.1　策略故事的5C

所以從結尾倒過來想，反而容易建構一貫的故事。

問題在於「可喜可賀」之前的場面，也就是「創造出利潤的最後理論」。這相當於足球的「射門」，或是說話的起承轉合中的「合」，構想故事的人必須先描繪射門的畫面，也就是得分的原因。「創造出利潤的最後理論」，聽起來好像很了不起，但其實內容很簡單，請大家放心。

WTP減C等於P

這就是利潤（P）最根本的定義。這個公式中的WTP，就是「Willingness to Pay」，表示顧客願意付錢的標準。因為顧客認同某種價值，所以才會產生利潤，利潤的多寡，取決於WTP，要獲得WTP，當然會產生某種程度的成本（C）。總之，利潤就是「WTP減去所需的成本」。

一旦用這樣的方式定義利潤，創造利潤的最終理論，就會變成「是否能夠提供或以較低的成本提供顧客認可其價值的產品和服務」，而非競爭。也就是說，在球門前射球，可分為「WTP射球」或「成本射球」兩種，圖3.2指的就是這個。左邊是在該業界互相競爭的企業的平均狀況，會出現一定WTP，自然也會產生相對應的成本，兩者之間的差，就是

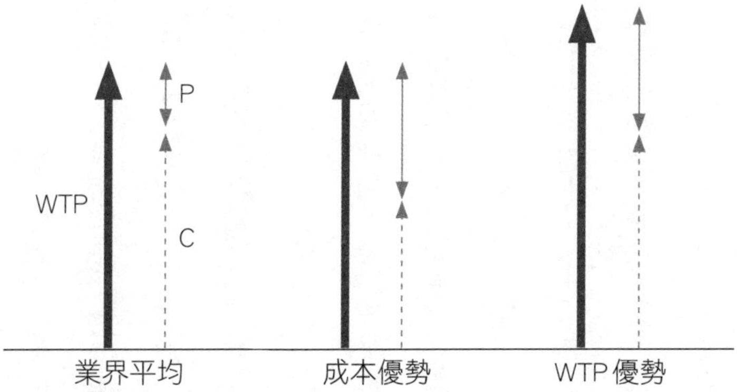

圖3.2　競爭優勢

利潤。由於策略的目標是創造高於業界水準的獲利，因此，基本的問題就是如何拉大兩個箭頭之間的差距。

可行的辦法之一，就是將重點放在成本（圖的中央）。此時，WTP並不高於其他公司，只能以競爭價格出售，但如果能夠設法降低成本，就能夠創造利潤。另一方面，如果將重點放在WTP（圖右），就是在成本與其他公司相同，或高於其他公司的情況下，設法創造顧客願意支付更多的金額（或更頻繁支付）的狀態。

嚴格來說，「低價策略」是不可能存在的，這和「高成本策略」聽起來很奇怪，是同樣的道理。由於策略故事的目標，是爭取長期獲利，因此，採取的措施必須要能夠提供賺錢的答案。無論是「低價」或「高成本」，都會壓縮WTP和成本之間的落差，使利潤縮水，這麼一來，就會變成不賺錢的原因。

有用的措施，應該是「低成本」，而非「低價格」。如果成本夠低，也可以依照狀況，採取具攻擊力的低價。不過，不一定成本低，價格就要跟著降低，基本上，在決定射門的招數時，應該要將價格和成本分開考量。舉例來說，為了在短時間內提高產品在市場上的存在感，或希望能夠透過規模經濟和經驗效果，來增加產量，在未壓低成本之前，「策略性」採取低價的作法，當然是可行的。但此時條件是必須清楚描繪出相關的故事，讓低價與其他策略互相連動，最後必定能夠創造利潤。

基本上，最後的競爭優勢，就是三者中的其中一個，還有一個就是「有競爭原本就不容易創造獲利，最好是沒有競爭」。原則上，第三種方法主張，因為有對手、有競爭，所以不容易得分，但如果沒有競爭，形同是在沒有對手干擾的情況下進行ＰＫ，得分幾乎是囊中物，也就是利用「獨占」，來製造無競爭的狀態。不過，要自然獨占整個市場，一般來說是不可能的事。那麼，該怎麼做呢？只要不以整個業界為對手，自行鎖定特定的領域，在限定的範圍內發展事業，就能夠創造形同沒有競爭的狀態，也就是專攻利基市場。

接下來，就以汽車業界為例，來思考相關的問題。以成本作為支撐射門的那隻腳的企業，最具代表性的，就是豐田汽車。豐田創造利潤的最終理論，是「只要能夠消弭浪費降低成本（即使以競爭價格出售），就能夠創造利潤」，這就是整個競爭策略最後射門的部分。

為了射門，豐田利用根據看板方式的JIT（即時制度）來調度零件，在生產線上，以「自動化」解決問題，和平準化生產等知名的「豐田之道」，不斷傳球（製造與其他公司之間的差異）。這些作法與以往稱霸美國汽車業界的「福特系統」截然不同，但同時都和「消弭浪費，降低成本」的終極手段互相連結。目前廣為人知的「豐田式生產」（TPS），就是上述的各種方法，為了達到降低成本的目的，連結而成的整個故事。

以WTP作為主力的有賓士、BMW和奧迪等公司，這些企業以WTP作為支撐球員射門的那隻腳，然後不斷傳球，互相連結，利用與豐田不同的故事，希望能夠獲得利潤這個分數。

那麼，鎖定利基市場為目標的汽車廠商，又是哪一家呢？只要站在顧客的立場，就不難了解鎖定利基市場，創造無競爭狀態，是怎麼一回事了。所謂的無競爭，指的就是顧客的心中沒有其他選項，法拉利和勞斯萊斯應該就是這樣的企業吧。想要購買法拉利的人（我沒有買過，所以只能推測），從一開始，就只想買法拉利，不會考量其他車種，雖然BMW的價格，也十分昂貴，但是想購買BMW的人，心中還是會猶豫要買BMW、還是買賓士，或是覺得凌志（Lexus）也不錯。這麼一來，就變成「競爭」，而不是「鎖定利基的無競爭狀態」。

那麼，對法拉利而言，什麼才是最重要的事？利基企業能夠獲利的理論，只有無競爭，因此，維持無競爭狀態，成為策略的關鍵。為了達到這個目的，不能「能賣就賣」，即使能夠大賣，也必須忍著不賣，積極拒絕訂單，絕不以成長為目標，要做到這種程度，才能夠以利基作為獲利的手段。

法拉利每年只製造銷售數千輛汽車，正因為其他公司合理判斷「我們不需要背負極大的開銷，進入一個每年只有數千輛需求的市場，所以放棄它，根本不可惜」，法拉利才能夠維持無競爭的狀態。假設法拉利的某種車款大賣，在全球賣出數萬輛，市場占有率也跟著擴大成長，ＢＭＷ等級的公司，應該也會想要進入這個市場（至少會討論是否要進入）。如此一來，法拉利的傳說和名聲，或許還能夠作為品牌保留，但生產能力、開發能力、銷售網和售後服務等實質的競爭武器，和ＢＭＷ相比，根本是大人和小孩的戰爭，法拉利將會面臨一場苦戰。

奧山清行曾是義大利汽車設計公司賓尼法利納（Pininfarina）的設計總監，為法拉利設計超級跑車「Enzo Ferrari」。他曾經告訴過我一件有趣的事，法拉利有一條絕對必須遵守的社訓，那就是生產的數量一定要比需求少一台。在生產Enzo Ferrari時，當初在計畫階段，預估準確的需求量為四百台，法拉利就以三百九十九台，作為生產的上限。

這當然是根據極為含蓄的預測所產生的數字，事實上，希望購買的人數高達三千人。他們必須先支付百分之十的訂金。Enzo是比「一般的法拉利」，更為特殊的超級跑車，新車的價格換算成日圓，將近八千萬。法拉利根據訂金的匯款與否、以往的使用經驗，以及是否為法拉利俱樂部的會員等各項條件，挑選出三百九十九名實際的銷售對象。這些幸運兒才有辦法購買到Enzo。

儘管這是Enzo這款十分特殊的超級跑車的例子，但法拉利的經營，為了讓極小規模的生產能夠順利運作，花費許多功夫。該公司的員工只有三千名左右，其中與F1賽車有關的人員就有六百名，負責開發的則有四百名，其他都是生產部門的員工。法拉利原本就沒有設計部門，相關的設計工作都是外包給像奧山先生任職的賓尼法利納之類的設計公司，就連技術都是外聘工程師針對特定課題執行相關的計畫，工作結束之後就解散，作法非常有彈性。

法拉利的作法，乍聽之下，給人在開發和生產方面花錢不手軟的感覺，但事實上，從該公司實際的總成本，就可看出開發每一款車的費用，都控制在遠低於大型企業的水準以下。這是因為該公司限定銷售數量，經營的主軸是以「不賣車」作為利基。

構思故事的第一步，必須先決定要以什麼作為獲利的工具，這是因為必須在①WT

P、②成本、③以鎖定利基建立無競爭狀態等三者中，加以取捨。當然，如果能夠同時實現①和②的話，再好不過，但一般來說，要建立WTP和降低成本的方法，經常是魚與熊掌不可兼得的關係。而①、②、③三者之間，也存在取捨，要一邊成長，一邊利用無競爭的狀態創造利潤，是很困難的事。如同法拉利的例子，要維持無競爭利基，前提條件是必須對成長不忮不求。

利基策略經常以「鎖定縫隙市場」的說法，出現在許多公司的會議上，但許多時候在提到「專攻利基市場」之後，會立刻出現「以年成長百分之二十為目標」之類，不合常理或理論扭曲的情形。因為如果真的要聚焦利基市場，利用無競爭追求利潤，是不能夠追求成長的。而且一旦有所成長，市場發展到一定的規模，競爭對手為了尋找利潤機會，就會進入這個市場，利基也就會跟著消失。這麼一來，原本創造利潤的最終理論，也會跟著瓦解。故事最後創造利潤的理論，必須是「為什麼賺錢」，如果這個理論太過鬆散，整個故事也會跟著潰不成軍。

對於採取WTP理論的企業而言，降低成本當然重要，而採取低成本的公司當然也不能忽略WTP。保時捷就是極端的WTP，而印度的塔塔汽車，則明顯是將重點放在成本。相較於保時捷，如果說BMW是採取WTP，但是又稍微偏向低成本；而豐田和塔塔相比，則比較重視WTP。如果將二者互相比較，在WTP和成本之間維持平衡，也是一種方法，一般的企業會企圖取得兩者之間的平衡。豐田也稍微傾向降低成本，但還是在成本和WTP之間維持良好的平衡。

在射門時，決定用哪隻腳支撐身體，指的是在進攻時，要選擇WTP或成本。如果是豐田，在進攻時，基本上應該會優先考量成本，而BMW則應該會優先考量WTP。如果無法決定要用哪一隻腳支撐身體、如何傳球、如何連結，就很難建構策略故事。如果隊長突然說出「提高WTP，同時降低成本，加油！」之類的話，球員將難以構想具體的傳球方式，最後可能淪落成無策略狀態。

我要再強調一次，策略故事必須從結尾開始建立，先決條件是先建構起承轉合的「合」，決定射門時，支撐身體用的腳，會決定故事的基本風格，甚至影響構成故事的所有要素，是一個相當重要的關鍵。就好像人類的血型，不是把A型和B型混在一起，就會出現AB型那麼簡單。因為血液一旦凝固，人就會死亡。

就連豐田在創造Lexus，作為利用WTP射門的品牌時，為了穩定這個理論，還投入大量資金，擬定有別於以往的策略故事。要改變最後希望爭取到的競爭優勢，必須全面改寫策略故事，是很正常的事。在射門的方式決定之前，先規定傳球方法。因此，故事的發想也應該從結尾開始。

傳球──構成故事的要素

一旦決定射門時要用哪隻腳支撐身體，就可以開始傳球了。每次傳球都是與其他公司之間的「差異」，而這就是構成策略故事的要素。接下來，我將利用前面提到的萬寶至馬達的例子來加以說明[2]。之前已經提到萬寶至以成本作為競爭優勢，並採取各項相關措施，主要包括以下四種：

- 專門生產小型帶刷馬達；
- 產品標準化；
- 直接在以中國為首的亞洲國家進行生產；
- 利用集中的銷售結構直接銷售；

這些措施各自擁有可降低成本的理論。就「規模經濟」的理論來說，如果大量生產，可以降低每單位的生產成本，但生產太多樣的產品，就無法提高數量，於是，萬寶至集中生產小型的帶刷馬達。在眾多的馬達產品中，由於小型的帶刷馬達是技術最成熟的生活必需品，適合低價競爭。

不只是鎖定產品的領域，萬寶至針對所有的顧客推動「標準化」，提供規格相同的小型馬達。萬寶至生產的小型馬達，原本是用在玩具上，當時的小型馬達是配合組裝（最終產品）廠商特別訂製生產的。由於組裝廠希望區隔自家的產品，因此，必須稍加改變內裝馬達的尺寸和特性，當時的小型馬達是典型的多量少樣生產的產品，萬寶至將範圍縮小為種類有限的標準馬達，並根據計畫，將原本採取接單式生產的馬達轉變成存貨式生產，這麼一來，就可以利用少品項大量生產，來降低成本。

如果直接在中國或亞洲各國生產，由於工資低廉，可降低成本。如果將銷售據點集中一處，以少數人員直接銷售到全球各地，也能降低銷售成本。二〇〇〇年，萬寶至海內外的銷售人員只有八十名，日本國內也只在總公司的所在地千葉縣松戶設有營業據點，沒有分店或營業所。以上的四項措施，成為萬寶至爭取低成本這項競爭優勢的「縱向傳球」（圖3.3）。

另一方面，這些措施之間，也有橫向連結的理論。我們就來看看將標準化和其他構成要素互相連結的措施。

如果將馬達標準化，只要反覆生產同樣的產品，就可以輕易運用中國低廉、但不熟練

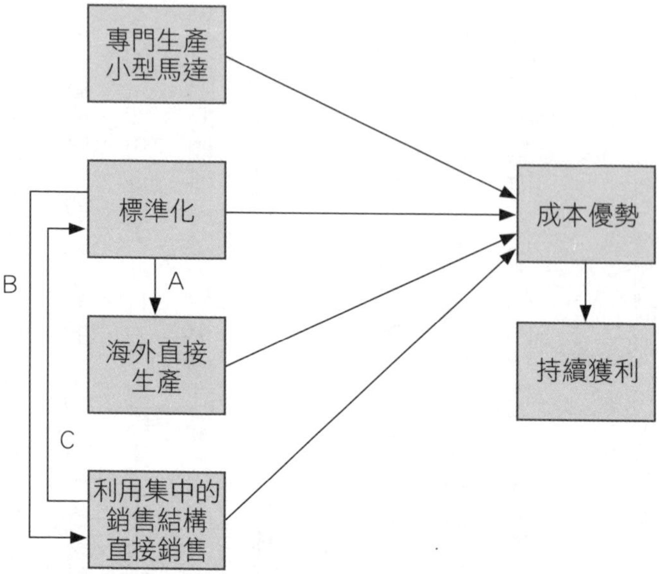

圖 3.3　構成要素之間的連結

的勞動力（圖3.3的A措施）。早在一九六四年，萬寶至就直接在海外進行生產，若以接單生產的方式，組裝各類馬達的話，很難在早期進行海外生產。

採取集中的直接銷售結構，可減少間接費用，有助於降低成本。但更重要的是，馬達已經標準化，相較於接單式生產的馬達，不需要人數眾多的銷售部隊，與成本優勢之間產生橫向的因果關係（圖3.3的B）。如果是真的能夠吸引顧客的馬達，即使不需要推銷，也應該能夠賣得出去。

反過來說，兩者之間也有因果關係。萬寶至的銷售人員應該扮演的角色，不是賣馬達，而是將市場需求回報給開發部門。針對某種用途開發馬達時，如果有十家相關廠商，業務人員應該先前往拜訪蒐集資訊。業務應該做的是朝標準化發展的行銷，也就是向具代表性的廠商技術部門的開發人員，請教馬達需要具備最重要的功能和規格，之後設定應該開發的馬達種類，並預測開發出的標準款馬達，若能涵蓋十家公司中的七至八家的需求，營業額和市占率應該是多少。如果能夠順利將馬達標準化，就不需要到處推銷，業務人員就能夠專心發展標準化馬達的行銷，累積的專業知識和網絡，將可以讓馬達的標準化更有效率，形成一個良性循環（圖3.3的C）。

策略故事，就是由眾多的措施綜合連結所形成的。

▼連結各項措施——故事的一致性

故事是兩種以上構成要素的連結，而「構成要素」之間的連結，才是分析競爭策略故事的單位。單一構成要素的好壞很難評估，因為構成要素是否有效，必須視它與其他要素連結的脈絡而定。靜止畫和動畫的分界，就在於構成要素之間的連結，每個構成要素只是一幅「靜止畫」，只有在彼此縱橫連結，爭取到競爭優勢時，策略才會從靜止畫成為動畫的故事。

一個好的故事，就表示各項構成要素之間的因果關係密切。評估策略故事的標準，是故事的一致性（consistency），而一致性的層次，可由以下三點來考量：

．故事的強度（robustness）；

．故事的廣度（scope）；

．故事的長度（expandability）；

也就是說，必須是既強且廣且長的故事，才是「好故事」。以下，我將依序說明這三項標準。

1 故事的強度

現在我們就簡單以X和Y兩個構成要素，來考量其中的連結，這裡所說的連結，指的是X讓Y成為可能（促進）的因果理論。舉例來說，「只要量產，成本就會降低」的因果關係，是根據規模經濟理論而來。故事很「強」，指的是X導致Y的可能性很高，也就是因果關係的或然率很高。一般來說，「只要量產，就能夠降低成本」的因果關係，要比「只要打廣告，就能夠提高WTP」的因果關係準確度來得高，因此，可說是更「強」的故事。雖然就商業而言，事實是否如此，必須做了才知道。不過，就理論上的或然率來說，前者的強度是比較高的。

接下來，再回到萬寶至馬達的例子。該公司之所以能夠建立低成本的競爭優勢，是因為「大量生產」。這是單純的規模經濟，任誰都想得到，關鍵就在於要怎麼做，才能夠大量生產。如果無法大量生產，這個故事就不會成立，因此，萬寶至提出「標準化」這項措施。相較於以往多品項少量生產的時代，只要能夠實現標準化，就可以擴大每一種規格產品的產量，增強以降低成本為目標的故事強度。

不過，要如何引進馬達標準化的問題尚未解決。萬寶至之所以能夠大幅成長，是因為在一九七〇年代開始生產收音機等音響設備的馬達，之後藉由標準化，大幅降低成本，攻占市場。然而，由於音響設備業界的競爭愈來愈激烈，當時組裝廠為了區隔市場，只購買符合自家公司規格要求的馬達。

而且，當時的萬寶至被視為「生產玩具專用馬達的廠商」，對索尼、日立和東芝等組裝廠商而言，一旦將馬達裝入產品，如果出現故障或不適合的情形，將會成為自家公司事業的致命傷。而剛剛進入音響設備業界的萬寶至，幾乎沒有相關知識和實際的交易成果，即使標準化有助於大量生產，在這樣的情況下，要實施標準化，並不容易。

萬寶至為了實施標準化，採取了兩項措施。第一，是鎖定業界第二和第三，而非第一的組裝廠商作為目標客戶。由於標準化是為了利用大量生產降低成本所採取的措施，老實說，應該要鎖定業界第一的大客戶，但是，這些一流的企業對於和萬寶至這樣的新進業者交易，態度並不積極。於是，萬寶至鎖定夏普，而且從一開始就因應夏普開發部門的要求，提供符合規格的馬達，之後再改以標準馬達出貨。該公司藉由採取兩階段的作法，不僅在一開始可以以較高的價格，賣出特殊規格的馬達，還會讓顧客感覺到標準規格的馬達，能降低成本，因此，毋須堅持細節的設計。

但是，光和這類中等的廠商合作，難以確保最重要的產量，萬寶至又採取另一項措施，那就是將產品賣給零組件廠商。當時的收錄音機業界，有一群被稱為「機械裝置商」的公司，他們負責組裝錄音機的旋轉結構部分，之後再交給組裝廠。當時，最大的機械裝置廠商是Tanashin電機，也是第一個向萬寶至大量購買適合收錄音機使用的標準馬達的客戶。

將產品賣給機械裝置廠商，「強化」了標準化的故事。Tanashin是一家獨立的供應商，提供各類組裝廠機械裝置，原本就不在乎各家廠商的特殊規格。對該公司而言，各家廠商的特殊規格，毋寧說是一種麻煩，而且若以改善馬達成本和生產線操作成本的角度來說，

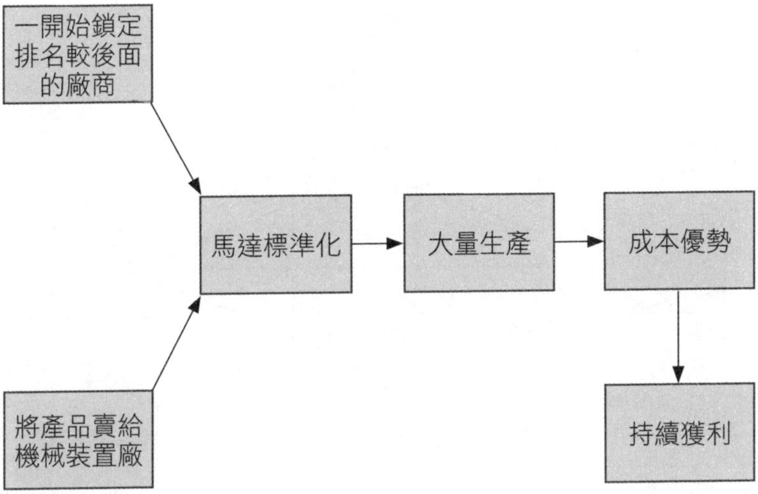

圖 3.4　故事的「強度」

將馬達標準化堪稱是該公司的救星。對萬寶至而言，能夠和在收錄音機業界經驗豐富的Tanashin合作，在決定轉數等標準馬達的規格時，該公司也成為取得重要資訊的窗口。

萬寶至因為將標準馬達賣給Tanashin，所以得以實現大量生產，取得規模經濟，在那之後，便利用低價作為武器，向索尼和東芝等大廠推銷標準馬達。萬寶至就這樣利用標準馬達，在收錄音機專業馬達的領域，取得壓倒性的市占率，背後有一連串（如同圖3.4）為了取得成本優勢，所採取的措施。在小型馬達業界，有許多公司企圖利用大量生產來取得成本優勢，但萬寶至的策略故事，最重要的關鍵，在於利用標準化進行大量生產，以及為了強化策略故事，所採取的各項

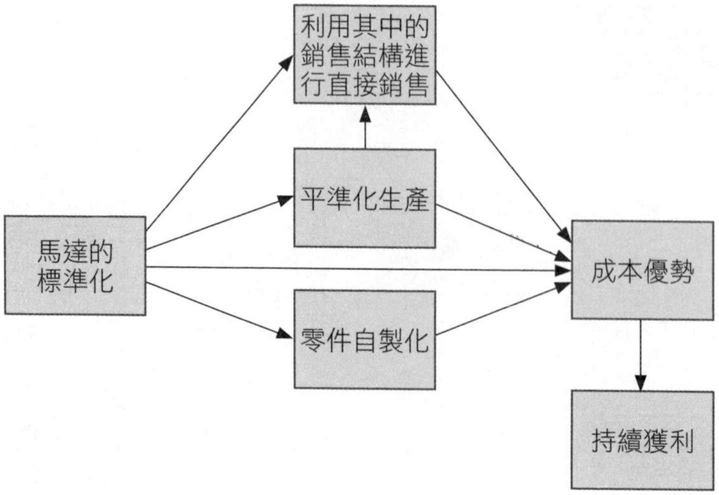

圖 3.5　故事的「廣度」

措施。

2　故事的廣度

好策略的第二個條件，是故事的廣度。所謂的「廣度」，指的是構成要素之間連結的多寡，如果採取的措施一石能夠打中好幾鳥，故事的內容也會愈來愈豐富。

萬寶至馬達所採取的「標準化」，除了是為創造成本優勢的「高強度」措施，同時也是互相連結的要素範圍非常「廣」的措施（圖3.5）。如圖所示，標準化和「以集中的銷售結構直接銷售到世界各國」有關，二者互相強化。

此外，標準化也和直接在海外生產有關。在工資低廉的國家進行組裝，成本當然較低，但是，如果接受各家組裝廠的特殊規格訂單，就很難順利在海外進行生產。如果是反覆大量組裝特定幾種標準化的馬達，便可以活用技術不夠純熟的勞工。

標準化也和「平準化生產」有關。在初期，萬寶至也提供玩具和家電廠商特殊規格的馬達，當時萬寶至面臨大量的需求。舉例來說，每年從春天開始忙著生產，夏季達到高峰，十月之後訂單驟減，就這樣不斷重複忙碌半年、休息半年的狀態。如果是熱銷商品，會突然出現以往三倍或五倍的訂單，就算加班或周末趕工，也來不及交貨。相反地，旺季一旦結束，生產線的勞動效率驟降，員工好不容易習慣工作，提高產能，卻必須被解雇。就是因為這些經驗，當時的萬寶至，才會強烈覺得需要採取平準化生產。

馬達的標準化，也是實現平準化生產的措施之一，只要將馬達的規格標準化，就能夠全年維持計畫性的生產。即使當時無法銷售一空，但由於是標準馬達，清理庫存不會有問題，同時也可以持續聘用已經上手的員工，提高產能和良率，最重要的是，可以大幅提升設備效率。

將標準馬達進行平準化生產，在固定的時間內銷售庫存的作法，與之前提到的「利用少數員工，採取集中的銷售結構」的銷售方式也有關係。類似的銷售結構之所以行得通，是因為可以依照訂單，利用庫存，來提供產品。

標準化，也有助於「自製零件」。在實施標準化之前，萬寶至自行負責設計工作，卻竭盡所能從外部調度零件，這是為了因應之前提到的需求大幅變動問題。但在標準化之後，可採取計畫性的大量生產，也可自製零件，這麼一來，就能大幅降低零件的成本，提升馬達的成本競爭力。

「標準化」不僅與追求利潤所採取的縱向措施關係密切，同時也與構成故事的其他要素產生橫向的連結（參考圖3.5）。「標準化」與相關的措施有多種關係，而這些措施也都和「利用大量生產降低成本」的競爭優勢互為因果。就「廣度」來看，萬寶至的策略故事，堪稱是傑作。

3 故事的長度

故事的長度，指的就是以時間軸來看故事的擴張性和發展性的意思。相反地，即使措施之間關係密切，但如果缺乏針對未來的擴張性，這個故事也只能是「短篇故事」。

這裡所說故事的長度，指的並不是在說明某個策略時，所需要的物理時間的長度，「必須長篇大論加以說明的策略，不會成功」[3]，這句話說得一點也沒錯。理論不清，需要花時間說明的「長篇故事」，當然不好；反之，如果理論一清二楚，故事就會簡單易懂，這種

「短篇故事」當然受歡迎。

這裡所說的短篇故事，指的是構成故事的因果理論步驟較少。反過來說，長篇故事就是因果理論不斷往前連結，故事具有擴張性和發展性，針對「然後呢？」的問題，會不斷出現答案，這就是故事的「長度」。

措施與措施之間，愈是安排可產生良性循環的理論，故事就會「愈長」。以萬寶至為例，從透過標準化和大量生產降低成本之間，就可以讀取典型的良性循環理論。如果能夠利用標準化進行量產，透過規模經濟，降低成本，就會有愈來愈多原本採用特殊規格的企業改用標準馬達。如同萬寶至在音響業界推動馬達標準化，不久之後，業界的頂尖企業也都會開始改用標準馬達。只要萬寶至的標準馬達能夠廣為業界接受，銷售量逐漸擴大，就能夠利用大量生產同規格的馬達，實現規模經濟。

一旦業界固定採用標準馬達，就會產生價格以外的好處，那就是可以因應不確定性。製造商在訂購馬達時，一定要預估所需的前置時間。要決定某款馬達能夠賣多少，或是配合訂單要生產多少，這些都只能根據預測。萬一產品熱賣情況超出預期，如果是標準馬達，萬寶至就可以維持庫存，有彈性地因應需求，在短時間內提供大量的產品。如果情況不如預期，產品滯銷，即使製造商出現馬達的庫存，只要是標準馬達，就可以提供多款規格共用，降低庫存的風險。

馬達標準化，可說是替身為客戶的製造商，提供不小的彈性。在體會到標準馬達的好處之後，製造商未來在設計產品時，就會以使用標準馬達作為前提。這麼一來，萬寶至就更有可能透過規模經濟來降低成本。

原本以玩具馬達稱霸市場的萬寶至，利用同樣的故事，開始攻占其他市場，初期就是擴大家電製品用途的市場。萬寶至利用低價的標準化帶刷馬達，取代以往用於家電製品的高價馬達。最典型的例子，就是原本專供吹風機使用的「RS系列」，後來也運用在刮鬍刀上。

海內外的各大廠商在向萬寶至訂購吹風機專用的RS系列馬達之後，對產品的表現讚譽有加，隨後也開始訂購刮鬍刀用的馬達，其中之一，就是德國的布朗（Braun）。布朗在刮鬍刀業界建立了強而有力的品牌形象，而該公司的產品之所以具備全球最強的功能，眾多要素之一，就是採用德國廠商生產的無線圈式馬達。然而，無線圈式馬達比萬寶至生產的帶刷馬達價格高出許多，每顆單價約在一千四百日圓。面對刮鬍刀業界的激烈競爭，布朗必須降低成本，於是要求萬寶至生產無線圈式馬達。

不過，萬寶至拒絕了這項要求。雖然他們有能力生產，但是要生產這款馬達需要投資新的生產設備，與該公司利用標準化，實現低價和穩定供應量的策略不符。於是，萬寶至向布朗建議，如果該公司的帶刷馬達能夠具備和無線圈式馬達一樣的功能，問題不就解決了嗎？而布朗則要求價格必須控制在一千日圓以內。

萬寶至將既有的ＲＦ系列加以改良，成功開發出比無線圈式馬達體積更小、反應更好的馬達。收到試作品的布朗公司，在經過不斷的測試之後，對萬寶至的產品相當滿意，更令人驚訝的是，該公司原本要求價格必須控制在一千日圓以內，萬寶至竟然表示，只需約一百日圓。當時的社長馬渕隆一構思的故事，是「即使是原本使用特殊規格高價馬達的公司，在經歷競爭愈發激烈的市場之後，也一定會選擇萬寶至的馬達。」

萬寶至原本從家電製品和音響起家，日後，階段性進入以精密機器、電腦周邊設備和數位相機等數位家電，以及汽車零件業界等新的應用領域，利用將同樣的故事，引進新的市場維持成長，無論是在哪個市場，本書所提到的由標準化建立的良性循環理論，都提升萬寶至在成本上的競爭力，圖3.6呈現的就是萬寶至的「長篇故事」。

萬寶至以標準化為核心的策略故事，除了「強度」和「厚度」之外，「長度」的表現也很不錯。擬定出強度、厚度和長度三者兼具的故事，成了原本只是日本鄉下的一個小工廠的萬寶至，發展成為國際性企業的原動力。

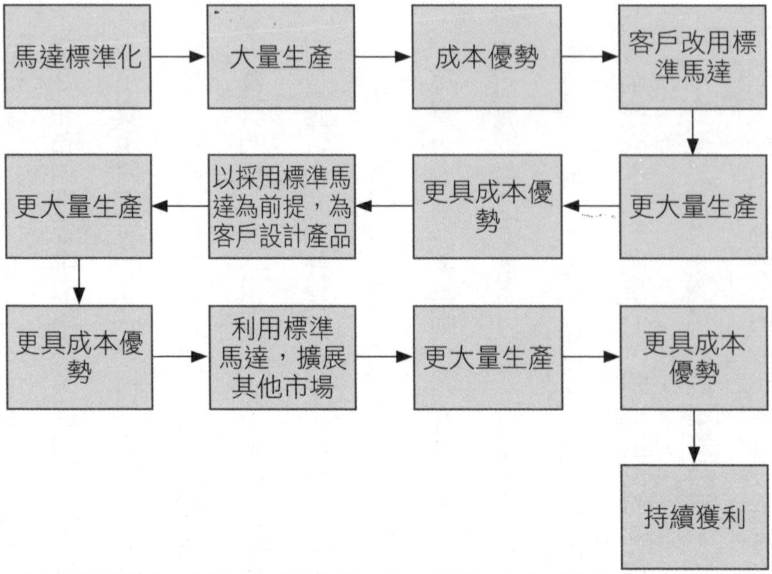

圖 3.6　故事的「長度」

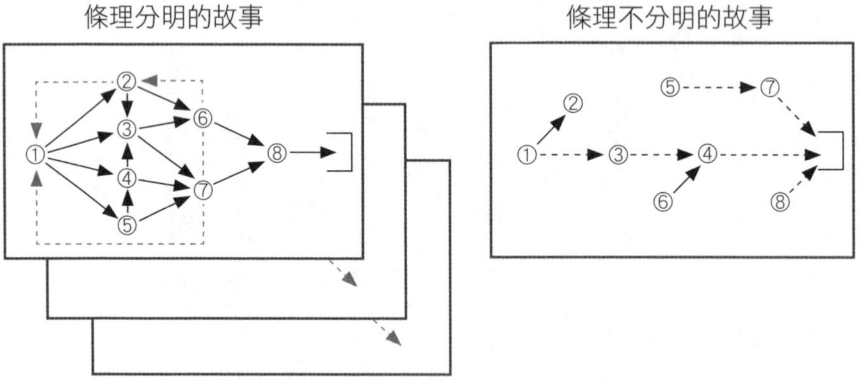

圖 3.7　故事的「條理分明」

▼條理分明

圖3.7，是以建立故事劇情的因果理論的「強度」、「厚度」和「長度」三項標準，來比較條理分明和不分明的策略故事的「獲利之道」。每個故事的最終目標，都是長期獲利，也都是由八種措施組合而成，但彼此的連結方式大不相同。

圖左的「條理分明的故事」，每項措施之間，都以明確的因果理論互相連結（粗的實線箭頭），這表示故事的「強度」。除了以完成目標為導向的措施之外，還包括像②到③和④到③的箭頭，所表示橫向強化的因果理論。圖最左邊的措施①，同時讓之後的措施②到⑤變得可行，增加故事的「厚度」。所有措施最後都發展成同一個競爭優勢，並成為強而有力的致勝關鍵。

另一方面，圖右的「條理不分明的故事」中，從①到③、③到④、④到最後的目標，原則上，雖然看似互相連結，但彼此之間的因果理論薄弱，整個故事是建立在一種天真的期待下（虛線的箭頭）。雖然也有確實連結的部分（①到②、⑥到④的實線箭頭），不過，因為與構成故事的其他措施之間並無連結，所以和整個故事脫節。

企業雖然希望能夠射球入門，卻無法將射門之前各項措施之間的因果關係，整理成理論，說明這樣的作法為什麼行得通，再加上這些措施無法形成一個強而有力的競爭優勢，④、⑦和⑧只能各自努力，而相關的競爭優勢之所以能夠獲利的因果理論，也不明顯。⑧等方法和其他要素之間完全無關，「只是一時興起，想到就試試看」，導致整個策略故事非常薄弱。

自一九九〇年代後半以來，百貨公司和加油站等零售業界便積極發行具有信用卡功能的「會員卡」，目的是為了「綁住顧客」。業者企圖利用從卡片取得的資訊（例如在某賣場購物之後，顧客又接著到哪一個賣場買了什麼之類的「購物資訊」），進行詳細分析，之後再將結果反映在ＤＭ產品的種類和賣場改革[4]。

然而，只有極少數的百貨公司在分析過顧客的購物紀錄之後，實際將相關資訊運用在ＤＭ或賣場規劃。這是因為相關的作業耗時費力，光是要分析以往的ＰＯＳ資訊，不斷針對產品的種類建立假設、進行驗證，已經讓這些企業疲於奔命，實在無法顧及每位客戶個別的購物資訊。

有不少加油站相關的客戶資訊，也幾乎是英雄無用武之地。他們原本是打算掌握顧客購買輪胎、機油或電池等相關產品的時間，然後，在應該更換的時間之前，利用ＤＭ或店面的人員提醒客戶。

不過，加油站商品的購買週期較長，以機油為例，一年只需要更換一次，而且只要顧客有一次是在買車的車商或其他汽車用品店更換機油，購買的時間又會拉長成兩年。再加上加油站販賣的商品種類較少，比起汽車用品專賣店，無法取得足夠的客戶購物資訊。以零售店為例，由於專賣店原本就具有壓倒性的競爭力，因此，會在加油站購買汽車用品的人有限。

另一方面，一旦大量發行會員卡，為了授信、審核和回收債權，必須增加人力，徒增人事費用。消費者之所以申請會員卡，最大的目的是為了折扣，幾乎所有的會員卡都有折扣優惠，利潤原本就十分微薄的零售業，隨著刷卡量的增加，銷售費用和一般管理費用也會跟著增加。「綁住顧客」或「一對一行銷」聽起來似乎是個好主意，但這樣的企圖背後，如果沒有策略故事，發行會員卡等同是徒增成本、壓縮利潤的行為。零售業大量發行會員卡的作法，可說是圖3.7右側的「薄弱的故事」。

相較於零售業，以倍樂生（Benesse）的「進研Seminar」為代表的通訊教育事業，就是典型獲得強大因果理論，支撐條理分明的故事[5]。Benesse是由拉丁文的「好」（Bene）和「活著」（Esse）組成，如同公司名一般，倍樂生的願景，就是希望能夠成為讓每個人「好好活著」的企業。要讓每個人「好好活著」，最有效的方法，就是建立人與人之間的關係，然後，再透過這樣的關係，形成共同體，這就是倍樂生各項事業共通的基本態度。該公司的會長福武總一郎將這樣的想法稱為「持續事業」，他認為，倍樂生長期培養與顧客之間的關係，所帶來的附加價值，才是該公司的競爭優勢和長期獲利的來源。他曾經這麼說：

建立一個以倍樂生為中心的共同體，創造一家擁有全球最多擁護者的公司，是我的夢想。企業的規模要能夠擴大，就是提供服務給客戶，獲取客戶滿意的回報。而敝公司並不以此為滿足，而是希望能夠建立一個可以在與顧客的關係中，持續獲利的機制。

利用雙向溝通，建立共同體，將共同體持續創造的人類價值轉化成長期利益，更進一步強化進研Seminar的策略故事的作法，就是利用「紅筆老師」進行文章修改的指導工作。紅筆老師不是倍樂生的員工，而是依照修改文章的張數領取報酬，平均學歷較高，年齡主要介於三十至四十歲之間的家庭主婦。他們大多對兒童教育有興趣，也有不少人以往曾經擔任過老師。與其說是為了謀生賺錢，倒不如說大部分的紅筆老師都是因為在結婚或懷孕生產之後，希望能夠避免和社會脫節，同時發揮自己的能力，才接下這份工作。

紅筆老師負責進行與會員之間關係的溝通工作，不單只是修改文章，還必須回覆會員的問題或寄送生日賀卡，透過各種方式進行溝通。修改文章時，也不只是打圈或打叉，還必須利用建議或插圖，進行充滿「人味」的溝通。

要提供雙向溝通的「看得見人」的服務，需要優秀的人才，同時還需要負擔個別溝通引發的成本。活用紅筆老師，可同時降低成本，並維持高品質的個別化服務，因為紅筆老師本身就是一種「社會閒置資產」的活用。

紅筆老師原本就是擁有高學歷且擅長教育兒童的人才，如果沒有紅筆老師的存在，這些人的能力就會被埋沒，活用紅筆老師，可活化埋沒在社會中的潛在能力。因為比起高報酬，紅筆老師對於和孩子溝通更有成就感，倍樂生因而得以用相對較低的成本，獲得穩定的差異化核心要素的雙向溝通能力。紅筆老師和倍樂生希望取得的競爭優勢之間，有密切的因果關係。

此外，倍樂生藉由紅筆老師形成網絡強化策略故事。小學講座和中學講座的紅筆老師在不同區域，採取分組制度[6]，每個小組由一名組長和二十名左右的紅筆老師組成。組長也是紅筆老師之一，負責修改文章，所有的考卷收齊之後，會郵寄到組長家，小組內所屬的紅筆老師每周到組長家兩次，拿取考卷，然後交回已經修改完畢的考卷。而倍樂生的「紅筆服務中心」則負責支援各個小組規律運作，服務中心中的倍樂生員工，平均每個人負責十二個小組。

將紅筆老師網絡化，是一種同時實現多種效果的作法，藉此強化策略故事。效果之一，就是促使紅筆老師在工作時，相互學習，老師們在工作上有問題時，可以找組長商量，小組內的成員針對彼此修改的內容進行討論，透過這樣的方式，可以提升個別化服務的根本品質。

還有另外一個效果，就是每個小組能夠具備讓志同道合者聚會的功能。同一個小組的成員藉此頻繁地進行面對面的溝通，討論自己兒女的問題，或一起去購物，自然形成工作以外的交流。這麼一來，可以提高老師的穩定度，促進技術的學習，進一步強化高品質的會員服務。透過這種各項構成要素，以紅筆老師為中心，而緊密連結的策略故事，確立了倍樂生通訊教育事業的競爭優勢。

密切的因果關係，是條理分明的故事必備的條件。因為策略是一種整合，如同萬寶至的例子，建構完成的整個故事，會十分複雜，正因為如此，類似「馬達標準化」或「紅筆老師的網絡」之類，將整個故事策略，整理成簡單理論的「有效措施」，是必要的。如果能夠有整合各項因果理論的重要措施，整個故事的情節，就會變得簡單，內容也會更扎實。一旦策略故事變得簡單，就更能夠影響負責執行的人。三枝匡曾經說過這麼一段話[7]。

（好的策略）是簡單的故事，如果實際的情況很簡單，當然也就可以很容易簡單的描述，但現實是很複雜的，面對複雜的情況，要如何簡化？在那樣的情況下，經營者是否能夠提供員工簡單的故事？要管理員工，就全看這個了。

我們再回到圖3.7。除了之前提到的故事的「強度」和「厚度」之外，「長度」也是建構條理故事的重要條件。如果以長度的標準來說，條理分明的故事，往往包括「良性循環」和「反覆」兩種理論中的一個或二者兼具。

圖左條理分明的故事中，包括②→①、⑦→①和⑥→②三種回饋的因果理論（虛線的箭頭），這是表示只要實施①，就會出現②或⑥或⑦，然後，更進一步強化①的因果理論，這就是「良性循環」的理論。

以萬寶至為例，馬達標準化降低成本，使得使用標準馬達的客戶增加，如此一來，萬寶至設計的標準馬達，就會廣為業界接受，而客戶也會以使用標準馬達為前提，來設計產品，使得標準馬達大量生產變得可能，更能進一步降低成本，這就是良性循環增加故事長度最典型的例子。

「重複」也是增加故事長度的方法之一。圖3.7條理分明的故事中，最前面的故事，背後還有幾層，這是表示原本的策略故事成為「平台」，同樣的故事也能夠運用在其他的產品和市場。如果良性循環是故事在時間上的發展，重複就和擴張的空間有關。以萬寶至為例，標準化策略，首先成功運用在以玩具為主的馬達，之後再以這個成功的故事當作平台，運用在各個不同用途的馬達，反覆運用故事，讓萬寶至不斷成長。

之前提到的馬尼的故事，也包含「良性循環」和「反覆」的理論。馬尼產品的使用者，也就是醫生的技術，日本堪稱是世界第一，馬尼注意到這一點，在日本國內直接提供醫師資料，協助論文寫作，提供試作品，並共同開發新產品。雖然是「全球最好的品質」，但以手術用針為例，其中還包含了基於醫師手感的微妙要素，例如「鋒利程度」或「彈性」。透過與使用者的對話，可開發出品質更好的產品，進而吸引技術層次更高的使用者，協助改善品質，形成良性循環。

此外，馬尼慎選能夠讓手術用針成功的策略故事，發揮效果的市場、水平擴張的事業領域包括：眼科手術用刀、牙科治療用鑽孔機。在這方面，反覆使用同樣的故事，也讓該公司維持長期獲利。「良性循環」和「反覆」這兩項故事長度的來源，並非各自獨立，透過建立二者互相強化的關係，就能夠建構更長、條理更分明的故事。萬寶至利用在不同用途的市場橫向發展，更進一步強化因標準化產生的規模經濟，就是最好的例子。

在一九八〇年代，倍樂生將原本僅以高中生和國中生為對象的通訊教育事業向下延伸，往小學生和幼兒發展。進研Seminar在一九八〇年開始小學講座（現在的「挑戰」），一九八八年開始以「島次郎」這個角色聞名的幼兒講座「兒童挑戰」。幼兒講座的成長率，在進研Seminar中表現最佳，一九九七年，甚至發展成會員人數最多的講座。

為了通訊教育事業，倍樂生還在自家公司成立大規模的物流中心，以條碼管理每位顧客的資料，依照不同的顧客，自動挑選必要的教材，進行包裝和配送。進研Seminar雖然朝低年級發展，但是只要利用這套物流系統，就能夠大幅降低因橫向發展而增加的成本。反過來說，其中也包括了橫向發展時，反覆利用同樣的故事，降低物流平均單價的經濟動力學理論。

在倍樂生的通訊教育事業中，良性循環和反覆相互強化的關係，也在長期累積的顧客資料庫中發揮效用。只要從幼兒講座等孩子年紀尚小的時候，追蹤會員，就能夠持續累積會員本身，以及其兄弟姊妹和家人的相關資訊，配合客戶的成長，有效鼓勵加入高年級的講座。因此，比起競爭對手，更能夠大幅降低取得新會員所需的行銷成本。

倍樂生也發展通訊教育以外的事業，其中之一就是以孕婦和家有嬰幼兒的母親為對象出版雜誌《雞蛋俱樂部》和《小鳥俱樂部》，二者被合稱為「雞蛋小鳥」。有別於以往的出版事業，這兩本雜誌將重點放在以購買的母親為對象所建立的社群，不僅有「雞蛋小鳥」

專用的網頁，可以交換彼此的意見，透過讀者之間的橫向連結，還可以解決與生產和育兒有關的問題。累積的客戶資訊，對於「兒童挑戰」等通訊教育事業，當然也能派上用場。該公司根據「繼續型事業」的發想，所擬定的策略除了因果理論的強度和厚度外，在長度上，也堪稱是相當具有擴張性的好故事。

▼策略故事的古典名作——以西南航空為例

西南航空是一家以優秀競爭策略聞名的公司，以往眾多的競爭策略，教科書在說明理論或架構時，都以該公司為例。也有不少優秀的著作，詳細介紹這家公司的策略和經營的內容[8]。

西南航空之所以經常被拿來當作好的競爭策略案例，除了是因為該公司不斷維持良好的業績，更值得玩味的是在航空業界競爭的這件事。我在前面也說過，獲利的第一個來源，是業界競爭結構的吸引力，但是航空業界不僅沒有吸引力，而且還是處於情況最惡劣的「北極」。從財富雜誌公布的世界五百強不同業界的平均營業利益率排名來看，航空業界經常是吊車尾的。二〇〇〇年以後，航空業界的平均營業利益率，更是經常呈現負成長，哪裡還是「北極」，根本就是連氧氣都沒有的「火星」業界。

身處這樣的業界，西南航空卻能夠維持一貫的高獲利水準，關鍵就在於該公司的獲利，是導因於「策略」。就以製造與競爭對手之間的「差異」來說，西南航空的策略，無論是SP或OC，都做得非常好。不過，我接下來要從獲利措施之間的關係，來重新檢視這個堪稱古典名作的策略故事。

首先，要談的是獲利的理論。西南航空決定以成本優勢，作為創造利潤的最終理論，在不易以不同的服務提高WTP的航空業界，將獲利的重心放在成本，是非常自然的發想。為了達到獲利的目的，西南航空採取專門經營國內短程航班，不提供餐點，不指定座位，限定採用波音七三七客機等SP措施，以及有組織地規劃提高產能的OC措施，製造與其他公司之間的差異。

接下來，為了讓大家更容易了解，我將聚焦故事的重點，也就是「不使用樞紐輻軸系統（經由主要的大都市）的方式，連結小型次級機場」，來解讀西南航空的策略故事。圖3.8就是以利用直航班機連結次級機場（不使用樞紐輻軸式）的作法為出發點，達到低成本目標的策略故事。我之所以要在此提出這項策略，是因為該策略滿足了好的故事，必須具備「強度」、「厚度」和「長度」的三大條件。

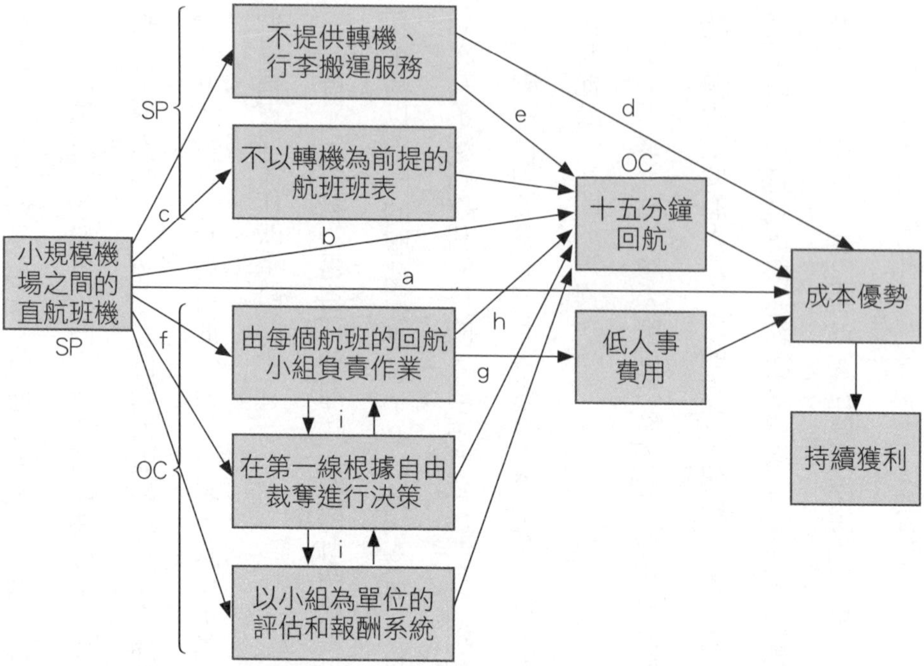

圖 3.8　西南航空的策略故事

大部分的競爭對手都以樞紐輻軸系統來規劃航班的路線，利用這個系統，可以讓從各地起飛的班機在同一時間抵達主要機場，乘客可以用最少的轉機次數，抵達不同的目的地。就經營國內線的航空公司而言，如果採取樞紐輻軸式，不僅能夠自動接收從各地飛往主要機場的旅客，也可搭載必須先到主要機場，再前往目的地的旅客，提高各航班的載客率，以降低成本。

然而，西南航空卻不採取輻軸式的飛航網路，只專門經營接駁出發地和目的地之間的「點對點路線」。同時，不使用大都市的樞紐機場，而是使用不過度擁擠的二線城市或大都市的「次級機場」，這就是活動選擇，也就是與競爭對手的SP之間的差異。這個作法連帶也和低成本有關（圖3.8的a線），因為機場的候機室設備使用費和降落費，只需要樞紐機場的二分之一到三分之一。

更重要的是，這個措施和「十五分鐘的回航時間」有關（圖3.8的b）。西南航空的回航目標時間，只有十五分鐘，大約是其他競爭對手的二分之一到三分之一。所謂的「回航時間」，是指飛機在抵達機場之後，到達登機門、乘客下機、完成機艙打掃、燃料補給、裝卸行李、檢查機體到乘客上機再度起飛的這段時間。在航空業界回航時間（的長短），對於降低成本具有重要意義的指標，回航時間愈短，就愈能夠提高設備、人員和機體的勞動效率，降低每單位的成本。西南航空每十五分鐘就能夠回航的特徵，與其說是活動的選擇，毋寧說是能力的問題，也是與競爭對手在OC上的差異。

如果不使用樞紐機場，就能夠縮短飛機滑行至登機門的時間、等候登機門的次數和時間，以及乘客完成登機等候起飛順序的時間，就能縮短回航的時間，比起利用次級機場，直接降低成本（低廉的機場使用費），「十五分鐘的回航時間」，更能夠間接降低成本。

「小規模機場之間的直航班機」，更進一步與其他的SP方案互相連結（圖3.8的c），由於獨立於輻軸式飛航網路之外，因此，在規劃航班時，可不考量轉機。若是採用輻軸式，前班飛機晚到，轉機乘客就必須等待，但搭乘西南航空，就不會發生這種事，這也使得回航時間縮短，成本降低。

大多數的航空公司都提供轉機的行李直掛服務，乘客毋須在轉機地點領取行李，航空公司會負責將行李送達最終的目的地，但西南航空卻不這麼做。這麼一來，不僅可減少工作量，降低成本（圖3.8的d），更重要的是，這項SP的措施有助於維持十五分鐘的回航時間，成功降低成本（圖3.8的e）。

另一方面，「小規模機場之間的直航班機」，也和OC的策略有關（圖3.8的f）。西南航空之所以能夠將回航時間縮短為十五分鐘，最重要的原因之一，是特有的工作方式——「由回航小組負責航務」。

回航小組是由地勤、空服、機師和維修人員等橫跨各個不同部門的人員，所組成的航務單位組織。每條航線都有自己的回航小組，幾乎所有的航空公司都明確區分不同功能部門所屬人員的工作，針對每項職務釐清工作內容，但西南航空的回航小組在分工上更具彈性。舉例來說，空服人員和機師會處理行李，而負責處理行李的員工也會注意機身的狀況，也就是跨越功能界線的「多能工化」。換句話說，在西南航空，員工只要有空，就會視情況互相幫助，由回航小組的所有成員參與航務工作。

這樣的作法，對於成本有什麼樣的影響？其一，就是透過減少人事費用，降低成本（圖3.8的g）。只要彈性分工，員工的人數，就會比每項工作都必須有專業人員來得少，航務所需的人事費用也會隨之降低[9]。目前，西南航空每架班機所需的員工人數，大約只有聯合航空等大型公司的一半。

另外一項對於降低成本更重要的影響，就是縮短回航時間（圖3.8的h）。由於所有組員超越功能的界線合作分工，縮短回航的時間，橫跨各項功能的工作小組，彼此之間的溝通也因而更深、更廣，不需要花時間調整。

此外，利用回航小組，進行航務的方式和西南航空的分權組織，根據現場的情況做出必要判斷，以及以回航小組為單位，評估業績和報酬系統等其他OC措施之間，也有關係（圖3.8的i）。這些措施同樣都透過縮短回航時間，來降低成本，例如當有乘客誤搭班機時，是否要返回登機門，交由機師判斷。類似這種根據當時的狀況，在第一時間逕行判斷，可盡早因應突發事件。

回航小組也和評估與報酬系統有關。公司以回航時間，評估回航小組成員的表現，成果會反映在薪資和紅利上，因此，也算是一種成果主義的系統。但必須注意的是，並非以個人為基礎，而是以小組的表現來思考的成果主義。只要有類似的評估與報酬系統，小組成員就會更願意互相幫助，充分溝通，盡力縮短回航的時間，如此便可以提升勞動率，降低成本。

這麼一來，會發現前面所說的三項與OC有關的措施之間，具有互相強化的關係（圖3.8的i）。機師在降落之後，不立刻離開，而是幫忙卸貨，理由是如果能夠藉此達成縮短回航時間的小組目標，對自己的評價和報酬，也有正面的影響。在面對突發狀況時，能夠隨機應變做判斷，也是因為小組成員互相協助彼此的工作，取得在進行判斷時，需要的相關資訊。相反地，即使導入回航小組的作法，卻不轉移根據自由裁奪做判斷或決策的權限，將無法充分發揮小組的力量，採取必要措施，縮短回航時間。

這一連串的OC措施之所以能夠生效，前提是採取「在小規模機場之間直航」的作法。（圖3.8的f）。回航小組要充分運作，關鍵在於班機的航線必須從其他航線中獨立出來。舉例來說，如果只是小機場規模之間的直航班機，即使發生延誤，也只會影響連接特定路線的班機。但若是採取輻軸式的飛航網路，只要有一架班機延誤，連結樞紐機場的所有航班都會跟著受到影響。為了確保延誤抵達的班機乘客能夠順利轉機，只能選擇讓其他班機稍候、讓乘客搭下一班飛機或搭乘其他班次。類似的決策要比只負責特定航線的回航小組，「根據當時的情況做判斷」，來得複雜許多。如果是這樣的話，就需要中央集權式的決策系統，或在事前詳細規定突發事件處理方式的使用手冊。

以小組為基礎的評估與報酬系統，之所以能夠順利運作，也是因為小組負責的航線不會受到其他航線的影響。轉機乘客的航班一旦延誤，評估標準的回航時間也一定會拉長，但是相關路線的小組成員，無法靠努力解決這個問題，一旦評估和報酬受到自己無法控制的因素影響，員工應該也無法接受與回航時間互相連動的評估系統吧！

如同以上所說，西南航空為了創造成本優勢，所採取的措施，彼此之間有緊密的因果關係。接下來，我們就從「強度」、「厚度」和「長度」三個項目，來評估西南航空的策略故事。

西南航空所採取的各項措施之間，以十分扎實的理論互相連結。使用次級機場取代樞紐機場，確實能夠降低每次起降的機場使用費；以點對點的方式，連結次級機場，也的確能夠縮短回航時間，提高飛機的周轉率，降低成本。完全不存在類似「只要宣傳，就能夠提升品牌能力」之類漫無目標的期待，各項措施背後的理論清楚明確，而且相當扎實，所有措施在理論上都是可行的。

前面提到的西南航空的策略，僅限於以「小規模機場之間的直航班機」為起點的故事主軸，其他的措施與成本優勢之間，也有強烈的因果關係。舉例來說，該公司停止提供機上的餐點，僅提供飲料和小包裝的零嘴，藉此省下採購餐點的成本。

此外，西南航空鎖定波音七三七的特定機種，作為飛航之用，利用同款機種，可控制維修時必要的機材成本、零件的庫存管理成本（如果機種種類眾多，就必須經常維持多種、多樣的零件庫存），以及機師和維修人員的技術成本。

除了這些直接削減成本的效果之外，停止提供機上餐點，就不需要裝卸食物，可縮短回航時間。鎖定一種機種，有助於將回航的航務標準化，方便小組成員熟練技術，縮短回航時間，提高勞動率，降低成本。總之，停止提供機上餐點和機體標準化，透過雙重的因果關係，創造了成本優勢。

西南航空更進一步廢除頭等艙和商務艙，將座艙改為服務相同的單一艙等，將航務簡單化。更有意思的是，該公司取消指定座位的服務，取消指定座位，可減輕預約和分發登機證的作業（西南航空在乘客登機時，只檢查可回收利用的塑膠製登機證），此舉當然可以降低成本。

更重要的是，取消指定座位，具有縮短回航時間的效果。不指定座位，乘客搭機的時間，也會跟著縮短。指定座位的問題之一，就是坐在窗邊的乘客搭機之前，坐在走道的乘客已經入坐。一旦坐在走道的乘客就定位，坐在窗邊的乘客就必須多花時間，才能夠就坐。如果不指定座位，乘客一般會選擇窗邊的位置，如此便可縮短搭機的時間，也就是回航的時間。

而且，不指定座位乘客，就會提早到登機門集合，一旦指定了座位，即使航空公司提醒乘客必須在出發前十分鐘抵達登機門，但還是會有許多乘客姍姍來遲。如果不事先指定座位，而是依照抵達登機門的順序登機的話，早到的人就可以選擇喜歡的位置（大部分的人都會選擇可以比較早下機的前半部），延後出發的情形，就會減少。因此，可以縮短回航時間，提高飛機的週轉率，成本自然也會跟著降低。西南航空所採取的各項措施，都與希望透過降低成本，取得競爭優勢的企圖，有密切的因果關係。

同時，西南航空的策略故事內容非常充實，「小規模機場間的直航班機」的作法，利用各項SP和OC的措施互相連結，創造出一石五鳥、甚至是六鳥的效果。從中發展出的其他措施，也都與創造成本優勢有關，強化了整個策略故事。

此外，西南航空的策略故事，還可延伸至未來，這個策略故事的擴張和發展性之所以良好，是基於以下兩個原因。第一，如同圖3.8所示，「小規模機場間的直航班機」的作法，不只採取SP策略，也和各項OC策略有關。

由於每項ＳＰ都是與活動選擇有關的決策（要做什麼和不做什麼），因此偏向靜態；而ＯＣ則有隨著時間進化的動態的一面。由於專營「小規模機場間的直航班機」，是一種「決策」，只要做好決定，就可以了。但是，從中衍生出的回航小組，操作航務時，會依照現場的自由裁奪，隨機應變進行判斷，進而縮短回航時間，這些都與ＯＣ的關係密切。這樣的策略故事，在日益變化的過程中，不斷強化。故事中的ＳＰ和ＯＣ的關係密切，讓持續降低成本一事，成為可能。

第二個原因，是如果主攻「小規模機場間的直航班機」，就能夠確保航線之間的獨立性。某條航線成功的策略故事，可逐漸發展至其他航線。首先，先在特定的少數航線運用相關的策略故事，之後再階段性地引進至其他航線，就能重複製造成功的案例，也就是成為容易「小生大長」的故事。如果一下子就採取輻軸式的航空網路，即使能夠在短時間內，確保某種程度的航務規模，也不易逐一運用策略故事。說起來，西南航空的策略故事，就像是「水戶黃門」或「男人真命苦」，只要確定成功模式，剩下的（在能夠經營的航線飽和為止）其他航線，就能夠採取相同的模式。

西南航空的策略故事，是典型具有強度、厚度和長度的故事，也難怪會被當成經典傳頌，即使身處嚴苛的業界結構，仍能夠持續獲利，就是因為擁有這個堪稱「世紀名作」的策略故事。

▼故事化——建構策略的過程

只要一討論到好的策略的條件必須具備一貫的故事，一些實業家，尤其是成功的經營者一定會提出這樣的問題，也就是以下的反應。

「競爭策略故事，根本就是事後諸葛，事後來看，好像一開始就有完整的故事，其實在經營時，是根據不同的狀況，採取的不同措施，並不是一開始就有故事的。」

他們說得沒錯，在商場上，並不是劇本、演員、大小道具一應俱全，大家才上台演戲。很多事不試做，根本不知道行不行得通。一般來說，只要有大致的劇本和暫定的演員，舞台裝置也準備得差不多的話，就會先行執行策略，並不是一開始就有故事的，也不需要這麼做。

但我還是認為，策略是一種故事。

我們再回到之前的例子。無論是萬寶至馬達或西南航空，經營者都不是事前在腦海中，將本書分析的故事，規劃得十分詳細，才開始執行策略。以萬寶至為例，以標準化為核心的故事，是當時為了因應玩具業界主要客戶的需求，會因為季節大幅變動，才想出來的。當時，並未明確意識到日後會成為支撐整個策略故事的主要措施，例如在海外進行生產、利用少數員工進行集中統一的推銷業務，以及自行生產零件。

我在之前也提到，萬寶至進入音響產品專用的電子調節器馬達市場，是確立萬寶至馬達標準化策略故事的重要關鍵。而鎖定機械廠商，作為決一勝負的標的，也是因為晚了一步才要打入音響產品專用的馬達市場，並不容易，在不斷嘗試錯誤之後，才做出的決定。

在一開始時，西南航空的公司策略也十分含糊不清[10]。該公司在一九六七年於德州成立，當時美國政府尚未放寬對民航業界的管制。美國的民間航空委員會對於新加入的公司，有極為嚴格的限制，根據聯邦規定，新進的航空公司在一開始時，無法經營橫跨州與州之間的航班。西南航空雖然在一九六七年向德州政府提出州內航班的事業申請，但是該公司之所以採用短距離航班的策略，也是因為當時的規定，讓新進的業者別無他法。

既有的大型航空公司對於西南航空的事業申請，表示強烈反彈，在該公司申請獲准的隔日，有多家航空公司也向德州法院申請取消認可。結果西南航空在一審時獲判敗訴，之後的官司也不如預期拖了許久，直到完成申請許可八年多之後，也就是一九七六年，才正式首航。變成持久戰的官司，導致該公司的資金減少，甚至必須賣掉原本準備的四架波音七三七客機中的一架。

西南航空原本打算以達拉斯的樂福費爾德（Love Field）機場為根據地，但是在一九七四年，西南航空正式啟航之前，達拉斯興建了大規模的樞紐機場福沃斯（Fort Worth）國際機場。這個機場使用的是最新的設備，是當時全美占地面積最大的機場。既有的大型航空公司都從樂福費爾德機場搬往福沃斯機場，使得樂福費爾德機場變得門可羅雀，但西南航空卻選擇留在樂福費爾德機場。

理由之一，就是對於專營短距離直航班機的西南航空而言，距離市區較近的樂福費爾德機場，對乘客比較方便。不過，該公司還有更實際的考量，那就是大型的福沃斯國際機場的機場使用費，要比小型的樂福費爾德機場來得高，迫使西南航空不得不留在原地。日後，大型航空公司紛紛採用輻軸式的飛航網絡，此事卻讓西南航空從這個「合理」的策略中，找到可趁之機，建立自己的策略故事。

萬寶至和西南航空有幾項共通之處，第一，就是之前提到的兩者，都是因為優秀且獨特的策略故事，而經營成功的企業；第二，就是如同大家所看到的，兩者並非從初期就擁有完整的策略故事；第三，是擬定策略故事的主要原因，與其說是自由合理選擇的結果，毋寧說是因為當時的狀況，而迫於無奈，必須這麼做，也可以說是因禍得福，或是無心插柳柳成蔭，明顯不是一開始就準備好完整的策略故事，照本宣科加以執行，並因此而獲得成功。這就是為什麼有許多的經營者在聽完我說的話之後，都會一臉狐疑地認為，「不是從一開始就有策略故事的嗎？」

針對他們的疑問，我的答案是「一半是對的，一半是錯的」，並不是從一開始就有完整的策略故事，連細節都規劃清楚。即使是像這兩家公司如此優秀的經營者，從初期就會開始建構故事的原型，然後檢視個別的措施，是否符合策略故事，而整體的故事又具有什麼樣的意義，再不斷提出新的作法，或修正以往的作法。換句話說，即使並不是一開始就有完整的故事，但也不是分開處理個別的構成要素。在建構策略的過程中，是有一貫規劃故事的意識和企圖。即使沒有策略故事，但在一開始就有將策略「故事化」的思考模式。

請參考圖3.9，這是建構策略故事的過程。右下角的③，是建構完成的策略故事，這裡所用的是和之前「條理分明的策略故事」（圖3.7）一樣的圖片。本章所分析的萬寶至馬達和西南航空的策略故事，是以這個階段「完成的」策略故事為對象。即使是以這樣的故事成功的企業，在初期也只有像①這樣極為單純的故事原型，並不是從一開始就有像③這樣完整的故事。

依照不同的情況，或許有不少公司是根本連像圖中⓪的故事原型都沒有，只是一時興

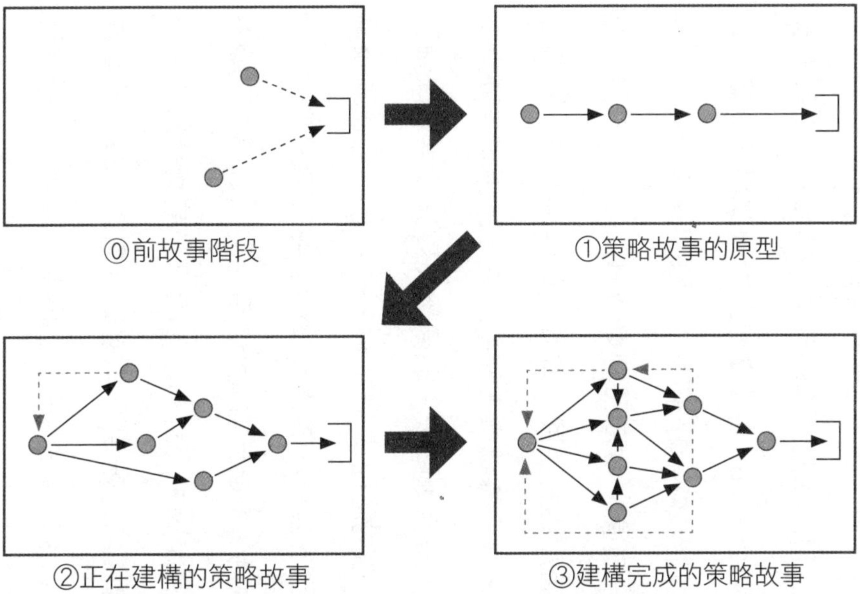

圖 3.9　建構策略的過程

起，順其自然想要做一些能夠獲利的事，從「前故事階段」，就做起生意的公司。在意識到標準化策略之前，萬寶至或許就是處於這個階段。無論如何，除了⓪之外，驀然回首會發現，①和③之間有極大的差距。

在發展事業的過程中，企業會面臨各式的機會和威脅，其中有幾項會成為策略故事在建構或進化時的重要契機。以萬寶至為例，馬達標準化的發想，就是確立故事原型時的重要關鍵。

在經過這樣的機會和威脅的相互作用之後，策略故事逐漸成形。

在建構故事的第②階段，比起①的策略故事的原型，引進了幾項新的要素。無論是萬寶至的標準化，或西南航空的利用次級機場的作法，最重要的都是提升故事的因素，並非事前周詳的計畫，或根據這個計畫所做合理選擇的結果。策略帶有不確定性，偶然的突發事件，對策略有極大影響。如果詢問企業為何會採取相關的行動或當時最直接的理由，一般都會出現順其自然、碰巧有這樣的機會，或是為了解決資源不足的問題，所採取的苦肉計。

不過，即使建構故事的契機，是偶然的機會、順其自然或當下的因應之道，無論是萬寶至馬達的馬渕先生，或西南航空的賀伯．凱勒赫（Herb Kelleher），都應該是擁有一貫的思考模式，以故事的脈絡，來思考個別要素的可能性和意義，然後試圖運用這些材料，建立條理分明的故事。如果不是這樣的話，只是適時反應當下出現的機會和威脅，時間花得再長，也無法創造出故事。此外，即使取得故事的原型，如果胡亂利用之後不斷出現和消失的機會，或只是在威脅出現時，視情況加以解決，將無法建構完整的故事。這樣的作法，遲早會破壞故事的一致性，無法長期獲利。

優秀的策略家在面對機會或威脅，而採取特定行動時會仔細思考，這麼做在整個故事的脈絡中，具有什麼樣的意義？與有關的構成要素如何連動？而這對於建立和維持競爭優勢，又會造成什麼樣的影響？根據故事的觀點，觀察到的一切，引進新的要素，同時排除以往採取的措施，不斷進行微幅的調整，一步一步建構策略故事。

我在第一章曾以亞馬遜為例，說明商業模式和策略故事的不同，請大家再回去參考一下圖1.3。圖的右邊，就是創辦人傑夫．貝佐斯所描繪的故事原型（相當於圖3.9的①），他在比較早的階段，就已經構思好這個故事了。

不過，因為這只是故事的原型，仍缺少日後在亞馬遜的策略故事中，扮演重要角色的幾項要素，例如像「Amazon Marketplace」的場地租賃業要素，以及提供客戶結帳相關服務的「對帳業」要素。

有趣的是，貝佐斯原先構想的策略故事，並不包含亞馬遜策略故事的關鍵要素「公司庫存」（關於這一點將會在第五章詳細說明）。這是因為他在構思這個故事的原型時，亞馬遜和其他新興電子商務公司一樣，都是採取「零庫存網路書店」的策略。但是，日後貝佐斯判斷要利用亞馬遜特有的綜合客戶服務，創造「客戶經驗」，也就是實現故事原型中的規劃，必須要利用公司的庫存，進行配送。於是，大幅改變方針，積極投資興建倉庫和流通中心，以及能夠有效協助配送的資訊技術和次系統。關於這段過程，日本亞馬遜的社長Jaspen Cheung是這麼說的[11]。

和創業初期相比，亞馬遜的策略可以說有改變，也可以說完全沒有改變。如果把眼光放在從原本的零庫存到擁有自己的流通中心，從原本只有書籍擴張到各式商品領域，以及提供外部獨立的賣家網站等幾項大的變化，策略可說是改變不少，不過，貝佐斯的理念和經營方式等架構（作者註：圖1.3右邊的故事）並沒有改變。即使增加了幾項新的要素，但還是維持創業以來，一貫驅動業務的邏輯，公司內部至今，仍使用貝佐斯所描繪的原版畫，完全沒有更動，就是最好的證明。我們正在做和想做的事，都濃縮在這一張畫中。

策略故事，並不是在特定的時間完成決策或設計的問題，應該說是從故事的角度，來思考在日常經營的工作中遭遇的事件，之後再納入故事，建構故事。而經營者和策略家的本事，就隱藏在這個「故事化」的過程中，也可說是⓪或①的初級階段。即使是已經到了建構③的策略故事階段，故事化的過程，也不是就此結束，面對各類機會和威脅的衝擊，故事仍應繼續進化。我之所以說「雖然不是一開始就有故事（也沒有這個必要），但策略就是故事」就是這個意思。

▼交互效果

前面是從構成策略要素的因果理論，來探討本章所說的好的策略故事的條件，將「靜止畫」變成「動畫」，以個別的作法表現整體故事的「趣味」，而非以個別的作法來一決勝負，這就是競爭策略故事的思維。要維持持續的競爭優勢，精髓就在於故事的一致性。

關於競爭策略一致性的重要性，已經有許多人討論，並不是什麼新鮮的議題。ＳＰ競爭策略論的始祖麥可．波特（Michael Porter），也提出活動系統（activity system）的思考模式，強調眾多活動之間的適合性，是競爭優勢的基礎。它的理論，就是競爭對手模仿一項ＳＰ進行對抗的可能性，大部分都小於百分之百。如果是這樣的話，對抗整個系統的可能性，就會變成零點九乘以零點九，等於零點八一。然後零點九再乘以零點九、再乘以零點九，等於零點七二九一般，很快就不像真的會發生的事了[12]。

從故事的角度來看，由於前後一致的策略故事，創造出的競爭優勢，立足於構成要素的交互效果（interaction effect），要比波特說明的更具有持續性。由於構成故事的要素之間，有因果理論連結，即使分開來看，有零點九的可能性對抗各個要素，但是將全部相乘之後的數字，應該要比單純以零點九相乘要小許多。

舉例來說，為了要和西南航空效率良好的航務工作互相抗衡，也組織同樣跨部門的回航小組，並引進與回航時間互相連動的評估系統。然而，之前也提到這個作法，是因為不使用輻軸式的飛航網絡，讓航線獨立，才能夠產生作用。如果在輻軸式飛航網絡之下，採用回航小組的作法，可能讓小組處理航務的能力，產生負面的效果。說得更簡單些，統一採用波音七三七客機，不提供機上餐點，不托運轉機行李，確實有助於降低成本。但如果西南航空不只經營短距離的國內航線，同時也跨足長距離的國際航線，這些為了降低成本的作法，明顯將會產生負面的影響，這就是交互效果。

以「直接銷售」聞名的戴爾電腦，除了銷售和配送之外，在服務方面，也非常重視與顧客之間的直接連結。舉例來說，有一段時間，當客戶發現電腦有問題，打電話到戴爾的支援中心，立刻接通的比例確實比其他公司要高。而類似的快速服務，就是製造差異的主要原因，也因此讓戴爾大幅成長。即使如此，這當然也是因為戴爾確實在客戶支援方面投入資源，事實上，各項措施的連結創造出故事的交互效果，也幫了不少忙。

一九九四年，戴爾撤出零售業者的銷售通路，改為主攻直接銷售。由於當時零售業者販賣個人電腦的年成長率為百分之二十，其他競爭對手都全力投入零售市場。戴爾藉由撤出零售市場，凸顯該公司主攻大量購買的法人客戶，而非小量購買的個人客戶的策略[13]。

大多數的客戶是大量購買的法人，和戴爾迅速的客戶支援之間，有非常值得研究的因果理論[14]。在大公司使用戴爾電腦的人，如果電腦發生問題，會怎麼做？應該是會在打電話給戴爾的支援中心之前，先詢問同一樓層懂電腦的人吧！大部分的時候，只要小小的設定和重新開機，就能夠解決問題。如果還是無法解決問題，應該就會找公司內管理個人電腦的系統部門，因為那裡有很多懂電腦的人，幾乎可以解決所有問題。萬一真的沒辦法解決，才會連絡戴爾公司。除了電話會立刻接通之外，因為戴爾電腦有專門負責法人客戶的人員，應該可以馬上解決問題。

如果是透過零售通路，以不特定多數的個人客戶銷售電腦的公司，會怎麼做？因為當時的個人用戶，都是第一次使用個人電腦，在使用電腦時，由於不習慣，經常會發生問題。如果這些人「動不動」就打電話到支援中心，事情就麻煩了。一旦來電的數量超過客戶支援能夠因應的情況，運作立刻會出問題，電話自然就會打不進去。

總之，比起其他同時透過零售市場銷售的競爭對手，戴爾從一開始，就將要求提供客戶支援服務的頻率大幅降低，重點就在於透過「鎖定目標客戶」，產生交互效果，才可能提供「迅速的服務」。故事的策略論，並不是利用個別的方法，決定勝負，而是一種重視利用因果理論，將各種方法連結的「組合技巧」的策略思考。

▼競爭優勢的精隨

每一件雖然都是小事，但是因為有眾多的因果理論不斷地累積，才構成策略故事的一致性。故事真正的一致性，是在於各項措施之間交互連結的「原因」，而非什麼時候做什麼事的方法。總之，理論是非常重要的。將靜止畫變成動畫的是理論，而故事真正的一致性，也存在於理論當中，沒有理論，就無法建構故事。

理論這個詞，聽起來似乎很艱澀，但無論是西南航空或萬寶至馬達，連結各項措施之間的理論，說起來都是理所當然的事。只要有一般的智慧，任誰都能夠了解商業原本就是人對人做的事，並不需要想出一些類似愛因斯坦相對論的（以當時來說）奇特的理論。

西南航空的創辦人凱勒赫、戴爾電腦的麥可．戴爾，以及萬寶至馬達的馬渕隆一，都是非常優秀的說故事人，仔細想想他們其實也只是理所當然地追究理所當然的道理。他們三位並不是理論的超人，如果是這樣的人，就會沉溺在自己的思考世界中，反而無法成為成功的生意人。

「理論很重要」，這個道理誰都知道，但是，為什麼有這麼多企業的「策略」沒有理論，而只是枯燥乏味地排列靜止畫？原因之一，應該是雖然看得見構成的要素（個別的

SP或OC），卻看不見彼此理論的連結，但更主要的原因，應該是個別的行動和實踐，又「太過清楚」。

目前資訊的流通量比以前大幅增加，報章雜誌等媒體每天不斷報導其他公司的動向或成功案例。企管顧問因為掌握相關業界的「最佳實務」，只要問他們應該也可以得到許多訊息，但如同我在第一章所強調的，這些方法會埋沒要素連結的相關理論。

「學習最佳實務」的思考模式，有害原本應該製造「差異」的策略，引導企業走向同質化的競爭，而且問題比想像的嚴重。輕易引進最佳實務，會瓦解策略故事的基礎理論，破壞策略故事的一致性。如果因為悲劇的主角是萬人迷的大明星，就用他來擔任搞笑的喜劇演員，結果會如何呢？他要是發揮擅長的表演風格，就會破壞整部戲。

優貝克（Ulvac）是一家使用真空技術，開發製造液晶和太陽能電池等尖端裝置的公司。大家都知道要提升產能，最好減少開會的次數，並縮短時間，但優貝克卻刻意增加開會的次數和時間。正因為以開發特有技術作為事業的軸心，以往優貝克是一家技術人員自由開闊、追求先進技術的公司，每位技術人員因應客戶的要求，製作客製化商品。不過，在薄型電視和太陽能電池等需要巨額投資的高科技產業中，策略性投資能夠通用的產品，以及大量銷售相同的裝置，是非常重要的一件事。

另一方面，由於用途市場的變化劇烈，作為基礎的技術不確定性，也隨之提高，以top-down的方式，無法決定要集中在哪個領域。優貝克為了壓抑技術人員過度膨脹的個人主義，希望透過所有第一線的技術人員徹底討論，達成協議，於是有意識地頻繁召開「冗長的會議」。就該公司希望防止胡亂擴大事業，同時維持發展新事業和技術的企圖來看，召開冗長會議的方式，確實有效。

此外，在評估技術人員時，優貝克不採用成果主義。高科技領域的技術開發具高報酬、高風險，成功與否和運氣有極大的關係。如果單以成果論英雄並不公平，而且讓個人背負所有的風險，反而可能扼殺開發新技術的可能。關於這一點，優貝克的會長中村久三曾經說過這麼一段話[15]。

> 其他公司實踐成功的經營手法有很多，但是這些都是因為他們用自己的方法，思考創造出獨特的經營方式才有的成果。就算加以模仿，公司也不會有所成長，所以敝公司決定我們也要靠自己。

成衣業界例如Gap、H&M、Zara、UNIQLO（迅銷）等，都是採取從製造到零售一貫作業的「製造零售」（SPA）的作法。其中，專門販售休閒服（日常衣物）的島村，卻不採取這個作法，而是走傳統零售業的方式，向成衣廠商進貨。而且，島村從一開始就實施完全買斷制，利用店面將買入的商品銷售一空。雖然服飾零售業的毛利率較低，但在大型量販店中，仍長期維持最高水準的營業利益。

一般公司都會將物流業務，外包給能夠發揮規模經濟的專業公司，但島村卻建立特殊的自有物流系統。在只有六家店面的時代，島村就利用特有的設計思想，開始建構物流系統。到了二〇〇九年，整個集團已擁有超過一千五百家店面，在日本各地共有七處物流中心，形成島村專屬的物流網。雖然有不少公司採取自行控制生產，將功能朝SPA的方向進行統合，但自始至終都採取零售方式，進而擁有物流功能的企業並不多。

島村為什麼要自己攬下物流業務呢？要將商品完全買斷，並銷售一空，基本上只有兩種方法，其中之一就是降價。然而，在營業額非常容易受到流行或氣候變化影響的成衣業界，島村變更商品價格的比例，不到業界平均的一半。

另一個方法，就是透過平準化，將商品從銷售情況不佳的店面，轉移到熱賣的店面。為了利用第二種方式完銷商品，島村充分運用自家公司的物流系統。舉例來說，每輛貨車每晚必須來回五家店，載回每家店賣不出的商品，而非送貨，然後透過全國的物流中心，立刻將商品送往熱賣的店家。該公司透過這樣的方式，在日本各地自由移動商品，但運費成本卻不到宅配的四分之一。

讓送貨人員在夜間巡店的目的之一，是為了避開白天的塞車。另一個原因，則是讓員工在第二天早上能夠同時開始作業，在白天收送貨，店面人員不知道貨車何時抵達，徒然浪費時間。如果能夠在早上同時開始工作，在傍晚一定的時間之前，兼職人員也能夠同時完成工作。職位較高且優秀的兼職主婦，支撐著島村店面的業務工作，要讓他們不至於動輒離職，工時明確是非常重要的事。

長時間擔任島村社長的藤原秀次郎（目前為董事兼高級顧問），曾說過這麼一段話[16]。

> 也就是說，我們公司擁有和宅配相同的系統，透過這套系統，在同一個物流中心管轄內的店面，次日便可收到商品。如果必須經由其他物流中心，商品則會在兩天後才抵達。舉例來說，青森縣的店面滯銷的商品，有可能在兩天後，被送到鹿兒島縣內熱賣的店面。……（中間省略）……要追求合理化，還是要有自己的物流中心比較好。……（中間省略）……要是委託外面的物流中心，就沒有辦法按照自己的想法，加以改善。

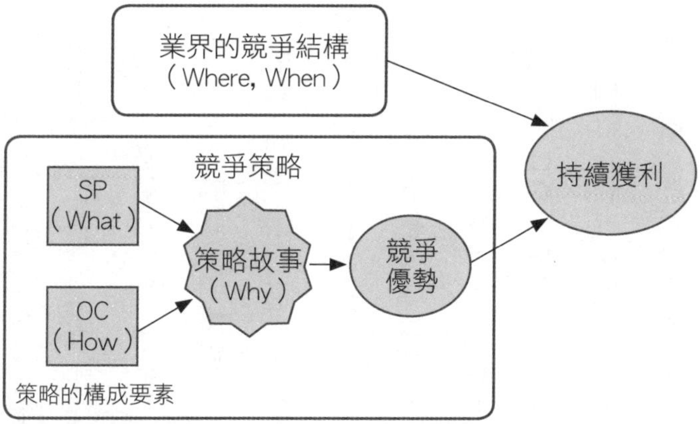

圖 3.10　策略故事的定位

從個別的措施來看，優貝克和島村的作法，違反當時和業界的常識。但是，一項措施推動是否順利、是否管用，只能從故事的脈絡來評估。為了能夠理所當然的追究理所當然的理論，不能受到其他公司的動向，或引人注意的最佳實務的誘惑。既然真正的競爭優勢，在於整個故事的一致性，亦即故事內容是否條理分明，就算花再多的時間，也要追求屬於自己故事的態度非常重要。在分析其他公司的策略時，不可以著眼於引人注意的花稍作法，而是必須仔細研究相關構成要素，互相連結的理論，才能夠了解策略的本質。

我在前一章的最後，提供了一張有關競爭優勢來源的圖表（圖2.5），圖3.10是在圖2.5中加入本章所說的競爭策略故事的觀點。企業為了爭取持續獲利和競爭優勢，試圖製造各種差異，這就是策略的構成要素。而策略的構成要素中，有以ＳＰ為出發點的措施，也有根據ＯＣ而來的措施。

策略故事的作用，就是利用前後一致的因果理論，連結個別的構成要素，創造競爭優勢。以圖3.10來說，策略故事被定位在介於ＳＰ和ＯＣ的構成要素與競爭優勢之間。如同第一章所說，在「製造差異和連結」兩項策略的本質中，競爭策略故事的重心是後者。

策略必須回答what、how、where、when和why等各項問題，前一章也說過，在這張圖中，將業界的競爭結構視為競爭策略外部的變數，要選擇在哪個業界競爭，如字面所示是where的問題。由於進入該業界的時機選擇也很重要，如果也納入考量，業界的競爭結構焦點，就是where和when。

由於ＳＰ是與「做什麼」和「不做什麼」的活動選擇有關的措施，主要的問題為what。典型的ＳＰ，是取捨的選擇，也就是「要自製、還是從外部調度」，可說是which的答案。而ＯＣ則是源於自家公司獨特「作法」的差異，所以問題是策略中的how。

相對於此，在策略故事中，why是最重要的問題。ＳＰ和ＯＣ之間的差異，為什麼會相互連結？整個故事又為什麼能夠創造競爭優勢，帶來長期獲利？策略故事就是這些因果理論的整合。本章主要是討論策略故事的５Ｃ中的三個（競爭優勢、構成要素和一致性），如果以故事的起承轉合來說，競爭優勢是「合」，構成要素則是「承」，剩下的兩個Ｃ——

概念（concept）和關鍵核心（critical core），概念相當於故事的「起」，而關鍵核心則相當於「轉」，也可以比喻成是壽司中的鮪魚腹肉、草莓蛋糕上的草莓或石烤韓式拌飯的鍋巴。這兩項是擬定策略故事時，最「好吃」的地方，我是那種會把草莓蛋糕上的草莓，留在最後才吃的人。關於概念和關鍵核心，我將會在接下來的兩章中，詳細介紹。

---

1 石倉洋子（二〇〇三），〈島村——低成本操作的確立與新業態的開發〉，《Business Review》五十一卷二號。

2 關於萬寶至馬達策略的詳細內容，請參見楠木（二〇〇一a）。

3 三枝．伊丹（二〇〇八）。

4 〈胡亂發行會員卡的愚蠢〉，《日經Business》，一九九八年十月十九日號。

5 關於倍樂生的例子，是參考青島矢一（二〇〇一），「倍樂生——企業理念的追求與商業模式」，《一橋Business Review》，四十二卷二號。

6 由於高中講座的紅筆老師人數較少，因此，未採行小組制。

7 三枝．伊丹（二〇〇八）。

8 競爭策略論的教科書，可參考Porter（一九九八）或Saloner, Garth, Andrea Shepard, and Joel Podolny（二〇〇一）Strategic Management, John Wiley & Sons（日譯《策略經營論》，石倉洋子譯，東洋經濟新報社，二〇〇二年）。詳細介紹西南航空策略的相關書籍或研究，可參考Freiberg,

Kevin, and Jackie Freiberg（一九九六）Nuts!: Southwest Airlines' Crazy Recipe for Business and Personal Success, Bard Press（日譯《破天荒——西南航空令人驚訝的經營》，小幡照雄譯，日經ＢＰ社，一九九七年），以及Wiersema, Fred, ed.（一九九八）Customer Service: Extraordinary Results at Southwest Airlines, Charles Schwab, Lands' End, American Express, Staples, and USAA, Harper Business（「客訴就是機會——美式服務的精華」，酒井泰介譯，日經ＢＰ社，一九九九年）；清水祥（二〇〇六），「西南航空——點系統的經營策略」，《一橋Business Review》五十三卷四號。

9 不僅整體的人事費用，西南航空就連每名員工的人事費用，也比其他公司低。雖然這是因為共有企業文化和價值觀所建立的各種架構、特殊的用人和升遷方式等，一連串與ＯＣ相關的措施有關，但本書省略未提。

10 有關的經過清水（二〇〇六）中，有詳細的描述。

11 Jasper Cheung（亞馬遜日本代表取締役社長）的訪談，（二〇〇五年十二月）。

12 Porter（一九九八）。

13 Dell / Fredman（一九九九）。

14 吹野博司（當時為戴爾株式會社代表取締役會長）的訪談。

15 「優貝克——冗長會議創造革新」，《日經Business》，二〇〇八年二月二十五日號。

16 「低成本經營創造自辦主義」，《日經Business》，一九九九年一月二十五日號。

第4章 以概念為「起」

起承轉合的「起」

策略故事的支柱，就是前一章所說的5C；而要追求長期獲利的終極武器，就是「競爭優勢」（competitive advantage）。為了創造競爭優勢，故事以因果理論連結與其他公司之間的各項差異（components），而「條理分明」指的就是因果理論的「一致性」（consistency）。本章將要討論剩下的兩個C當中的概念（concept）。

我在前面已經提到，要構思具有高度一致性的故事，最重要的是，要從結尾倒過來思考，也就是必須先決定要爭取什麼樣的競爭優勢，是要提高WTP（willingness to pay：顧客願意支付的金額水準），還是成本優勢，或是以利基追求無競爭。如果不先釐清這一點，將無法採取各項措施。

以足球為例，與射門並列的「Two Top」陣型，其中之一就是概念。在提出個別具體的措施（構成要素）之前，必須先建立概念，而策略故事就從這裡開始。

所謂的概念，是指產品（服務）「本質上的顧客價值定義」，要定義本質上的顧客價值，必須找出「事實上銷售的對象和內容為何」。競爭優勢是企業為了賺錢的內部理由，如果顧客價值這個外部理由不成立，就無法達到目標，因此，必須將競爭優勢和概念配套思考。

相當於故事起承轉合的「起」是概念，以紙偶戲來說，就是開場時出現的劇名，而「合」就是最後建構的競爭優勢。為了建構條理分明的策略故事，需要能夠以獨特觀點找出作為起點之本質上的顧客價值概念。如果概念無法掌握本質上的價值，就無法開始說故事，沒有一個好的開頭，就算再怎麼講究「承轉合」，也無法寫成一篇條理分明的故事。

在進入一九九〇年代之後，理光（Ricoh）成功地讓從一九七〇年代起長期萎靡不振的業績，出現V形反轉，京都產業大學的藤原雅俊曾經針對相關的過程進行分析[1]。讓理光的業績重新振作的主角，是數位影印機，但關鍵卻在於理光策略故事的起點，是「畫面處理數位化」的獨特概念，而數位影印機只是這個故事的產物。影印機和傳真機等產品，並不會產生個別的顧客價值，而是利用理光各項產品都採用圖像處理的共通功能，創造顧客價值。這是當時的社長濱田廣的發想。處理「圖像」，而非「文書」或「資訊」的觀點，升級成為ＩＰＳ（Image Processing System）的概念。

這個概念喚醒以往各事業顧自開發產品的技術人員。在取得「我們是ＩＰＳ的公司」

這個概念之後，理光果斷地率先投資原本是未知領域的軟體技術研究開發，最後的研究成果，就是創造高收益的數位影印機。

如同理光的例子，概念最後都會是一句短短的話，將這門生意真正的內容濃縮其中。ＩＰＳ的概念，凸顯理光做的生意不是影印機，而是「圖像處理」。相較於理光，號稱是「文件公司」的富士全錄，則將「文書處理」視為顧客價值。一旦變成「文書處理」，就很難真正數位化，正因為企圖處理圖像，客戶才會感受到模擬的技術限制，而想要追求數位化，不可將概念視為是一種「語言的遊戲」，也不是廣告詞。雖然「圖像」和「文書」只是文字的不同，但在數位化上，全錄是望塵莫及的。

概念既是故事的起點，同時也是對顧客提供價值的終點。只要概念明確，整個故事就會變得簡單，貫穿整體的思想明確，相關的人員也容易共享。如果不是因為提出ＩＰＳ的概念，也不會有理光的策略故事，負責開發困難的數位化技術的技術人員不會發奮努力，公司更不會率先進行長期投資，要統合所有事業部門或員工之間的活動，亦會變得很困難。

▼實際的銷售對象和內容是什麼？

比起決定創造競爭優勢的方法，要定義概念更是困難。因為這不是「眼睛看得見」的東西，如果賣什麼？賣給誰？可以眼見為憑，答案再清楚不過，但「實際賣什麼」，才是重點。乍看之下，ＰＣ的公司當然是賣ＰＣ，但事實上，賣的卻不是ＰＣ。即使是顧客，也幾乎沒有人想要ＰＣ，不過，熱愛ＰＣ的人另當別論。或許會有人嘴裡一邊說著「這個觸感真讓人受不了」，一邊抱著ＰＣ睡覺。

除了這些特別的人之外，顧客之所以付錢，是想要透過使用ＰＣ而得到什麼。如果從「真正賣的東西」來看，同樣都是ＰＣ業者，戴爾和惠普的概念卻不一樣。蘋果應該更不一樣吧！如果你的答案只是表面上看到的「你問我賣什麼，看就知道了，賣ＰＣ啊！」，當下就無法創造出有趣的故事，而只能一味地持續打著改善「ＰＣ」Ｃ／Ｐ值的消耗戰。

概念是將針對顧客提供價值的本質，濃縮在一個詞的說法。聽到這句話時，它必須能夠給人鮮明的印象，讓人想像我們其實是在把什麼東西賣給誰，而什麼樣的顧客為了什麼原因，有什麼樣高興的反應，也就是我們為什麼要從事這項事業。理光的「ＩＳＰ」和「圖像處理數位化」，描述的就是這個，他們並不是企圖銷售「影印機」。從「看到的」商品或服務切入，是無法定義概念的。

關於這一點，前一章談到倍樂生的通訊教育事業，也有同樣的情形。倍樂生「重視社群的持續型商業」的發想，是指建立以人為主軸的策略故事。要追求持續性，就必須將原本以「物」或「功能」為主軸的事業結構，轉換成以「人」為主軸的策略故事。一九九〇年代，倍樂生從原本書籍出版等單品銷售，逐漸朝以持續性為基礎的事業發展，主要的原因就是通訊教育事業的轉向。

倍樂生的通訊教育事業，是從前身福武書店時代的獲利來源「進研模考」延伸而來。當時，進研Seminar的顧客價值，被定義為「教材」和「修改指導」等商品或功能，但是進研Seminar的發展不斷失敗，會員人數未如預期增加。

直到了解與包括會員及其家人在內的客戶進行雙向溝通的重要性，情況才大幅改善。紅筆老師的修改指導，也逐漸轉變成與會員之間的溝通，除了會員適用的教材，倍樂生還出版名為《中學生的母親》的雜誌。也就是不再販賣商品或是對答案的功能，而是將修改考卷定義為促進與會員及其家人之間的溝通工具。當時的會長福武澤彥回顧道[2]：

目前的「進研Seminar」是昭和三十年（一九五五年）公司成立的隔年開辦的，不管怎麼試，都不成功。……（中間省略）……昭和四十三年（一九六八年），到了第五次，才終於發現和孩子互動的重要性。當時，我心想把東西賣斷，就會變成單行道，缺乏心靈的交流。……（中間省略）……我們雖然會修改孩子的考卷，但那只是一部分，主要還是溝通。

除了教材、參考書和補習班之外，有效的學習工具還有很多，但是對孩子來說，在入門的地方，就有一個很大的障礙，那就是「對學習感興趣」。我們利用溝通在整個過程中提供支援，協助兒童會員克服一開始的障礙，並取得家長的支持，「培養孩子學習的習慣」和「對學習成果有成就感」。類似這樣獨特的概念，逐漸滲透到整個社會，讓進研Seminar得以持續成長。

一九九〇年，成立一號店的Book Off株式會社，原本是以「二手書便利超商」為概念，在日本各地開設連鎖中古書店，並快速成長[3]。Book Off從一開始，就成功銷售中古商品的關鍵，是因為了解到與其要顧客購買商品，還不如將重點鎖定在讓顧客來賣他們的東西。於是，Book Off利用電視等媒體，搭配簡單易記的旋律，不斷播放「要賣書就到Book Off」的訊息。

為了強化收購，Book Off採取三項措施。第一，是為了讓顧客把書拿到距離最近的

Book Off，平均每一家店至少要準備可停放二十輛車的停車空間；第二，是接受顧客到自宅取書的要求；第三，是免運費，提供顧客宅配服務，把書送到Book Off。

日後，Book Off更進一步發展這種重視收購的想法，將概念的主軸從銷售轉為收購，並提出「捨不得丟書的人的Book Off」作為目標。同時，也將原本「中古書的便利超商」的事業概念，重新定義為「捨不得丟書的人的基礎建設」。也就是該公司不再是一家二手書店，而是提供包含收購在內的再利用基礎建設的公司。

Book Off想要提供「誰」價值呢？並不是想以低廉的價格，方便購買二手書的人，而是捨不得丟掉用不著的東西，認為「購買、使用、丟棄」的生活方式並不理想的人，或是了解不需要縮衣節食，只要聰明選擇「想要的時候」和「不需要的時候」，就能夠豐富生活和心靈的人。該公司將這些人定義為價值提供的對象。事實上，Book Off針對來賣書的顧客進行調查，發現這些人的動機，與其說是為了換取現金，更多的人是為了不想丟棄自己用過的東西。

為了建構超越以往商業領域的獨特故事，一開始是否具有普遍且大格局的概念，成為重要的關鍵。以往，消費者購買的書籍，都是由回收業者以衛生紙交換回收，但是回收書籍的數量遠超過再生紙的需求，導致廢紙價格暴跌。回收業者因無法獲利，而不再像以往一樣，收取一般家庭的二手書，人們只好把要回收的書或雜誌當成一般垃圾處理。

Book Off「為捨不得丟棄的人提供基礎建設」的概念中，隱藏著極大的構想，那就是不只是從事二手商品的零售業，而是要成為一家能夠彌補以往垃圾回收，或廢物再利用等公共事業未盡周全的社會作用的公司。事實上，Book Off賣的不是二手書或CD等商品，而是像電車或公車等交通工具般存在生活中，對「捨不得丟棄的人」而言，不可或缺的基礎建設。提供價值的本質，在於藉由建構物質過剩的社會所需要的基礎建設，豐富「捨不得丟東西的人」的生命週期。

除了書和ＣＤ之外，Book Off依循這個概念，以「Book Off中古劇場」的新業態，販賣包括兒童用品、服飾、體育用品、雜貨、廚房用品和飾品等，作為基礎建設的所有商品，並陸續設立賣場面積廣達一千五百坪左右的大型店面。該公司的發想，是提供能夠長時間在裡面找樂子的場所，全家人可以把所有的東西裝上車一起拿來賣，媽媽可以順便看雜貨和衣服，爸爸則可以挖掘二手的高爾夫球用品。由於被當地的顧客接受，中古劇場的營業額逐漸攀高，全店的經常利益超過一億日圓的店面也愈來愈多。

比起「如何」，「把什麼賣給誰」更重要

Recruit的媒體事業「Hot Pepper」，是一個利用獨特的角度，切入構想的概念作為起點，創造出條理極為分明的策略故事。帶領這項事業的平尾勇司（當時為Hot Pepper的事業部長），不只是有兩把刷子的說故事者，更是讓人佩服的策略家。由於以平尾為中心描繪的Hot Pepper策略故事十分有趣，我在後面會詳細介紹。接下來，我們先看一下這個故事概念的部分[4]。

平尾是在二〇〇一年擔任Recruit的事業部長時，開始Hot Pepper事業，在短短的四年內，便發展成為Recruit的基礎事業之一，營業額和營業利益分別高達三百億日圓和一百億日圓。《Hot Pepper》是一份在日本各主要縣市所在地發行的生活情報誌，由於到二〇〇八年已經發行五十版，我想應該有不少人都看過它。

「狹域情報誌」就是Hot Pepper事業的概念。從內容的範圍或區域切入的生活情報誌很多，但是Hot Pepper事業的特殊之處，在於鎖定「生活圈」，作為資訊的來源和提供的對象。

平尾相信，如果從「生活圈」切入，就沒有所謂名為「關東」或「東京」的市場。如果以東京來說，人們實際生活和發生消費行為的地方，可細分成銀座、上野、新宿和涉谷

的生活圈。人們平常持續發生「工作」、「居住」、「飲食」和「遊樂」行為的範圍，才是生活圈的定義，每個生活圈是半徑兩公里到五公里極為狹小的區域。平尾觀察後發現，人們日常所有的行為都發生在生活圈內，而八成的消費也都在這當中進行。Hot Pepper就是鎖定生活圈，提供日常生活和行為必要資訊的媒體。

由於Hot Pepper是免費雜誌，事業的營業額來自於客戶（例如生活圈內的餐飲店）刊登廣告的收入。對客戶而言，Hot Pepper身為廣告媒體，必須提供特有的價值；另一方面，對於閱讀這份雜誌的消費者來說，如果Hot Pepper不具魅力，就達不到廣告效果。也就是說，Hot Pepper既然是媒體事業，就必須同時滿足廣告主和讀者（消費者），透過實際的消費，讓兩者結合。

如果從人們的消費幾乎都是發生在生活圈這個範圍內來考量的話，將市場區隔為東京或大阪，就會看不見市場的本質。大都市還好，如果是地方都市，規模相對較小，因為看起來沒有效率，所以就會被割捨。雖然生活圈內每天發生的消費行為確實存在，但是如果缺乏狹域情報誌的概念，就會看不見。

狹域情報誌將廣告主和讀者鎖定在狹窄生活圈內考量的概念，大幅提高它作為生活情報媒體的價值。由於消費的八成都在生活圈內進行，對使用者而言，生活圈內的資訊，才是日常生活中真正需要的資訊。一旦和實際的消費行為無關的資訊過多，使用者就必須花功夫進行篩選，刊登的資訊量愈多，反而愈會降低媒體的價值。

那麼，對於廣告主呢？舉例來說，可以利用網路幫自己的生意打廣告。透過網路，可以將資訊傳遞給眾多的消費者，但是因為他們的生意是以一定的生活圈內的人為對象，如果無法將資訊傳遞給生活在這個範圍內的人，就無法達到效果；可是，如果接收到訊息的人距離廣告主的生活圈太遠，就無法產生具體的消費行為。即使資訊傳遞得再廣、再遠，如果無法真正創造自己的商店或公司的營業額，就沒有廣告意義。透過鎖定生活圈這個狹窄的區域，Hot Pepper真實地反應廣告主和讀者之間真實且實際的需求，並成功結合兩者。

以上所舉的幾個關於概念的例子，都是從「實際的銷售對象和商品內容」衍生而來的。倍樂生的進研Seminar，提供「包括孩子在內的家族社群」，「促進學習的溝通」；Book Off則針對「捨不得丟東西的人」，提供「再利用生活的基礎建設」；而Hot Pepper則是鎖定「生活圈內的業者與消費者」，提供「利用提供生活資訊與消費結合」。為了構思如此優秀的概念，經常考量「銷售對象」和「銷售內容」的組合，是非常重要的事。因為只有將「銷售對象」和「銷售內容」配套考量，才會出現「為什麼」。

「為什麼」是策略故事中最重要的問題，而驅動故事的原動力，在於因果理論。如果只有銷售對象和內容，故事會變成靜止畫，而輕忽最重要的「原因」。由於與原因有關的因果理論，只存在於「動作」之中，因此，如果不是動畫，就無法思考因果理論。只要將銷售對象和內容配套考量，概念就會成為動畫，就能夠看出顧客認知商品或服務，而有所反應，之後決定購買、使用，了解其價值，並繼續利用累積經驗，然後大為滿足等一連串的變化。想像這些變化，再看看這些變化是否真的發生，就能夠找出顧客為什麼喜歡特定商品或服務？為什麼願意付錢？為什麼滿足？而且能夠持續滿足。

在以動畫的方式構思概念時，有不少人會傾向使用「構思的方法論」，但是概念一旦缺少「對象」和「內容」，只重視「方法」，就會變得不完整，這就是策略故事之所以失敗最典型的原因。舉例來說，「鎖定顧客」、「個別化服務」或「利用組織顧客持續收費」等想法，都是著重方法論。這樣的作法，雖然沒有不好，但是採用這種方法論的概念，經常會成為賺錢的妄想，而不是為顧客提供價值。

就算組織顧客，並加以鎖定，如果沒有優先掌握銷售的「對象」和「內容」，概念就無法成為動畫。它必須包含針對一連串「為什麼」的答案，其中包括：認同以往價值的顧客是誰？為什麼要鎖定這些人？而他們又為什麼會持續付款？藉由個別化服務，可提供顧客的獨特價值具體來說，又是什麼？缺少「為什麼」的概念，無法創造出真實的故事。

設定目標數據，雖然是實際驅動故事的必要工作，不過，光有「數字」，無法成為概念。因為數字本身完全不涉及銷售的「對象」、「內容」和「原因」，概念是提供公司以外顧客真正價值的定義，而不是公司內部自己應該達成的目標設定。當然不會因為設定了目標數據，就自動產生價值，而是因為提供特有的真正價值，才會產生數字。我在前面也強調過，「條理分明比數字重要」，只要利用好的概念，驅動條理分明的故事，數字自然就會跟著出現，本末倒置的話，就無法創造數字。

我們再回來談談Hot Pepper的例子，它的前身是一本名為《Sanrokumaru》的雜誌。以往Recruit針對住宅、結婚、就業、升學和旅行等不同的領域出版情報誌，發展不同的事業；其中，以區域為主軸整理提供資訊的，就是Sanrokumaru事業。在平尾創辦Hot Pepper事業時，《Sanrokumaru》已經創刊七年，卻仍無法獲利，累積赤字高達三十六億日圓。對於Sanrokumaru事業的失敗，平尾曾經說過這麼一段話[5]。所謂的概念，就相當於平尾所說的「目的」。

> 《Sanrokumaru》有銷售目標，然而，缺乏事業的目的，在設定達成營業額的（廣告）件數之後，就一味地追著件數跑。我無法讓當時的工作夥伴了解，經營一本雜誌，為什麼需

要在乎廣告的數量？而讀者又為什麼需要這些廣告？如果拉到這麼多的廣告，讀者會出現什麼樣的行為？店面會發生什麼事？街上的情況又會如何？也就是無法釐清我想實現的世界觀。我應該要讓事業部門的小組成員深刻記得這些話和影像，因為如果只有目標，而沒有目的的話，只是作業，而不是工作。

▼「明日送達」的價值

ASKUL是一家以小規模的公司為對象，利用郵購的方式，提供所有辦公室消費品的企業，而且經營得非常成功。大家都知道ASKUL的強項，就是可以取得所有辦公室消費品的方便性，以及約定次日配送的「明日送達」服務。如果只是這樣的話，就只是「產品齊全」和講究「速度」而已，這當然是ASKUL顧客價值的要素，不過，光靠這些無關痛癢的話，無法掌握ASKUL顧客價值的本質。

ASKUL鎖定員工人數少於三十人的小型事業所作為目標客戶，尤其是人數少於十人的極小型公司，更是ASKUL的核心客群。辦公室用品的大型供應商通常不會開發員工人數少於三十人的企業市場，反過來說，如果是規模較大的企業，只要交代往來的業者一聲，隨時都能夠享受完整的服務，ＡＳＫＵＬ提供的「在想要的時候，拿到想要的東西」的服務，已經被滿足了。

ＡＳＫＵＬ針對這類小型公司負責採買辦公室用品的人員，深入研究他們購買時的理由、想法和方式之後，得出的結論是「次日送達」。這類公司實際負責補充和採購辦公用品的人，最典型的就是負責庶務的兼職人員，我們假設她叫做久美子好了。

某家公司除了久美子之外，只有五個人。久美子負責所有的會計事務，雖然是兼職人員，但是工作很忙，只要文具或消耗品一用完，身邊的人就會拜託她去買。久美子就得穿上拖鞋（這麼說有點老套，應該說是涼鞋，最近的話，應該是布希鞋），套上針織衫（這也有點老套），到附近的文具店去。久美子的公司位在一棟住商混合大樓的四樓，沒有電梯。儘管她不喜歡爬樓梯，但因為是工作，只要有人拜託她，她還是會出去買筆或長尾夾。

筆和長尾夾很輕，還算好，可是有一天有人找她買影印紙，距離最近的文具店走路要五分鐘，回來還要爬樓梯，一想到就讓人頭痛。而且每回她只要告訴大家要出去買東西，臨出門前，就一定會有人臨時託她買自動鉛筆的筆芯或便利貼。因為她記不住這麼多東西，所以又得回到桌子上，把它們抄下來。

如果能夠大量購買，就不需要每次都得出門補貨，但由於久美子的辦公室空間狹小，無法堆放太多的東西，所以久美子只好暫時放下手上忙碌的會計工作，拿著便條紙，跑一趟文具店，有時還會在回辦公室的路上遇上下雨。

對久美子而言，購買辦公室的消耗品，就是這樣的工作。而文具店則是「在無論如何都需要的時候，不得不去的地方」，ＡＳＫＵＬ的概念，就是看準了像久美子的公司，這種小規模事業所負責補充消耗品的人員的狀況、心情和行為，構想出絕對能夠討他們歡心的價值。如果能夠用傳真訂購一支筆，就不需要中斷忙碌的工作，出門去買東西，也不需要在臨出門前，接受額外的訂單，再重新記錄一次。而且，因為貨品會在第二天就送達，不需要在事前就擬定購買計畫，或騰出來儲存消耗品；也不需要提著沉重的影印紙上下樓梯，所以久美子應該會樂於使用ＡＳＫＵＬ吧！

因為她不需要放下手上的會計工作，辦公室裡的其他員工對此應該也會心存感謝！再加上其實久美子身邊的人都很好，老是拜託她買這些小東西，他們也覺得很抱歉。在久美子開始使用ＡＳＫＵＬ之後，他們就能夠更輕鬆地拜託她補充消耗品了。ＡＳＫＵＬ確實在價格上具有競爭力，但事實上，對顧客來說，除了價格低廉，該公司提供的價值更具吸引力。

欲掌握真正的顧客價值，要確實想像「誰會因為什麼原因而高興」，這和是否能夠確實的想像顧客的問題有關。比方說，拿著重新寫過的便條紙出門的久美子的壞心情，和提著袋子爬樓梯的辛苦，以及拜託久美子買東西的同僚的心情等。

既然策略故事是動畫，就必須也以動畫的方式，來構想位於起點的顧客價值。如果策略故事的概念，是大家在聽到顧客價值時，無法想像由目標客戶扮演主人翁的動畫畫面，就無法啟動故事。要想出「產品齊全」和「速度」，作為一般的顧客需求，十分容易，目前也確實有許多服務性的企業，將這兩項作為價值提供。如果只是這樣的話，ASKUL就只是隨處可見的「供應辦公用品的郵購業者」。

▼百貨公司和超商

在我小時候，大約是一九六〇年代，零售業之王當然是百貨公司，但是這幾年百貨業界呈現長期低迷。當我在寫作本書時，還聽到百貨公司的業績被便利超商迎頭趕上的消息。百貨公司為什麼會沒落呢？接下來，我們就來看看百貨公司的概念。如果就表面上來看，百貨公司販售的就如字面所示是「百貨」，但我認為在黃金時代的百貨公司，販售的其實是「全家人可以玩半天的觀光勝地」。

一九六〇年代，日本尚未徹底實施周休二日制，能夠充分運用的假日，只有星期日，要出門旅行並不是件容易的事。有車的人也不多，移動的範圍也有限。如果假日一家四口要用一定的預算玩半天，而且必須運用公共運輸工具的話，應該沒有比百貨公司更適合的地方。

媽媽可以看衣服（就算不買），爸爸可以看高爾夫球用品，孩子則可以買玩具或到屋頂的遊樂場遊玩，然後全家人一起用餐；回家之前，再順路到地下的食品賣場買好吃的點心，光是這樣，就會讓人有充滿幸福的感覺。我小時候非常喜歡去這種「百貨公司觀光勝地」，只要拿著幾枚十塊錢硬幣，把買的玩具放在身邊，到頂樓的遊樂中心玩彈珠台，就會感受到一股無可言喻的幸福感。

可是現在呢？要玩的話，到處都是主題樂園，大家也都有車，方便到任何地方，外食的機會多，再加上周休二日，假日也比以前多，隨時可以出門旅行。就算待在家裡，也有DVD或電視遊樂器，不會沒有娛樂。也就是說，百貨公司逐漸喪失以往身為觀光景點的價值，我認為，這就是它之所以沒落最大的原因。

而在百貨公司沒落的過程中，大幅成長的零售業態，就是便利超商。便利超商的概念是什麼？由於超商內的商品幾乎到處都可以買得到，因此，商品並不具備顧客價值。如字面所示，便利超商雖然「便利」，但內容才是關鍵。初期「時間」或許是真正的方便性，如果三更半夜想買東西，就算超市已經關門，還有便利超商，會讓人覺得「幸好超商還開著」。不過，如果只是這樣的話，僅止於一定時間內替代服務的利基，就無法發展成為目前超商產業的規模。

以前上我專題討論課的學生，曾經一邊打工，一邊調查研究超商真正的顧客價值。他的結論是，超商是「自己房間的延伸」，因此，使得超商產生獨特的消費行為。也就是說，對於重度使用者，與其說超商是「一家店」，毋寧說是有裝滿飲料和食物的冰箱（而且隨時有人負責補貨），以及擺滿最新雜誌的書架的「自己的房間」。如果是超市，人們會先確認自己家裡的冰箱，之後再拿著購買清單（就算不寫在紙上，也會記在腦海中）去購物。因應這種需求的超商的顧客價值，當然是「以更低廉的價格，販賣好的商品」。

但是，作為消費空間，超商具有不同的意義。如果是自己房間的延伸，即使沒有明確的需求，也會自然而然地走進去。很少有人帶著購物清單去便利超商，都是當下產生需求，便進行消費，因此，即使產品不夠齊全或價格不盡理想，東西也能夠賣得出去。

因為繳交水電費或行動電話費很麻煩，所以大家都能拖就拖，但便利超商卻成功地成為繳交這些費用的場所。我認為，這和超商是自己房間的延伸，有密切的關係，因為習慣去，所以自然不會抗拒繳費，而「幸好有開」是對於有緊急需求的顧客的價值。現在的超商，可說是掌握了另一端的消費，即使每一項的消費金額都不高，不過，累積起來也不容小覷。根據我的學生的觀察，這就是便利超商成為巨大產業的原因之一。

▼電子商務是「自動販賣機」？

一九九〇年代後半，網路突然開始普及，電子商務頓時受到矚目，使得各大企業爭相進入這個市場。當時，眾多如雨後春筍般出現的.com企業，希望電子商務相對於傳統零售業態的優勢，能夠提供以下的顧客價值，那就是電子商務不需要休息，每周二十四小時，一周七天，一年三百六十五天都持續營業。也就是能夠以全世界可以上網的所有人為對象，無限擴充產品種類，即使不用到處尋找，只要進行檢索，就可以找到自己想要的商品，而且由於因為店面就在自己家中，只要想買，隨時就可以買到。同時，因為相關的營運成本降低，所以可提供低廉的價格。

總之，就是「自動販賣機」的概念，將產品種類極為豐富的「自動販賣機」放在世界各地每位客戶家中的一種發想。然而，幾乎所有以這種發想進入電子商務的企業，都遭遇挫折，面臨撤出市場的命運。

亞馬遜是少數幾個從一開始就否決這種簡單的概念的企業，而是利用獨特的概念，構思特有策略故事。創辦人傑夫．貝佐斯（Jeff Bezos）從創辦初期，就宣稱「亞馬遜與其他公司最大的不同，在於亞馬遜的商業核心並非銷售商品，而是協助人們決定購買」[6]。在這樣的概念下，亞馬遜致力開發使用感想和建議等協助顧客購買的軟體，進行大筆投資，確實改良分析顧客行為模式的技術，以及根據這些結果，發送個別建議的技術。這不僅是協助顧客找到想要的書籍或ＣＤ，也幫助書籍和ＣＤ發現讀者，建立雙向的關係。

後來，亞馬遜開始利用「Amazon Marketplace」，提供販賣二手書籍的業者等外部的企業，在亞馬遜的網站上，針對瀏覽的顧客販賣商品的服務。此舉雖然可以增加手續費的新收入，但亞馬遜也擔心，可能對於新書或商品零售造成負面影響。一旦將新書與價格相對低廉的二手書籍放在一起銷售，缺乏價格競爭力的新書銷售量，就可能會受到影響，這是公司內外所有人的共通想法。即使接受外部業者銷售二手書籍，大家都認為，不應該將二手書和新書擺在同一個頁面，而是應該另開網頁。

但亞馬遜卻出乎大家的意料，以將新書和二手書並列的方式，開始經營「Amazon Marketplace」。這項決策也是基於亞馬遜「並不是銷售商品，而是提供協助人們決定購買的服務」的概念。關於這一點，貝佐斯有以下的說明[7]。

將新品和二手商品擺在一起比較，對顧客來說是好的，提供顧客選項，讓顧客能夠自行選擇，這麼一來，他們就不會感到混亂或困擾。根據我們手上的資料顯示，在亞馬遜購買二手書的顧客，購買的新書數量比以前多，應該有不少人對於花二十五塊美金買一本從來沒有看過的作者的新書會感到猶豫吧！販賣二手書，就可以提供顧客實驗和嘗試的機會，不僅能夠協助顧客決定購買的意願，也能夠提高對亞馬遜的忠誠度。

貝佐斯創業時的基本方針，據說是「如果不是真正非網路不可的事，就不做」。仔細想想，以往的零售業就販賣書籍和ＣＤ，至於擴充商品種類，類似大型零售量販店的傳統商店，也已經做到某個程度，但是觀察顧客購買和瀏覽的類型，利用個別化的建議，協助決定購買「就只有在網路上才辦得到」。亞馬遜針對每個顧客提供完全客製化的網頁，也就是依照客戶的需求，改變商店的作法，是耗費龐大資金和時間，所開發出的獨特技術，實體店面就無法辦到。因為無法在不同顧客走進店裡時，就改變貨架或商品的位置，亞馬遜於是從中找出電子商務的可能性。策略故事的起點，就是掌握了獨特顧客價值的概念。

樂天創辦人三木谷浩史，也是一位堅持獨特概念的經營者。大家都知道樂天和從事商品販售的亞馬遜不同，經營的是網路購物商城「樂天市場」。樂天市場雖然是日本目前最大的電子商務市場，但該公司進入市場的時間，並不早於其他公司。一九九七年，樂天市場成立時，網路上已經有Nifty和Sonet等大型供應商經營的電子商務網路商城事業。而且，因為這些企業的本業都是網路事業，擁有眾多的客戶基礎，乍看之下，當時的情況明顯不利於樂天。

一九九九年，樂天市場尚未闖出名號，我有機會和三木谷先生討論樂天的策略故事。當時他強調，「幾乎所有電子商務都把網路當成簡便的自動販賣機，但是我們要徹底反其道而行」，這句話讓我印象深刻。三木谷先生告訴我樂天的概念是「作為娛樂的購物」，東西之所以賣不出去，是因為在日本這種消費成熟的市場，買家幾乎什麼都不缺。那麼，該怎麼做，才能利用電子商務，吸引顧客上門呢？三木谷先生看出答案就在日本傳統商店街的作法中。當時，他是這麼說的[8]。

在網路上販售商品，並不是電子商務，網路也不是自動販賣機。對於生活在沒有什麼想買且生活富足的一代，提供娛樂性質的購物，是非常重要的事。我們請店家將目標集中在如何銷售，而非銷售的內容。網路這個數位化媒體是因為能夠開創出購物娛樂的新可能性，才有它的意義，並非只是為了提升速度或效率。敝公司提供的價值十分相似。

日本傳統的商店街，主要是針對當地的市場，大多數的顧客都是熟面孔，店家也都了解彼此的家族結構和喜好，生意是建立在長期的人際關係和彼此的信賴上。如果客戶到熟悉的店家去買東西，不僅會互打招呼，有時還會閒聊，甚至聊個不停，以往的商店街就是利用這種緊密的關係，而抓住顧客的心。

日本人決定購買某樣東西，原本就有脈絡可循，因此，傾向重視與店家之間的關係。在成熟的消費社會，由於某種原因而購買的情形，應該會越來越明顯，而樂天市場的概念，就是在網路數位平台上，實現這種人性化的類比消費。當其他較早成立電子商城的公司正苦於招攬顧客之際，樂天市場之所以能夠快速成長，關鍵就在於獨特的概念。

從創業之初，樂天便致力於顧客與店家，以及顧客之間密切的溝通。所謂的「密切」溝通，並不是指產品或服務的規格和價格等形式上的資訊交換，而是指顧客的興趣、嗜好，以及與購買無直接關係的閒聊式溝通。

為此，樂天內部開發出店家庫存管理與顧客的溝通和銷售分析等工具，規定所有店家都必須使用「店長的房間」、「公布欄」和「給店長的問題」等與顧客溝通的工具。同時實施專屬的顧問制度「EC顧問」，以及專門提供給店家的訓練課程「樂天大學」，十分重視與店家面對面的對話。

在這樣的初期架構下，經營成功最典型的例子，就是樂天市場中的「信州伊那谷的雞蛋屋」。如字面所示，這是一家賣雞蛋的店，但因為幾乎所有的人都會在超市購買雞蛋這樣的日常食材，很難放到網路商城來賣。不過，這家店的店長如同樂天所希望的透過網頁與顧客進行徹底溝通，以「小雞的成長日記」詳細介紹精心培育小雞生蛋的過程，甚至連餵養的飼料都解釋得十分詳細，讓人充分了解員工工作的情形和店家對商品的重視。

主力商品的「放養雞蛋」，三十顆要價超過兩千日圓，價格遠高於超市販售的一般雞蛋，但這家店還是能夠創下極好的銷售成績，主要是因為店家不斷與非常關心雞蛋味道和飲食問題的顧客，進行類比式的溝通，讓顧客能夠深入了解商品特有的價值。因為店家掌握顧客的心，使得忠實客戶和回購者增加，更因為口耳相傳帶來新的客戶，形成良性循環，不久後，消費者之間也自然會彼此溝通。

透過維持這樣的類比式溝通，不僅能夠得知顧客的喜好和要求，也讓店家本身成為一個「社群」，這些就是「信州伊那谷的雞蛋屋」成功的原因。三木谷先生表示，因為樂天計畫的作法，使得雞蛋這項出乎意料的商品熱賣，讓他相信樂天市場的概念是正確的。

大家都知道，樂天後來因為被收購的關係，擴張事業領域，開始提供金融與旅遊服務。如字面所示，目前已成為日本電子商務綜合入口網站，只要能夠建立龐大穩固的客戶基礎，就能夠成為提供各類服務的電子商務入口網站。

不過，任誰都想得到這類最終成為「靜止畫」的情形。事實上，有許多企業都是以成為「電子商務的入口網站」為願景而進入這個業界，但是問題就在於達成願景之前的過程。如果無法建立客戶基礎，入口網站的願景不過是空談。樂天和其他企業不一樣的地方，在於擁有針對電子商務的獨特概念，並藉此發展出條理分明的策略故事。目前，大多數在樂天市場進行的交易，或許不是上述所說的透過溝通建立關係，而產生的購買行為，可是一旦確立客戶基礎，就可能創造出極為強大的外部網絡，水平發展各項事業。這只是從靜止畫的角度來看成功的樂天市場，如果就發展到今天的規模所描繪的「動畫的部分」來看，樂天肯定和其他公司不一樣。

▼一切始於概念

條理分明的故事少不了特有的概念，策略故事中概念的重要性，無論強調多少次都不為過。要如何做，才能夠想出好的概念？雖然沒有相關的法則、必勝之道或攻擊武器，但我倒是可以提供幾項在思考概念時，非常重要的理論。以下我總共整理了三項建構概念時的重要事項。

第一，這雖然和前面有點重複，不過，一切都必須由概念開始。幸好，建構概念不需要大筆資金，只要用自己的頭腦，也幾乎不會產生虧損（無法回收的費用）。就算想出來的點子不好用，只要重新想過就行了。

相反地，如果不管概念直接建構故事，失敗的代價不容小覷。發展毫無勝算的事業，開發沒有人想要的產品，形同是將工廠和員工等固定投資丟進水溝，將會造成無法挽回的遺憾。從某方面來說，構思概念是「很省錢」的工作，但反過來說，無論你投資多少錢，如果不用頭腦，是無法想出條理分明的概念，所以不需要很急，應該要花時間慢慢構思。在確實能夠掌握真正的顧客價值的概念成形之前，思考故事的細節，是沒有意義的事，因為概念不清楚的故事，就像海市蜃樓一樣。

另一方面，如果概念確定，等同於建構了一半的故事。夏目漱石的《夢十夜》裡，有一個關於「運慶的故事」。故事中的主人翁看到運慶大咧咧地用著鑿子，雕刻仁王像，不可思議地說：「這個人竟然能夠如此隨手地拿起鑿子，就雕刻出眉毛和鼻子」，但運慶並不是逐一用鑿子雕刻眉毛和鼻子，而是利用鑿子和槌子的力量，挖出隱藏在木頭中的眉毛和鼻子，就好像是從土裡挖出石頭，所以不可能會出錯。

好的概念，就像是埋藏著仁王像的木材，只要概念能夠掌握真正的顧客價值，構成故事的主要要素就會自然現身。

即使是前一章提到的經典作品西南航空的策略故事，也不是該公司的CEO凱勒赫（Herb Kelleher）突然間就想出完整故事。該公司的故事，也是從獨特的概念開始建構，「在空中飛行的巴士」就是西南航空的概念，也是一切的起點。這個概念的發想，是讓原本利用路上的交通工具（汽車或巴士）移動的人們，搭乘飛機在空中飛翔。凱勒赫對於競爭的基本態度，並不是與西北航空或聯合航空競爭，而是希望顧客在巴士和汽車的選項中，選擇西南航空。如果是在日本，那就是「在空中飛翔的新幹線」。

總之，客觀來說，西南航空雖然是一家航空公司，但事實上並不是。如果是這樣的話，和其他競爭對手之間的差異，就非常清楚了。凱勒赫的回答：「是的，我們並不是航空公司」。該公司策略的本質之一，就是製造與其他公司的不同，「我們並不是一家航空公司」，堪稱是極致的「差異」。獨特的概念定義，能讓策略故事在一開始就與其他公司不同。

航空業界之所以不具吸引力，原因之一，就在於進入障礙較低，只要購買飛機、聘雇人員，就能夠創業。以往雖然有政府管制，形成進入障礙，但是美國的航空業界從一九七八年起放寬管制，使得新進入的業者和運費等條件大幅自由化。除了西南航空，陸續有公司加入，從一九七八年起的十年內，共有兩百家公司加入民營航空業界，但有一百七十家公司撤出，這個數字說明了這個業界競爭十分激烈。

稍後，日本也開始放寬管制，於是有天馬航空（Skymark）和北海道國際航空（Air Do）加入。由於這些公司都是後來獨立加入的業者，乍看之下，和西南航空十分相似，但事實上並不是如此。

如果西南航空在日本的話，會怎麼做呢？雖然和國土面積廣大的美國無法相提並論，但是可以從實驗的角度來思考這個問題。如果是在日本，由於西南航空的概念是「在空中飛翔的新幹線」，因此，應該不會介入以往全日空或日本航空等公司重視的航線。人們會搭乘新幹線移動的距離，例如東京到大阪之間的航線，才符合西南航空的概念。

不過，因為東京到大阪這條路線，有新幹線這個「強敵」，所以西南航空應該會避開這樣的區間，改為專門經營東京到山形，或大阪到小松等這些搭乘電車不太方便的點對點航線（如果是這樣的話，我認為在日本會做不了生意）。也就是說，該公司會忠實地依照「我們不是航空公司」的立場，來選擇航線。

然而，新加入日本市場的天馬航空和北海道國際航空，分別將重點放在東京到福岡，以及東京到札幌等航線。這些都是以往航空公司主打的航線，一旦進入這個市場，就是與其他航空公司正面交鋒，如果和財力雄厚的大型企業正面宣戰，只能被迫迎接一場苦戰。天馬航空和北海道國際航空一直因無法持續獲利所苦，就某個角度來說，是非常自然的事。因為如果沒有定義明顯有別於其他公司的概念，就無法創造獨特的策略故事；缺乏自己的策略故事，想要在不易獲利的航空業界長期獲利，是很難想像的事。

我想，就連星巴克的總裁霍華．蕭茲（Howard Schultz）在被問到「星巴克是咖啡廳嗎？」的時候，應該都會回答：「不是，其實我們賣的不是咖啡」。這家原本位於西雅圖的小型咖啡零售公司，在一九八七年霍華蕭茲擔任總裁之後，開始快速成長。在那之前，星巴克只是咖啡的零售業者，當時他們的概念或許單純只是「提供真正的咖啡」。

但是，蕭茲構想的概念是「第三種空間」（third place），這裡的「第三」指的既不是工作場所，也不是家庭。他回顧當時的想法，說道[9]。

我原本的構想，是開一家不用等待設有立式吧檯、提供外帶的店，原本預期的情況，應該是附近的居民到超市的途中，繞過來買個半磅沒有咖啡因的咖啡豆，但事情卻和我想的不一樣，大家都是因為被店裡的氣氛和伙伴意識吸引而來。

美國在進入一九八〇年代之後，由於價值觀出現斷層，形成了過於亢奮的社會。職場上充滿競爭壓力，家庭也有各式各樣的問題，霍華・蕭茲認為，人們或許會想要一個有別於職場和家庭的「第三種空間」，就好像德國的啤酒屋、英國的酒吧，或是法國和義大利的咖啡廳。歐洲雖然有「讓人們放心聚集的避難場所」（a safe harbor for people to go），但美國卻鮮少有這樣的地方。也就是說，星巴克的概念，就是不賣咖啡，而是販賣在輕鬆的氣氛中，能夠舒緩緊張情緒的經驗或文化，咖啡只是提供這種經驗的一種手段。

星巴克追求的競爭優勢，就是提高ＷＴＰ。如果能夠提供「第三種空間」，就能夠訂出比單賣咖啡更高的單價。而且，第三種空間並不是像到南方的島嶼度假放鬆的那種非日常的生活，而是一種日常的經驗，所以顧客會習慣到第三種空間來。事實上，在一九九〇年代後期，星巴克的顧客平均每周來店十八次。如果該公司的概念是表面上的「提供高品質的美味咖啡」，星巴克現在或許還是西雅圖當地的一家咖啡豆零售業者。

概念在策略的另一項本質，也就是因果理論，整合扮演了重要的角色。為了利用低成本、爭取競爭優勢，西南航空採取「專營連結小規模次級機場之間的直航班機」（不使用樞紐機場），以及「規劃以不轉機為前提的航班時刻表」。除此之外，西南航空的策略故事中，還包括：「專營短距離國內班機」、「不提供機上餐點」、「不指定座位」、「減少透過代理店販賣機票，而由公司自行發售」和「統一飛機的機種（波音七三七）」等一連串的構成要素。我在前一章已經說過，這些構成要素和成本優勢之間，有明確的因果關係，同時還必須注意這些措施會自然引出「在空中飛翔的巴士」這個概念。

由於不是提供航空服務，而是真的讓「巴士」飛上天，所以不需要利用樞紐機場，只要以次級機場當作「公車站」就行了。利用巴士移動的乘客，幾乎都是在兩點之間往返移動，因此，航班的時間表也不以轉機為前提。由於航線的設計限定為巴士移動的距離之內，因此，勢必會變成短距離，只使用單一巴士、不提供餐點、不指定座位是理所當然的事。如果是巴士的話，一般來說，公司會直接自己賣票，而不是經由代理店，有時候還是在上車之前在公車站買票。

價格低廉當然重要。西南航空的價格設定來勢洶洶，就該公司的概念來看，這也是非常自然的事。因為不是和航空公司競爭，所以價錢如果只比西北或聯合稍微便宜一點，也毫無意義，必須要能夠和巴士競爭才行，這樣的結果，使得西南航空的票價低得嚇人。

西南航空的概念，希望鎖定的客戶是行程滿檔，必須到處移動的商務客。因為不是出門旅行，所以在短距離移動的過程中，應該不會想要吃東西。如果事先預訂行程，透過代理店預約買票，反而會不方便。但是，準時且班次頻繁，對他們來說卻是關鍵。日本的新幹線就是最典型的例子，只要發車頻繁，就算臨時要出差，也可以有彈性的安排搭乘第一班車；如果是當天來回，工作一結束，回到機場，可以趕得上哪一班車，就搭那一班車回家。

將「在空中飛翔的巴士」這句話，具體細分成不同的程度，就出現上述一連串的措施，也就是說，「在空中飛翔的巴士」的概念，是「藏有仁王像的木頭」。因為所有的概念都出自同一個地方，因此，確保措施之間具有因果理論的一致性（圖4.1）。如果概念不明確，在創造成本優勢的構成要素接二連三出現之後才加以連結，就無法形成因果理論的一致性。

正因為策略的本質是整合因果理論，概念十分重要。概念在整合策略故事的基礎上，

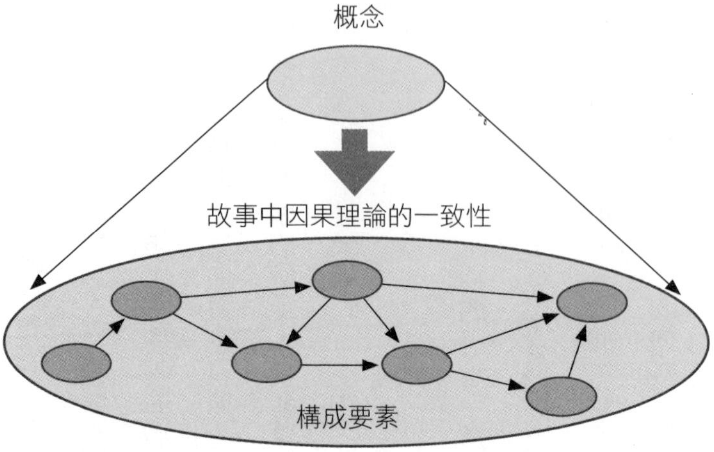

圖 4.1　作為故事起點的概念

扮演「關鍵」的角色，如果故事的起點夠扎實，衍生出的構成要素，從一開始就具備穩固的因果關係。我之所以說「只要有獨特的概念，形同完成一半的故事」，指的就是這個意思。

反過來說，「一切始於概念」，也就是「一切是為了概念」。故事中所有的構成要素，都必須是為了實踐概念，如果不是這樣的話，就無法加以整合。為了建構條理分明的故事，最重要的是，必須保持有意識的切割與因果理論無關的構成要素。

倍樂生在還是福武書店時代，除了學習用的參考書，為了對出版文化有所貢獻，還出版各類書籍，希望能夠成為綜合性的出版企業[10]。舉例來說，該公司在一九八一年創刊文藝雜誌《海燕》，並挖掘出吉本芭娜娜和島田雅彥等作家，介紹給世人。不過，如同前一章所說，在將公司名改為倍樂生之後，該公司便提出「持續提供以人為主軸的社群」，作為包括以進研Seminar等各項事業在內的概念。出版書籍只是銷售單品，比起人，更重視「物」的事業。

在進入一九九〇年代之後，倍樂生決定撤出包含全集、文庫和單行本等一般書籍事業、繪本和兒童文學等兒童書籍事業，以及以書店為對象的學習參考書事業。在一九九六年，更停止出版《海燕》，取而代之的《雞蛋俱樂部》和《小雞俱樂部》是構成社群核心的雜誌。倍樂生藉由排除無法連結概念的要素，提高策略故事的一致性。

亞馬遜也是忠於概念的企業，該公司的概念是「協助消費者做決定」，而非銷售商品。基於這樣的概念，亞馬遜開始提供告知消費者以往是否曾購買相同商品的服務。當消費者在決定購賣以前曾經購買過的商品時，網站上會顯示「您曾經在一年前購買過該商品，還要再次購買嗎？」的訊息，一旦開始提供這項服務，短時間內雖然會影響營業額，但是就協助消費者決定，以做為策略故事的概念來看，這是理所當然要提供的服務。藉由不斷重複這樣的作法，經過口耳相傳，消費者正確接收到亞馬遜的概念，長期來看，是有助於提升營業額的。

Askul的策略故事，也是以「一切都是為了概念」為原則。從一九九三年開始提供服務的Askul，原本是文具廠商Plus的郵購事業部門，因此，初期只銷售Plus的產品。但是，Askul的概念，是拯救沒有空間儲存各類消耗品的小型公司裡，必須經常進行零星採購的「久美子小姐」。如果久美子小姐的辦公室，習慣使用Plus以外廠商的檔案夾，硬要推銷Plus的商品，只是在找別人的麻煩。於是，從一九九五年起，Askul開始銷售除了Plus以外品牌的產品，兩年後，進貨的對象超過一百家，Plus產品的比例降至百分之二十五。

之後，Askul就成為現在這個一次購足的管道，但這不單只是擴充產品種類的結果，一般來說，產品種類豐富，更容易滿足顧客。但就Askul的故事來看，並不是所有的顧客都很重要，最應該討好的人應該是「久美子小姐」。Askul以解決「久美子小姐」的問題作為標準，來選擇商品，並增加文具以外的品項，例如衛生紙和瓶裝水。

久美子小姐的辦公室因為位於住商混合大樓的四樓，要購買這些體積龐大又沉重的商品，非常麻煩。倘若衛生紙和瓶裝水也能夠「次日送達」，對久美子小姐而言，可說是解決了一大困擾，比起文具的「次日送達」應該會更有價值。Askul的故事，就這樣被目標客戶，也就是小規模的事業營業所接受。

▼惹誰討厭？

概念必須能夠讓顧客的笑容如電影般出現，因此，必須確定要討好誰，也就是提供價值的對象。前面提到的Askul、西南航空和星巴克等企業，都是因為明確定義目標客戶，才建立出概念。關於這個部分，策略和行銷的相關教科書都已經談了不少，但是為了構思衍生出故事的獨特概念，還必須更進一步研究。

釐清「惹誰討厭」，是構思概念的第二項重點。釐清目標客戶，同時也是在區隔非目標客戶，徹底討好目標客戶的歡心，形同是讓被排除在目標客戶之外的客戶討厭。人也一樣，非常討人喜歡的人，同時也會惹得另外一群人討厭；非常受歡迎的人，或許也讓某個人看了不順眼。我認為，企圖惹某人討厭，是建立條理分明的概念，最有效的入門之道。

最明顯的例子，就是從美國起家的小型健身中心「可爾絲（Curves）」。正當我在寫作本書時，可爾絲已在全球開設一萬家店面，會員人數高達四百三十萬人，同時還被金氏世界紀錄認定為「全球展店最快、最大型的連鎖健身中心」。該公司在二〇〇五年進入日本，已經開設七百五十家健身中心。可爾絲的概念是「輕鬆塑身」，有別於以往的健身中心，主要是鎖定原本沒有運動習慣的主婦等女性顧客。

可爾絲追求的「輕鬆」，雖然也包括成本（每個月的會費為大型健身中心的一半）、地點（由於家數眾多，可就近經常前往）和時間（三十分鐘內，可輕鬆做完有助於美容和健康的必要運動課程）的「便宜、距離近和時間短」，同時也非常重視「不需在乎別人的眼光」。可爾絲的創辦人蓋瑞・希文（Gary Heavin）曾說：「可爾絲將三個M排除在外」[11]，一是「鏡子（mirror）」、二是「化妝（make-up）」、三是「男人（men）」。

可爾絲是女性專用的健身中心，男性無法成為會員。該公司「女性專用」的理論，就是毋須在乎旁人的眼光，不需要化妝前往，也不強迫顧客要看著鏡子裡正在運動流汗的自己，完全是一個能夠輕鬆依照自己的步調，為了美容和健康所需做運動的地方。與其說這是惹「男性討厭」，可爾絲從一開始，就完全排除男性會員，正因為沒有男人，女性就不用客氣，也才能夠真正成為一個輕鬆的場所，教練也全部是女性。

如果單純以人口靜止畫的角度來看，將男性排除在外，形同減少一半的客戶。但將男性排除在外，以往因為在乎男性眼光，而猶豫不想前往健身中心的女性，卻因此改變心意，這正是可爾絲快速成長的最主要的理由。

現在看來或許沒有什麼特別，但是，星巴克從一開始，就實施店內禁菸，如果就在咖啡的香味中放鬆的「第三種空間」的概念來看，吸菸者絕對就是破壞故事的壞人（我就是，但我不是強辯，因為我的「第三種空間」是健身房，所以不受星巴克歡迎，也無所謂）。由於星巴克徹底禁菸，積極惹吸菸者討厭，所以才能夠讓「第三種空間」的概念成立。

忙碌的人似乎也不喜歡星巴克，只要和羅多倫相比，就不難了解。位於都會區的羅多倫，其大多數的顧客要不是外出洽商的業務員，就是忙碌的上班族，如果真的很忙，應該沒有時間喝咖啡，但如果距離約定的時間還有十五分鐘，就會有不少人到羅多倫偷閒、休息一下。羅多倫內用的顧客，平均停留的時間不會超過十分鐘，他們一邊用行動電話確認郵件；或查看記事本，確定當天的行程；一邊抽菸（景氣不好的時候，至少想抽個兩根吧！）、一邊喝咖啡，然後準備走人，頂多待上十分鐘。

綜合咖啡的味道、香氣、裝潢、沙發和背景音樂等構成店面的要素，是讓顧客放鬆的重要因素，但是要實現「第三種空間」，最重要的當然還是前來消費的客人醞釀出的氣氛。如果以星巴克的概念為例，至少希望上門的客戶能夠一邊喝咖啡、一邊看書或和朋友聊天，享受至少三十分鐘的悠閒時光。但如果像羅多倫這樣都是忙碌的顧客，匆匆喝完咖啡，又匆匆離開，只會破壞「第三種空間」，就算該公司以建立「第三種空間」為概念，也只是空口說白話。

因此，星巴克在接受顧客點餐之後，會花時間慢慢沖泡咖啡，也就是讓顧客稍候。消費者在靠近門口的櫃台點餐之後，一杯咖啡在經過使用濃縮咖啡機泡咖啡的人，以及最後加牛奶的人等數人之手，花上兩、三分鐘，最後才在店內較後方的位置，把咖啡交給顧客。

這麼做或許是為了花功夫沖泡出好喝的咖啡，但是，讓顧客「等候」，對於維持「第三種空間」也有重要的意義。一旦人們認知到「來這間店必須等」，沒有時間的人（下意識地）就會選擇羅多倫而非星巴克，最後光顧星巴克的就都會是那些比較有時間、且生活方式符合星巴克期待的消費者。也就是說，為了維持「第三種空間」，星巴克寧可惹忙碌的顧客討厭。

不需要讓所有人喜歡你，這是在思考概念時的一個大原則。一旦確認要讓誰討厭你，當下就一定會流失部分的顧客；不過，不需要讓所有人喜歡，其實是企業的特權。如果是透過行政的公共事務，就沒辦法這麼做。必須讓所有人都喜歡你，這就是政府難為的地方。

然而，企業就能夠自行定義要「惹誰討厭」，一旦想要討所有人的歡心，就會讓故事出現不合理的地方，連帶影響條理分明的因果理論，喪失一致性。在聽到這些話之後，覺得不想讓這種情況發生的人，心中浮現的概念，才算是條理分明（當然如果是所有人都討厭的概念，那就另當別論）。如果真的討所有人喜歡，就會違反獨占禁止法。這雖然是玩笑話，不過，在構思概念時，是不能想要八面玲瓏的。

為了避免討好所有人，確實惹某些人討厭，最重要的是，在表現概念時，盡可能避免使用肯定的形容詞。在定義顧客價值時，難免會想要使用具有肯定意義的形容詞，例如「最好的品質」或「追求顧客滿意度」，但只要這麼一說，就無法釐清要惹誰討厭。因為「最好的品質」是一件好事，除非是個性非常彆扭的人，不然，大家應該都會喜歡，這也表示不確定要討好誰了。

而且，如果用肯定的形容詞來表達概念，當下容易停止思考。品質最好、服務周到當然是件好事，但在說明故事時，便使用肯定的形容詞，接下來就只能以「好！加油吧！」之類簡短的話語來結束故事。無論是西南航空的「在空中飛翔的巴士」，或星巴克的「第三種空間」，都看不到肯定的形容詞，正因為如此，才能夠激發出有趣的故事，所以還是要盡可能以價值中立的詞彙，來表現概念。

▼掌握人類的本性

構思條理分明的概念的第三項重點，也是最重要的一項，就是「概念必須掌握人類的本性」。如果只是列舉一些好聽的「好事」，無法建立獨特的概念。所謂人類的本性，就是指人為什麼高興、快樂，以及覺得有趣、厭惡、悲傷、憤怒、想要什麼、逃避什麼、需要什麼、又不需要什麼。

無論是Askul的「拯救久美子」，或星巴克的「第三種空間」，都是掌握人類本性概念的最好例子。在這些簡短的詞彙背後，隱藏著對人性的觀察。概念必須是像這樣充滿魅力或現實感，同時充分掌握人的心情和動作才行。

人的本性如字面所示，正因為是「本性」，所以不會輕易改變。當然與企業有關的市場環境、技術或景氣好壞等基礎條件，隨時都在變化，新的市場（現在就是印度、俄羅斯和中國）快速成長，新的技術接二連三出現，但如果只是掌握「當下的機會」，對最重要的人類的本性卻不予以理會，就只能夠釋出空洞的概念。

一九九〇年代後期，網路開始普及，一切的商業行動將徹底改變的說法喧騰一時。網路就好像隕石，使原本活躍的恐龍滅絕，創造出一個全新的世界。網路本身當然是劃時代的技術，眾多企業掌握網路出現的機會，提出各種「商業模式」，發展新的事業。

但我們必須記得使用網路的人類本性，並沒有太大的改變，我在前面已經說過，加入電子商務的企業，雖然不勝枚舉，但是大部分的企業都標榜當時流行的「二四—七—三六五」（二十四小時、七天、三百六十五天）、「全球投資」、「直接」、「非中介」（避開仲介業者），可是這些都是方法論，誤將表面的方法當作概念的企業，立刻就會淘汰。十年之後，只剩下亞馬遜和樂天等利用掌握人類不變的本性建立概念，創造策略故事的企業。

「狹域情報誌」《Hot Pepper》也是正視人類本性，建立概念的一個很好的例子。每天會在哪裡買東西？日常生活需要的資訊和平常與家人聊天的話題距離自己多遠？而按摩店、美容院或健身中心要在什麼地方，你才願意去？如果是我的話，應該差不多是距離我家半徑數公里的範圍內吧！即使現在已經是「資訊化社會」（就連這句話都已經落伍了），人們還是只在距離住家半徑數公里的範圍內蒐集資訊，進行大多數的日常消費，這就是人類的本性。只有「生活圈」的資訊，才是人們在日常生活中真正需要的資訊，正因為鎖定這些資訊，才能夠成為與實際消費連結的強而有力的媒體。

「狹域情報誌」不只是讀者和使用者，對於廣告和刊登的客戶，都是掌握人類本性腳踏實地的一種概念。《Hot Pepper》在創刊時，正好是網路最普及的時候，以往Recruit是將耗費成本蒐集而來的資訊，編輯成雜誌發行，不僅向提供資訊的客戶收取刊登費用，同時也可以從在書店購買雜誌的資訊接收者處獲取收益，這種「摸蛤仔兼洗褲」的故事，就是Recruit成長的關鍵。

然而，透過網路取得免費資訊的情況愈來愈頻繁，當時網路業界的許多公司為了留住使用者，拚命投資基礎建設和行銷。他們認為只要在網路上創造出使用者聚集的場所，總會有可以收費的項目。於是，為了聚集使用者，開始免費提供所有的資訊。而《Hot Pepper》為了因應這個現象，也開始提供讀者免費報紙。

但是，《Hot Pepper》有意識地鎖定紙張為媒體，而非網路，這是考量打廣告的客戶本性所做的選擇。像《Hot Pepper》這樣的生活情報誌，鎖定的客戶幾乎都是餐飲業或美容院等個人經營的事業，他們期待的客戶來自於生活圈中，因此，就算網路廣告成本再低、曝光率再高，也幾乎不會有人突然付費，刊登虛擬廣告。

如果是實際的紙張媒體，個人經營的事業支付刊登費用的可能性，也會跟著提高。因為除了印有照片的雜誌，不能夠親眼確認廣告實際在生活圈內出現的情形，即使免費分發給使用者，如果不能向客戶收取費用，也就無法成為事業。

想出《Hot Pepper》策略故事的平尾先生曾說：「我看準了網路時代會出現，所以乾脆反其道而行，用紙張媒體。」首先，是建立能夠向客戶收費的故事，然後再以前所未有的「折價券雜誌」的方式，讓讀者養成閱讀《Hot Pepper》的習慣。利用紙張媒體努力耕耘，將《Hot Pepper》經營成一個成功品牌之後，再將累積的客戶資訊和相關使用者轉移到網頁，這就是平尾先生構思的故事。也就是說，他一開始就已經在策略故事中，鋪好從紙張走向網路的道路。

至於概念必須掌握人類的本性一點，生產財也一樣。「垂直網路（Vertical Net）」是當時備受矚目的網路新興企業之一，該公司標榜的概念，就是「生產財的網路市場」，以成為生產財的垂直交易入口網站為目標，總共經營不同產業，共五十個以上的網站。其中，包括以化學業界為對象的「Chemical Online」和水處理相關材料的「Water Online」。

該公司以下列的標準，選擇要進入的生產財交易市場，首先就是市場規模大，尤其是必須具備一定水準以上廣告投資的市場；其次是，缺乏主流企業的分散型市場；第三是，引進新產品的比例較高；第四是，屬於全球型的產業；第五是，該產業在當時已經有眾多企業習慣使用網路。

如果從網路的特色來看，以上五點各有其合理的理由。「垂直網路」為了準備展開真正的電子商務，開始經營被稱為「內容與社群模式」的資訊內容網站。當下毋須結清帳款，但可提供買賣雙方互相了解，主要的收入來源是希望獲得潛在客戶的賣方所支付的廣告費用，因此，選擇廣告投資在一定水準以上（一千萬美元以上）的市場非常重要；而選擇新產品陸續上市、變化快速的市場，則能夠強化網路的速度強項；選擇全球化的市場，則是可以發揮網路的寬廣觸角，開發出在地球另一邊的交易對象。

第二項條件尤其重要。如果是存在龍頭企業且已形成交易結構的市場，「垂直網路」的服務就沒有什麼意義了。就以ＰＣ業界的戴爾和零件廠商為例，對於身為賣方的零件廠商而言，戴爾明顯是買方，而像戴爾這樣的大公司應該具備自己的網路調度系統，「垂直網路」根本無法介入。

另一方面，如果再從戴爾以賣家的身分販售個人電腦給法人的交易來看，買方當然知道戴爾的存在，也因為戴爾已經建立自家公司的網路銷售管道，所以也沒有理由運用「垂直網路」。因此，「垂直網路」才會鎖定沒有類似的龍頭企業，而是以小規模企業之間互相交易的生產財市場。

由於當時「垂直網路」是備受投資者關注的「明星網路公司」，因此，股票一上市便取得巨額的事業資金，投資者也希望該公司能夠順利成長。然而，「數位內容與社群模式」無法達到一定的事業規模，於是「垂直網路」將事業領域持續擴張至連帳單結算也一手包辦的電子商務，但大張旗鼓展開的生產財線上市場卻無疾而終。

這就是因為沒有完整的概念導致失敗的最典型例子。這樣的作法為什麼行不通？仔細想想，倒也是理所當然的事，因為生產財有別於消費財，不是一次性的交易，通常會持續進行。只要認識對方取得聯繫之後，即使不透過「垂直網路」，也能夠利用網路互動，所以不需要「垂直網路」的服務。

而且買賣生產財，除了價格之外，還需要包括：產品相關資訊、供應商誠信、交貨期限、品質保證，以及售後服務等詳細資訊……，要蒐集這些資訊非常麻煩。由於「垂直網路」初期的目標是希望利用網路的強項，能夠以較少的資金快速在市場上占有一席之地，在短時間內便將觸角伸進各個領域，因此，無法提供交易生產財必需的資訊給買家。

上述所說進入市場的五個條件，都企圖活用網路的強項，說來倒也「合理」。但問題就在於不夠了解使用者的想法和行為，借用經濟學家沈恩（Amartya Sen）的一句話，他們應該可說是「理性的傻瓜」（rational fool）。「垂直網路」之所以失敗，就是因為利用空洞的概念，建立條理不夠分明的故事。回顧以往，愈是像在網路這種新的事業機會出現的時候，就會有愈多「理性的傻瓜」，只顧著追求眼前的新的機會，對於重要的人類本性視而不見，導致概念不夠完整。

一九九〇年代末期，大家經常使用「dog year」這個不太好聽的字眼，意思是說狗的壽命只有人類的七分之一，所以狗的時間流失速度是人類的七倍。一旦利用網路進入數位化時代，事情發生的速度就會跟狗的時間一樣快。但是，人不是狗，愈是喜歡忿忿不平地抱恕「現在是dog year時代」的老男人，愈是想要活到一百歲（換算成狗的壽命，就是七百歲）。

就技術來說，網路確實是一種革命，不過，一旦太過強調「ＩＴ革命」，舊有的一切，都必須進行階段性的改革，而且是非變不可。無論是以往或現在，商業都是人與人之間的行為，人類的本性不會這麼輕易改變，會因為什麼而覺得高興、有趣、討厭、悲傷，從江戶時代或許從更早之前，就幾乎沒有改變。

目前和ＩＴ熱潮時同樣蓬勃的事業機會，應該是環保科技和銀髮族市場。不過，類似的「旋風」只是一種外部因素，是任誰都能夠享有，也會受其影響的大環境變化。即使看準了環保科技或銀髮族市場，不代表就能夠自動產生獨特的概念。要趁著順風航向新的大海是一件好事，但必須要有能夠承受風力的船桅，而且這股風勢有時候會變成強風，不斷有企業加入，讓海面變得波濤洶湧；倘若船桅不夠穩固，就容易在強風中折斷，而概念就好像船桅，愈能夠掌握人類的本性，船桅就會愈強韌。

Askul也是一家經營成功且備受矚目的網路事業公司，但是該公司策略故事的起點，是鎖定在小型公司兼職的「久美子小姐」的概念，網路只是構成故事的要素之一。Askul的創辦人岩田彰一郎曾經表示，他覺得自己的公司被稱為「電子商務公司」並不恰當。岩田認為，「我們並不是一開始就打算從事電子商務，只是因為考量顧客的方便，最後才利用網路」[12]。事實上，Askul在初期，幾乎所有的訂單都是透過傳真，而非網路接收，小型公司使用網路有限，如果硬要使用「久美子小姐」不習慣的網路，反而會惹人討厭。比起更「講究」的網路，考量小型公司的顧客本性，傳統的傳真應該是更自然的選擇。

▼人類的本性不會改變

我一直不斷強調，策略故事必須是「長篇故事」。只要建立一個故事，即使無法永久保固，未來十年、十五年，甚至是二十年，使用相同的故事，來保持長期獲利，是我的理想。故事不會因為時間的潮流而任意改變，故事的壽命也必須比外在的機會存在得更久。

為了盡可能拉長故事的有效期限，最重要的是，掌握人類不變本性的概念。與企業有關的概念和機會，隨時都在改變，如果只是追求不斷變換的環境和機會的表象，只會讓自己眼花撩亂，無法構思出條理分明的故事。因此，必須有掌握人類「不變」本性的概念。Askul後來把辦公用品郵購擬定的故事，擴展到醫療業界（二〇〇四年）和餐飲業界（二〇〇五年），且持續成長[13]。這就是前一章所說的藉由不斷找出擴張故事的可能，「增加故事的長度」。即使往其他業界發展，基本上，也是因為Askul當初的概念，掌握了人類普遍的本性。

由於醫生和護士不分晝夜，都十分忙碌，因此，幾乎都是在嚴格的時間限制下，趁著工作空檔，訂購導尿管或繃帶等醫療器材或用品，也就是說，醫院裡也累積了不少像前面提到小型公司的「久美子小姐」一樣的困擾。從Askul的概念來看，進入醫療業界，是延續既有策略故事極其自然的作法。

針對餐飲業的郵購事業，Askul也提供業務用的洗潔劑、菜刀和餐具等各項用品，同時也活用當初拯救「久美子小姐」的概念。餐飲業由於人手不足，只要有客人上門，幾乎所有的人力都要用來支援餐點烹調和服務。開店前，必須忙著生鮮食材的進貨；打烊後，還有做不完的清潔和結帳工作。因此，店家會希望能夠盡量節省準備備品的時間。考量到淺草的工具街買東西的時間，以及必須提著沉重的清潔劑回公司的辛苦，向Askul訂購更有效率。而且一般餐廳空間會優先提供給用餐區使用，倉庫都侷限在有限的狹小空間，裡頭還塞滿備品。如果向Askul訂貨，即使數量不多，也能夠隨時送貨到府，可以有效利用有限的空間，這就是Askul的價值。

掌握人類的本性，和「利用市調了解客戶的需求」，是完全不同的兩碼事。如果不了解客戶，就無法建立概念，但是無論如何傾聽顧客的心聲，也無法構思出掌握人類本性的概念。因為顧客只負責「消費」和「購買」，對不需負責的人有過多的期待是一種禁忌。

無論是「在空中飛行的巴士」或「第三種空間」，都不是傾聽顧客的心聲所得到的概念。即使蕭茲再有系統地蒐集顧客的意見，也應該不會有顧客機靈到說出「請營造第三種空間」，頂多只會出現「營業時間再晚一點」、「希望增加新的餐點」、「我喜歡卡布奇諾，但是濃縮咖啡太濃了些」等「需求」。即使蒐集再多類似的「意見」，也無法構成概念。

帶領任天堂開發出包括「超級瑪莉歐兄弟」等眾多暢銷遊戲軟體的宮本茂曾說，構思遊戲的概念時，不可以聽取使用者或距離使用者較近的業務部門提供的意見回饋[14]。

什麼叫做有趣？一個遊戲為什麼有趣？如果沒有具體的概念，就無法開發遊戲，而這些答案只存在於我們的腦海中。只要確立大家都能夠接受的概念或「主題」，剩下的就是讓它逐漸成形。……（中間省略）……在思考概念時，不需要業務團隊或使用者的意見。

業務因為身處與對手競爭的第一線，所以不想輸給其他公司的遊戲軟體。一旦有某家公司開發出熱賣商品，如果正好使用又長、又講究的片頭或片尾（角色扮演遊戲的開頭或結尾處，使用有如電影般的畫面），這些人就會認為「我們也應該增加更長、更精采的片頭或片尾」。……（中間省略）……

消費者的意見，也不能照單全收，因為他們只會要求「品質更好，動作更流暢的畫面」，到時候就會變成這個也要、那個也很重要，沒完沒了，只會模糊概念的焦點。……（中間省略）……

雖然在開發的過程中，會從不同的使用過程，選擇適當的人試玩，但也絕對不要向他們說明遊戲的概念或有趣之處，而是應該讓他們直接開始試玩，記錄他們使用的狀況，然後再加以觀察，確認他們覺得哪裡好玩、哪裡無聊、在什麼地方會停下動作，什麼時候把遙控器放在一旁、是否了解開發者隱藏在作品中的趣味。

藉由觀察試玩者，來了解概念是否奏效，不斷重複這樣的工作，將會成為構思下一個概念時的養分，也就是說，概念只能靠自己思考。無論做什麼樣的投資，如果不自己思考，就無法構思出概念，不能受到流行的創新技術，或當時大幅成長的市場規模、眼前的客戶意見等「外部情況」的影響。

為了確實掌握人類不變的本性，重要的是，要有意識地阻擋表面的誘惑和大量的資訊。宮本先生表示，他之所以將總公司設在京都，是因為「如果設在像東京那種資訊氾濫的地方，在那樣的影響下，反而無法構思出有趣遊戲的概念，像京都這種遠離大都會的城市剛剛好。」[15]

為了建立掌握人類本性的扎實概念，釐清真正需要相關產品和服務的對象、利用的方式、喜歡和覺得滿意的原因等顧客價值，細節的真相比什麼都重要。我在前面也不斷強調，最重要的是真正的「原因」，就算是利用Google進行大範圍的檢索，不斷挖掘相關的資訊，也無法找出與真正的顧客價值有關的「原因」。

對所有人來說，最真實的「原因」，應該是在自己的生活和工作當中，因為沒有任何「顧客」比自己更能夠了解真實的情況。請各位想想，自己購買商品或服務時的情形，你為什麼會付錢？為什麼會覺得有價值？就算不打腫臉充胖子，只要仔細回想一下，一定能夠找出非常真實的原因。即使不是消費財也一樣，每天應該都能夠在工作中，感受發現小小的方便、價值、不便或不滿。

大家必須養成習慣不放過日常生活或工作中快樂、有趣、不便、憤怒或懷疑的事，並思考其背後的「原因」。雖然這麼做，看起來像是在繞遠路，但我認為，這是構思概念最好、也最短的捷徑。我相信，無論是多創新的概念，最初的發想都是來自於日常習慣的累積。

以上我雖然談了很多，但是本章要傳遞的訊息非常簡單，那就是在擬定條理分明的故事時，最重要的是作為起點的概念。「結果好就好」這句話，無法套用在策略故事上，因為如果起點空洞不實，無論後續採取什麼樣的措施，都無法建構出強度、厚度和長度都足夠的故事。一切止於概念，這就是本章的重點。

下一章，我將會談到策略故事5C中的最後一個「關鍵核心」（Critical Core）。我不是故意吊大家胃口，不過，這個相當於起承轉合的「轉」的部分，是擬定故事時，最值得研究的地方（我在前一章的結尾，好像也說了同樣的話）。

1 藤原雅俊（二〇〇五），「理光——走在數位化時代之前的濱田廣」，三品和廣編著，《經營要花十年功》，東洋經濟新報社。

2 福武哲彥（一九八五），《福武之心——專心一意之路》，Benesse Corporation。

3 這裡所說的Book Off的例子，是參考佐藤弘志（Book Off Corporation代表取締役社長的訪談（二〇〇九年七月）。有關Book Off策略的細節，可參考藤川嘉則、吉川惠美子（二〇〇七），「Book Off Corporation ——二手商的服務創新」，《一橋Business Review》，五十四卷四號。

4 平尾勇司在二〇〇三年成為Recruit狹域 Business Division Company的執行董事，不久後便卸任。關於Hot Pepper的例子，除了參考平尾先生的訪談（二〇〇九年四月）之外，還參考了他的著作平尾勇司（二〇〇八），《Hot Pepper奇蹟故事——Recruit式建立「快樂事業」的方法》，東洋經濟新報社。

5 平尾（二〇〇八）。

6 〈Playboy Interview〉，《Playboy日本版》，二〇〇〇年四月號。

7 "Mighty Amazon," Fortune, May 26, 2003.

8 一九九九年六月二十五日，三木谷浩史在一橋大學創新研究中心的研究會「HR協會研究會」的發言。

9 Howard Schultz and D. J. Yang（一九九七），Pour Your Heart into It, Hyperion Books（日譯《星巴克成功物語》，小幡照雄、大川修二譯，日經BP社，一九九八年）

10 青島（二〇〇一）。

11 「創造出世界最快的FC的人」，《日經Business》，二〇〇七年九月三日號。

12 一九九九年十一月二十四日，岩田彰一郎的訪談。

13 「不斷轉用明日送達的架構」，《日經Business》，二〇〇六年八月二十一日號。

14 宮本茂（任天堂專務取締役情報開發本部長）的訪談，二〇〇六年三月。

15 同一訪談。

▼起承轉合的「轉」

「起承轉合」原本是指由四行句子組成的漢詩絕句結構。漢詩的絕句，從第一行起，分別被稱為起句、承句、轉句和合句，原本的意思也被用來表示故事的發展和結構，以下的通俗歌謠，就是一個說明起承轉合很有名的例子。

京都三條糸屋之女（起）
姐十六妹十四（承）
諸國大名用弓箭殺人（轉）
糸屋之女用眼睛殺人（合）

「起」是引進故事的部分，介紹故事的主題和故事發生的原因等發展故事的基礎前提。

總之，就是京都三条的某絲線店老闆有兩個女兒。

「承」則是承接「起」提出的主題，更進一步幫助了解扮演連結引進故事的「起」和故事核心「轉」的角色。這首歌謠的「承」，單純將重點放在由「起」開始發展的故事，只說明絲線店老闆的女兒是一對分別為十六和十四歲的姊妹，並未大幅著墨。

接下來的「轉」是故事的核心，這個部分也被稱為「高潮」，是整個故事中最精彩的部分。在這首歌謠中，原本以為接下來會描述絲線店姊妹的故事，但卻突然出現諸國大名用弓箭殺人的駭人聽聞內容。類似這樣在故事中，發揮最大的轉機，利用讀者不知道的事件超乎想像的發展，引起他們的關心和興趣的，就是「轉」。

最後的「合」，也被稱為「結」，描述故事發展的最終結果，總結整個故事。「絲線店老闆的女兒用眼睛殺人」的說法別具一格，讓人不禁想像這對姊妹可愛的模樣。

絲線店姊妹的故事，就說到這裡，接下來要談談策略故事的起承轉合。請各位再回憶一下策略故事的5C（第三章的表3.1），為了擬定條理分明的策略故事，確實掌握這五個C是非常重要的事。前一章已經提到其中的概念，也就是顧客價值的真正定義「實際銷售對象和內容」。故事始於構思掌握人類本性的獨特概念，而概念就相當於起承轉合的「起」。如果無法建立概念，就不可能創造出條理分明的故事。

將概念具體分類為構成要素的過程，就是故事的「承」。藉由構成要素互相連結，創造出競爭優勢，而競爭優勢就是創造出「長期獲利」的原因，最後實現的競爭優勢，就是故事的「合」，也就是「皆大歡喜」。這個部分已經在第三章詳細說明過了。

擁有明確的起承轉合，是古今中外好故事的基本條件；其中，最重要的是，確實掌握讀者心的「起」，以及發展故事的關鍵「轉」。策略故事也一樣。本章將會討論策略故事的5C中的最後一個「關鍵核心」，關鍵核心相當於「轉」，可說是故事最精彩的部分。關鍵核心和概念都是決定策略故事好壞的關鍵，以足球為例，足球員為了利用射門（競爭優勢），將球踢進球門（長期獲利），會不斷傳球（構成要素），其中的「關鍵一傳」，就是關鍵核心。

「作為策略故事一致性的基礎，同時也是維持競爭優勢來源的重要構成要素」，這就是關鍵核心的定義。如果將這個定義分成前後兩段，就會發現關鍵核心具備兩個條件，第一是「同時與其他構成要素互相連結」。如字面所示，關鍵核心是整個故事的核心，與其他構成要素之間關係密切，能夠「一石數鳥」，這與前半段的「故事的一致性」有關。

第二是「乍看之下，看似不合理」。如果將關鍵核心和故事切割，在競爭對手眼中，看起來就會是「不合理」，而且「不應該做」，但若是放在整個故事中，就會顯得非常合理，關鍵核心就具有這種雙面的特徵。從這個角度來看，關鍵核心可以扭轉「故事」，就是起承轉合的「轉」。第二項條件與定義的後半段「維持競爭優勢」有關，具有特別重要的意義。

▼星巴克的故事

如果只談概念性的定義很難了解，以下將借用前一章在討論概念時，提到的星巴克的例子。我將從結尾的部分，開始討論星巴克的策略故事[1]。

首先，是為了長期獲利的射門，也就是競爭優勢。羅多倫咖啡是星巴克在日本的競爭對手之一，該公司以低成本作為競爭優勢，長期以一杯一百八十日圓的價格提供咖啡。針對這個作法，之前我也提到，星巴克希望最終能夠爭取的競爭優勢，是提高ＷＴＰ（willingness to pay，顧客願意支付的金額水準）。當初（在美國）以濃縮咖啡為基底的咖啡，是非常少見的服務，但是星巴克在初期便計畫於全美快速開設七百家店的作法，可看出該公司不只是想要建立利基市場而已。也就是說，星巴克希望取得的競爭優勢，不是「無競爭」，而是在與其他公司競爭的同時，能夠獲得更大的ＷＴＰ。

如果顧客覺得值得付出更大的代價，就表示星巴克具有這樣的加分價值，而這個價值的本質，就是概念。我在前面提到的「第三種空間（third place）」，就是星巴克特有的概念，也就是不賣咖啡，而是賣在悠閒的氣氛中放鬆的經驗和文化，咖啡只是一種方法。

第三種空間的概念定義，不只能夠提高單價，就提高顧客來店的頻率而言，也對提高WTP有所幫助。顧客將星巴克當成平日的避難所，習慣上門光顧。

如果以足球為喻，WTP（競爭優勢）和第三種空間（概念）是星巴克策略故事的陣型。利用這個陣型，將球踢進長期獲利的目標，是故事的結局。

陣型確定之後，接下來的問題，就是「傳球」，也就是將概念分解為構成要素。星巴克為了實現第三種空間所採取的作法，大致可分為五類：那就是「店內的氣氛」、「開店與地點」、「營運型態」、「工作人員」和「餐點」。此時，最重要的是，每項構成要素為什麼會和第三種空間的概念有關？而彼此之間又是如何產生連結？

1　店內的氣氛

悠閒且可放鬆的氣氛，當然是實現第三種空間的要素。為了讓店內的氣氛舒適穩定，星巴克採取各種作法，前一章提到的店內禁菸就是其中之一種方法，因為咖啡香是放鬆的重要元素。

間接照明、節奏輕柔的背景音樂、坐起來舒服的大沙發、與店面面積相比數量較少的座位（比羅多倫少很多），搭配各種放鬆的方式（獨自一人或與朋友聊天）安排座位的室內布置，都是實現第三種空間的概念的有效作法。

這雖然是細節，但如果不是外帶，而是在店內飲用，星巴克有許多分店都採用紙杯，這個選擇也和概念有關。因為如果使用馬克杯，店內就會出現杯子碰撞的噪音，干擾第三種空間的形成。

2 開店與地點

星巴克採取集中在精華地點開店的策略。剛打入日本市場時，也從銀座開始限定在丸之內、大手町、六本木、麻布、涉谷和青山等一流的地段開店。當時，松戶和錦糸町還沒有分店（雖然松戶和錦糸町也是不錯的地方）。

為什麼「精華地段」對星巴克的故事很重要？我們就來討論其中的因果關係。首先，大家會想到的是精華地段的人口密集，經濟條件較為理想，因此，消費者願意支付較高的價格，但是這樣的理由並不充分。競爭優勢確實是WTP，不過，星巴克的故事並不是盲目追求WTP。提高WTP的根據，在第三種空間的概念中，有明確的定義，因此，必須思考為什麼選擇在精華地段開店與實現第三種空間有關。

星巴克重視的是目標顧客利用星巴克的原因，第三種空間鎖定的目標是在「第二種空間（辦公室）」用腦工作過度的上班族，這些人需要平常能夠放鬆的「避難所」，而且這個地方必須有別於「第一種空間」（自己的家），能夠讓一個人或和知心好友一起放鬆。

有趣的是，星巴克的創辦人霍華．蕭茲發現，放鬆其實是一種相對的概念。如上所述，店內的氣氛悠閒當然很重要，但星巴克希望顧客在進入星巴克之前，是處於情緒高昂的狀態，如果在進入店內之前，情緒很高昂的話，就會和店內的氣氛產生極大的落差，會更容易有放鬆的感覺。

以東京來說，星巴克就選擇在丸之內或大手町之類的商業區，在使用腦力、工作壓力較大且人多的地方開店。此外，也選擇因為購物而情緒亢奮的人較多的銀座開店。在進入星巴克之前，情緒愈高漲，進店之後，客戶就愈能感受到放鬆的氣氛。這麼一來，就更能夠有效地讓顧客了解星巴克概念構想的顧客價值，應該也就能夠了解該公司選擇在精華地段開店，與第三種空間這個概念之間的因果關係。

由於星巴克完全沒有想過只追求利基市場，因此，目前也有在郊外開設眾多分店。松戶和錦糸町也出現星巴克（但我居住的鷺沼還沒有），不過，這已經是在星巴克進入日本市場之後，才在「非精華地段」開設的分店。對星巴克而言，初期最重要的是，讓顧客了解概念，並能夠親身體會，而不是光有理論。如果立刻在松戶或錦糸町開店，因為當地的氣氛原本就十分悠閒，很難讓人感覺到在進入星巴克之後有多放鬆，這樣就無法讓顧客有效了解該公司的概念。這就是為什麼星巴克要等到第三種空間的形象已經滲透到整個社會，確立品牌形象之後，才到松戶和錦糸町開設分店的原因。

關於開店，星巴克還有一項饒富趣味的作法，那就是被稱為「群聚」的集中開店方式。我在寫作本書時，星巴克光是在東京的港區，就開設了將近五十家分店，光是六本木Hills，也開了三家。如果就外食產業的常識來看，星巴克形同是以「同類相殘」的密度開設分店，這就是該公司所重視的店鋪群聚。

星巴克為什麼要這麼做呢？這是因為該公司希望利用集中開店，讓每家分店成為宣傳的手段。換個角度來看，星巴克並沒有花大錢在報章雜誌或電視等媒體大打廣告，只要思考與概念之間的因果關係，就不難了解其中的道理。如果星巴克提供的價值不是第三種空間的空間或經驗，而是「很好喝的咖啡」或「特製餐點」，媒體行銷應該會有它的效果，因為容易透過語言和印象傳遞價值。

但由於星巴克提供的是更複雜的經驗價值，要將「在充滿壓力的日常生活中短暫放鬆」的價值寫成文字很簡單，可是如果不讓顧客親身體會，就無法讓他們了解正確的感覺。在引人注目、交通繁忙的地點，開設數量驚人的分店，就是必須讓顧客完全體會到什麼叫做第三種空間，故事才能繼續說下去。

這件事和精華地段一樣，在初期都特別重要，只要去過星巴克，即使不是每個人也會有一定比例的顧客，對於第三種空間深受感動，進而喜歡。而這些人當中又會有一群人成為回鍋客，充分了解星巴克的概念。透過這些人的口耳相傳，傳遞正確的概念，增加新的客戶，而這些人實際的感受又會讓大家更了解星巴克的概念。為了形成這樣的良性循環，星巴克減少投資在廣告上的金額，取而代之以店面作為宣傳的據點。

3 營運型態

連鎖店的營運型態，大致可分為加盟和直營兩種，除了機場分店等有部分的例外，原則上，星巴克從一開始就以直營的方式拓展分店，在日本也一樣。該公司與Sazaby（現在的Sazaby League）成立合資公司「Starbucks Coffee Japan」，除了車站和機場等不易以直營方式成立分店的商圈外，其他的分店都是以直營的方式經營。

為了實現並維持第三種空間的概念，必須從各方面微調服務，因此，星巴克不採取各店有獨立店長的加盟方式，而是採取直營的方式。

4 工作人員

在星巴克店內從事服務工作的員工稱為「夥伴（Barista）」。Barista是酒保的義大利文，原本是指義大利Bar（提供咖啡、輕食，可以站著喝點小酒的咖啡廳）的店員。

一九八三年，星巴克還只是一家咖啡豆的零售公司，總裁蕭茲為了進貨，前往義大利的米蘭出差[2]。當時，他第一次去義大利的Bar，對於Bar展現的文化底蘊深受感動，咖啡侍者彷彿要讓顧客放鬆的動作，更是讓他印象深刻，那次的經驗成為他創立目前星巴克的動機。正因為如此，星巴克在一開始就強烈意識到除了店內的裝潢、外觀、店內陳設等硬體，對於第三種空間，夥伴這項人力資源也是重要因素。

我曾經在米蘭的Bocconi大學商學院教過書，當地不愧是Bar的發祥地。校園四周就有許多Bar，我在課堂的空檔常去一家Bar，因而認識店裡的侍者。因為也認識其他的客人，所以會閒聊兩句、喝杯咖啡、放鬆一下，真的是標準的第三種空間。

我特別喜歡某一家Bar，經常會往那裡跑，也是因為那家店的咖啡侍者。我第一次去的時候，他就恰如其分地找我閒聊，先問我來米蘭做什麼，我問他為什麼大家都喜歡到Bar來？義大利人為什麼喜歡在路邊並排停車？而義大利的女人為什麼不穿絲襪？每次去都閒聊兩句，讓我非常喜歡那家店，認識的人也愈來愈多，突然發現他變成了我的第三種空間。咖啡侍者的閒聊非常貼心，對待顧客也恰如其分，表現得非常完美。

這應該是有傳統歷史文化發祥地的人，才有的技術，而不是一朝一夕就能夠模仿的服務。但星巴克也花了相當大的功夫培養咖啡師，為了培育咖啡師，星巴克的所有員工（大多是兼職人員）都必須接受二十四個小時的教育課程，除了能夠泡出好喝的咖啡，咖啡師還必須和顧客溝通、應對得體，並提供與咖啡有關的知識。關於客戶問候，幾乎所有開設連鎖分店的競爭對手，都是依照手冊採取機械化的因應之道，不過，星巴克的咖啡師每個人都有不同的打招呼方式，如果是經常上門的熟客，還會跟你閒聊一下。

為了降低擁有技術和know-how的咖啡師的流動率，星巴克將每個星期工作超過二十小時以上的人，稱為「夥伴」，提供員工認股和健康保險等各項福利。由於美國有百分之三十的國民沒有保險，就幾乎沒有企業連兼職人員都適用健康保險的情況來看，這堪稱是格外優厚的待遇，也表示該公司將「人」這項資源，定位為構成第三種空間的重要因素。

5 餐點

星巴克的目的是提供第三種空間，而咖啡這項商品雖然是一種手段，但高品質的咖啡卻是顧客享受第三種空間的必要條件。星巴克堅持採用阿拉比卡的濃縮咖啡，而且在自家工廠進行深度烘焙，為了讓經過訓練的員工利用標準化的程序沖泡咖啡，以便能夠在每一家店提供相同水準的咖啡，星巴克對於操作的過程嚴格控管。

為了確保咖啡豆的新鮮度，星巴克規定開封後七天內必須使用完畢，超過七天的咖啡豆，就捐給當地的慈善機構。他們之所以如此講究鮮度，原因之一是為了確保味道，不過，更重要的原因是為了維持店內飄散的濃郁咖啡香。咖啡的香氣深受咖啡豆鮮度的影響，星巴克認為，咖啡香對於營造第三種空間的氣氛，是極為重要的因素。

餐點主要是由拿鐵、卡布奇諾、瑪琪哈朵和康寶藍（對美國人來說）等聽不慣的商品所構成，這也是與概念有關的一種作法。美國人每個人的咖啡消費量原本就比日本多，他們在家或在辦公室喝的幾乎都是口味比較淡、能夠大口飲用的美式咖啡。雖然星巴克的餐點也有這樣的商品（美式咖啡），但是不主打這種「一般的咖啡」，才能夠凸顯第三種空間有別於住家和辦公室的價值。

星巴克不只提供各類咖啡，還可以依照顧客的喜好客製化，例如降低咖啡的溫度、使用低脂牛奶取代一般牛奶、增加濃縮咖啡的份量、增加咖啡的濃度等，即使如此，放鬆是個人的經驗，星巴克重視每位客人的差異。

星巴克對於咖啡飲品和沖泡的過程，雖然嚴格標準化，但店面販賣的餐點（點心或甜點等）卻採取在不同分店和地區引進當地商品的作法，坦白說，星巴克並沒有花太多的功夫在餐點上。

以日本為例，羅多倫就比星巴克要更講究餐點，不論是「德國熱狗」或「米蘭三明治」等輕食，都十分受到羅多倫的目標顧客，也就是時間緊迫、希望利用到下一個約定時間之前的十五分鐘休息一下（而且可以抽菸）的人的歡迎。因為如果沒有時間，還可以喝杯咖啡，在短時間內用個餐。

由於星巴克不是餐廳，如果在餐點上下太多的功夫，可能會被用來當作和羅多倫一樣的「有效率的用餐場所」。這麼一來，短時間內能夠用餐的功能價值，就會優於第三種空間的精神價值。提供食品，雖然能在短時間內提高顧客消費的單價，但是如果因而模糊策略的概念，就會讓公司賠了夫人又折兵，所以星巴克才刻意不在餐點上花功夫。

▼一致性的基礎

前面分別針對「店內的氣氛」、「開店與地點」、「營運型態」、「工作人員」和「餐點」等五個項目，分析星巴克策略故事的構成要素，以及這些要素與概念之間的因果理論。大家應該都了解該公司為了實現第三種空間的概念，採取各項的措施，而且這些措施與概念之間，都有明確的因果理論。這就表示星巴克的策略是一個「很強的故事」。

那麼，我要請問大家在上述的五個項目中，位於策略故事核心位置的關鍵核心是哪一項？請各位以霍華．蕭茲的立場來考量，以第三種空間的概念作為起點來擬定故事，藉此提高WTP，爭取競爭優勢。每個構成要素和概念之間，都有緊密的因果理論，由此可知，這五個項目都是非常重要的因素，缺少任何一項措施，都會無法實現第三種空間，而且也無法提高WTP，爭取競爭優勢。但是，如果要排序的話，對霍華．蕭茲這個教練而言，相當於「致勝關鍵」的構成要素是哪一項？

應該有不少人會認為，如果真正銷售的商品是第三種空間，因為是直接代表空間的意思，所以關鍵構成要素應該是「店內的氣氛」。這是一種迴歸分析式的思考，如果是從五項構成要素中，對於形成第三種空間最具影響力的觀點來看的話，「店內的氣氛」的效果或許最大。

如果要讓其他公司無法輕易模仿，「工作人員」展現的組織能力，尤其是用心培養的咖啡師，才是關鍵的構成要素。在星巴克成功的刺激之下，日本的羅多倫也以「EXCELSIOR CAFFÉ」為名，成立不同品牌的連鎖店。店內的設計、地點和沙發等內裝，或許能夠模仿到某種程度，但是工作人員提供的服務品質，卻必須花時間培養，所以是很難可以立刻模仿的要素。

如果是關注事情發生的先後順序的人，或許會認為「開店和地點」是關鍵核心。因為如果不是在具備所有有效呈現第三種空間的條件下開店，就無法展開後續的故事。「店內的氣氛」、「工作人員」和「開店和地點」確實都具備「關鍵的重要性」，不過，如果就連結構成要素之間的因果理論來看，就會發現利用直營的方式經營分店，才是「致勝關鍵」。

圖5.1是表示各個構成要素之間的因果理論。「店內的氣氛」、「開店與地點」、「工作人員」和「餐點」與概念之間的因果理論（實線的箭頭），和前面說得一樣，而且可以清楚看出這些要素有強化彼此效果的關係（雙向的箭頭）。

這四種構成要素對於實現第三種空間而言，都是不可或缺的條件，但值得注意的是，要能夠運用，並維持這些構成要素，必須採取直營的方式（虛線的箭頭a—d）。如果採取加盟，將無法充分發揮形成概念必要的構成要素。總之，就是「如果無法採取直營的方式加以控制，第三種空間就只會是空談。」

不過，必須仔細思考圖中直營方式朝剩下的四個要素的虛線箭頭a到d，究竟代表什

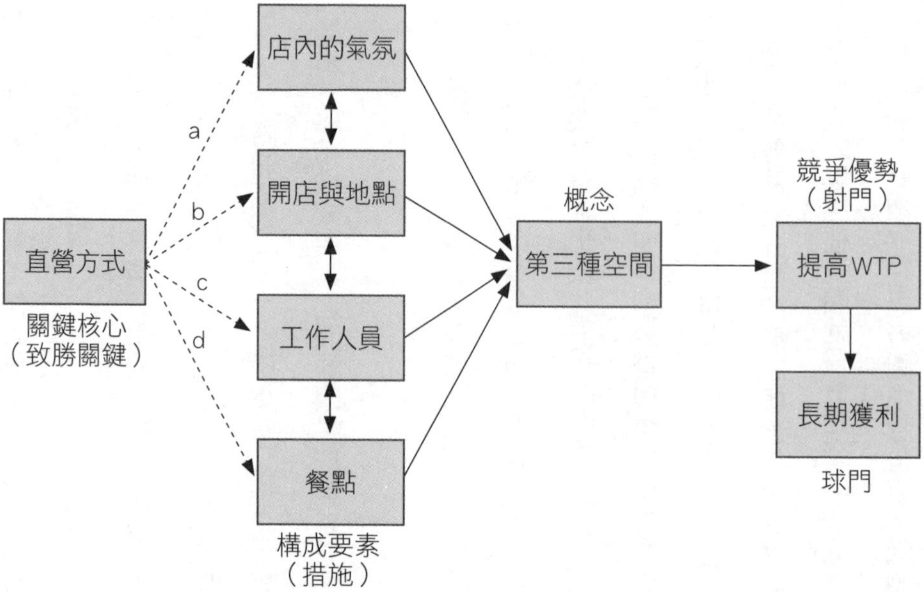

圖5.1　星巴克的策略故事

麼？因為不知道「是不是真的不採用直營，就無法滿足這些構成要素？（加盟辦不到嗎？）」

採用直營，相對來說，的確能夠妥善掌握狀況，但是以連鎖的方式發展事業的企業，有不少就採用加盟。企圖迎頭趕上星巴克的「Seattle's Best Coffee」便採取加盟的方式，而日本的羅多倫咖啡在我寫作本書時，已經開設一千五百家分店，其中約有三百家是直營店，主力還是加盟店。不只是咖啡，便利超商、洗衣店、加油站等據點較多的連鎖店，一般都是採取加盟的模式。

如果是採取加盟，總部和加盟主

之間事前當然會簽訂契約，並不是一切都交由加盟主自行決定。總部可以監管加盟主的行為，如果加盟主違反契約，總部可以進行修正或解約。

仔細想想，採用加盟的方式，在某種程度上，也可以依照契約進行控管，應該沒有7－11的店長在晚上十一點時因為太累而提早關門；也應該不會有Lawson的店長會任意進貨擺在店內銷售。無論是營運模式、服務或店面規劃，每一家連鎖超商，在某種程度上都已經標準化。

另一方面，直營比起加盟必須耗費的成本較大。星巴克在一九九二年股票上市後，便加快開設分店的腳步，三年內在全美國開設超過五百家店面，光是初期的投資，每店平均高達二十三萬美元。如果採取加盟，由於建築物和土地必須由各店加盟主自行負責，因此，可大幅降低開店成本。之前提到以連鎖的方式開設小型健身中心的可爾絲，一九九二年在德州開立一號店之後，之所以能夠在十五年內便在全球六十個國家開設一萬家分店，也是因為採取加盟的關係。

如果考量營運成本，直營會加重成本的負擔。如果是加盟的話，雇用員工的人是各分店的加盟主，但因為星巴克採用直營，所以必須負責各分店的所有工作人員，也就是說，選擇直營，事實上必須付出極大的代價。如果7－11或Lawson所有的分店也採取直營，將會非常沒有效率。

換句話說，星巴克的策略故事中，應該是有非採取直營方式，也就是願意承受這種負擔的「迫切理由」。

接下來，我們就針對圖5.1 a到 d所代表的理論，逐一進行討論。首先，是指向「餐點」的箭頭 d，採用加盟在某種程度上，應該能夠控制咖啡的品質或餐點等要素。只要總部負責供應咖啡豆，準備沖泡咖啡的機器，將操作的程序標準化，即使採用加盟也能夠實踐與「餐點」有關的要素。

其次，是與「工作人員」有關的箭頭 c。這個部分要以加盟的方式來做，或許有些困難。加盟店是由各分店的加盟主負責聘雇員工，這些人基本上是兼職人員，隨時都可能辭職。因此，對加盟主而言，在人力上做投資或許不切實際，甚至是一種浪費。但是，如果由總部負擔咖啡師二十四小時教育課程的成本，採用加盟的方式，在某種程度上，或許也可以培養咖啡師。

與「開店和地點」有關的箭頭 b，就很難以加盟的方式實現。如果以加盟的方式開店，會怎麼樣呢？以日本的情況來看，如果是加盟的話，在星巴克進入日本市場時，就會開始招募加盟店尋找願意加盟的人。此時，願意加盟的人當中，應該也有不少是來自松戶、錦糸町或鷺沼等「非精華地段」的人（我要再說一次，我覺得松戶是不錯的地方）。考量東京的地價，應該沒有什麼人會願意在銀座、大手町、丸之內或青山經營加盟店吧！雖然這是理所當然的事，不過，採用加盟的方式開店，地點的選擇就會受到限制。

以加盟的方式更難實現的是分店的分群，由於加盟店會以形同自相殘殺的密度開店，讓加盟主吃不消。避免分店之間互相競爭，是採用加盟的首要條件，因此，應該無法接受分店分群吧！這麼一來，就無法以店面作為宣傳的手段，讓顧客了解第三種空間的真正價值。

星巴克選擇精華地段開店和分群的作法，在讓顧客了解第三種空間的價值上，具有重要的意義。如果無法運用這兩種與開店有關的要素，星巴克的概念不僅在初期無法有效滲透，甚至可能遭到曲解，這也可說是該公司必須採取直營的理由。

連結「店內氣氛」的箭頭a，其實是最需要採取直營的地方。大家或許會覺得很意外，就星巴克的概念來看，形成店內氣氛的幾項要素，確實擁有重要意義，但是因為沙發、照明、店內的擺設和外觀是一種「初期設定」，即使不採用直營，透過加盟契約，應該也可以進行某種程度的掌控。

但如果採取加盟的話，每天負責經營的加盟主會以什麼樣的動機，採取什麼樣的行動呢？如果是加盟，由於加盟主是獨立的自營商，當然會企圖爭取最大的利益。可是既然是加盟，就無法控制餐點、價格或營業時間，地點也已經被安排好了，若是這樣的話，要增加獲利，加盟主能影響什麼變數？最有效的作法，應該是提高翻桌率，也就是藉由提高座位週轉的次數，來改善獲利。

如果從顧客平均在店內停留的時間來考量，就不難了解，前一章也說過在羅多倫喝咖啡的顧客，平均停留的時間不超過十分鐘，由於該公司廣泛運用加盟，對加盟主而言，應該會希望能夠更進一步縮短顧客在店內停留的時間吧！尤其是像中午用餐來客人數較多的時候，為了提高翻桌率，加盟主會嘗試各種努力，雖然不至於明白告知「喝完咖啡就請離開」，但是如果有客人喝完咖啡還不肯離開的話，服務生就會將杯子收走，為了不讓顧客待得太久，會想提供間接趕人的「服務」。無論如何，只要是加盟主，就會想要提高翻桌率，這也是人之常情。

就羅多倫的策略故事來看，該公司非常歡迎加盟主類似的想法和行為，因為他們追求的競爭優勢是低成本，而非提高ＷＴＰ。如果加盟主努力提高有限座位的週轉率，就能夠增強驅動故事的能力。如果是直營店，因為店長是公司的員工，不會像加盟店的加盟主亟欲追求每日獲利。在羅多倫的策略故事中，對總部和加盟主雙方而言，努力提高翻桌率，絕對是彼此共通的利益。

但是，星巴克的情況卻完全不同。無論店裡的顧客是一邊喝咖啡，一邊看書或和朋友聊天，該公司都希望他們至少能夠悠閒地度過三十分鐘左右的時間。如果辦不到，再怎麼標榜第三種空間都會變成說謊。在星巴克客人，一旦拿著咖啡入座，工作人員就不會再靠近，為了讓顧客盡情享受在店內的時光，工作人員「不會理會」顧客。

不過，如果採取加盟，加盟主若出現前面所說的「企圖」，第三種空間會變成什麼樣呢？總部和加盟主之間將會產生嚴重的利益衝突，對於希望能夠提高翻桌率的加盟主而言，很難滿心歡喜地提供讓顧客在店內長時間停留的服務。無論總部提出「第三種空間」的目標為何，如何強調提供讓顧客能夠悠閒度過店內時光的重要性，加盟主也只能勉為其難地照辦，而勉為其難絕對無法長久。即使具備相關的陳設、內裝或外觀，也很難維持第三種空間的「氣氛」。反過來說，因為是直營店，員工就會全力呈現第三種空間。

大家很容易忽略一件事，第三種空間最重要的就是在其中喝咖啡的顧客營造出的氣氛。如果顧客匆匆忙忙喝完咖啡，又匆匆忙忙離開，第三種空間就會蕩然無存。

前一章也提到星巴克在顧客點餐之後，會慢慢花時間沖泡咖啡。工作人員在接近入口處的櫃檯，接受點餐之後，再由不同的工作人員用咖啡機沖泡咖啡，最後再加入牛奶，經過幾個人的手之後，在店內稍後方的位置將咖啡交給客人，也就是讓客人必須等上一段時間。只要顧客之間知道「到星巴克必須花一點時間等待」，忙碌的人（下意識地）就不會去星巴克了。最後選擇星巴克的人，都是比較有時間，能夠依照星巴克預期的方式消費的顧客。只要這麼想，大家應該就知道圖5.1中的箭頭a，具有關鍵性的重要意義了。

總之，為了維持第三種空間，星巴克只好惹忙碌的人討厭。但是，如果從其他的角度來看，「故意增加人事費用，讓顧客等待以降低翻桌率」，是非常沒有效率的作法。「讓顧客等待」雖然對於維持第三種空間非常重要，但要期待加盟店的加盟主這麼做，是不可能的事，由此也可以看出星巴克的故事之所以必須採取直營的因果理論。

我想，各位應該知道，直營才是星巴克故事的關鍵核心，而我最想強調的是關鍵核心讓整個故事具有一致性。關鍵核心和概念，不僅提高整個故事的一致性，也形同是車子的雙輪，只要所有的構成要素和概念之間，都有密切的因果關係，就能夠強化整個故事的一致性。此外，如果同時還擁有與眾多構成要素互相連結的關鍵核心，也能藉由充實故事來強化一致性。

請各位再看一次圖5.1，關鍵核心和概念之間夾著縱向並排的四個構成要素，強化星巴克的故事內容，確立其一致性。

▼乍看之下不合理——持續性競爭優勢的來源

接下來要討論的是，關鍵核心的第二個條件，那就是「乍看之下不合理」。將競爭對手視為不合理的要素納入故事當中，就會如同字面所示，關鍵核心將成為關鍵的重點。

星巴克的直營方式充分滿足這項條件。我在前面也說過，和加盟相比，直營明顯是「乍看之下不合理」的選擇。星巴克的策略故事，是企圖在短時間內開設數百家的咖啡連鎖店，客觀來看，至少就以下幾項理由來說，採取加盟會比較合理。

首先，就是成本較低。採用加盟的方式，初期可以利用較少的投資金額，快速展店；第二，則是風險較低。如果是加盟，就算失敗，總部也毋須負擔一切，可以和加盟主一起分散風險；第三，是知識豐富。加盟主應該是因某種原因，才會選擇相關的商圈，應該很了解當地的顧客；第四，是動機強烈。如果是加盟，店長就是獨立的經營者，和分店是生命共同體，一旦經營順利，成果也會十分豐碩，因此，工作認真的程度應該會和直營店雇用的店長截然不同。

星巴克明顯希望在短時間內大規模展店，再加上由於是獨立的新興企業，能夠投入的資源有限，儘管如此，還是選擇直營方式的「不合理」，十分值得注意。

星巴克在股票公開上市時，總裁霍華．蕭茲曾被迫當著眾多投資者和分析師的面，反覆說明星巴克的策略故事。他們對於蕭茲所說的故事，都抱持正面的態度，但是只要一談到直營，就一定會引發強烈的反彈，最典型的說法，就是「堅持採用直營的方式，是非常不合理的。總公司一旦必須負責所有的店面，就會導致分母過大，因而降低ＲＯＡ（資產報酬率），減緩開店的速度。投資者希望能夠提高資產報酬率和開店的速度，所以應該認真檢討以加盟的方式來取代直營。」

但蕭茲的回應是「即使短期內會出現虧損，也絕不會改變直營的方式」，也就是說，蕭茲非常了解直營本身「乍看之下不合理」，卻將它放在故事的核心位置。

對於已經完全掌握星巴克策略故事的讀者來說，應該已經很清楚直營的合理性。如前所述，如果改採加盟，無論利用什麼樣的作法，都無法實現設計好的概念。

不過，重點來了，如果不把直營放在整個故事中來看，是絕對無法了解它的合理性，必須將之前提到的直營擺放在故事的情節中，才能夠看出它的必要性和重要性。簡單來說，「乍看之下雖然不合理，但是置於整個故事的脈絡中，就會變得非常合理」的雙面性格，就是關鍵核心的本質。

為什麼「乍看之下不合理」很重要呢？這和是否能夠維持競爭優勢有密切的關係。如果製造差異，卻又立刻被其他公司模仿，即使暫時取得競爭優勢，差異也會立刻消失，情況又會回到原本的完全競爭，這麼一來，就無法期待獲利。因此，創造無法輕易被模仿的差異，成為策略重要的挑戰課題，而這就是維持競爭優勢的問題。

至於什麼才是其他公司無法模仿的差異呢？每個人都想得到的應該是「先行壟斷」。如果能比任何人都早一步進入即將發展的市場，確保客戶，就能夠成為其他公司無法立即模仿的強項，而率先其他公司開發技術或利用專利制衡，也是同樣的道理。

本章所說故事的一致性，也是維持競爭優勢的來源。即使能夠模仿幾個構成要素，也無法完全模仿整個故事，而且就算要完全模仿，也會花上不少的時間。

不過，同樣的道理，無論事實上是否能夠模仿，競爭對手多少都還是會有「（因為這個不錯）如果能夠模仿的話，還是想試試」的想法。針對這一點，「乍看之下不合理」的關鍵核心，企圖採取完全不同的理論加以因應，那就是「沒有動機」。如果競爭對手沒有模仿的動機，自然就不會被模仿。

更進一步來說，就是競爭對手「有意避免模仿」的理論。只要競爭對手認為，所做的事不合理，就算我們求對方模仿，應該也會被拒絕吧！

假設相關的業界和周遭的第三者都認為，「A（構成要素）導致X（希望的結果）」，同時也都認為「B妨礙X」，此時A就是「合理的」，B「就是不合理」，大多數的公司應該會選擇A，而不是B。在這樣的情況下，某公司如果擬定以B這個構成要素為核心的故事，情況又會是如何呢？競爭對手應該會嘲笑對方太過愚蠢或不予理會，完全不會有模仿B的動機，而且會因為有企業選擇B，而更加認定自己選擇的A更合理吧！這種公司或許就會「有意識地避免模仿」，而且更加積極地朝A發展，也就是不會利用模仿，追求同質化，而是自動與對方保持距離。

經過一段時間之後，作法乍看之下不合理的公司（以下稱「不合理公司」），如果開始出現長期獲利，競爭對手當然會發現「不合理公司」的強項，而產生模仿該公司策略的動機。或許有幾項構成要素被模仿，但是不合理的要素B被模仿的可能性，還是比較低。

「不合理公司」的策略故事，主要是以B為核心，因此，無論對方模仿了幾個構成要素，只要沒有模仿乍看之下不合理的B，就無法模仿整個故事。

擅長解讀故事的競爭對手（其實這樣的企業並不多）或許會發現，B才是競爭優勢的基礎，但是因為一直以來都遵循「合理的」A路線發展事業，要突然轉向改採B路線並不容易。因為這種時候必須全面更換既有的故事，一般來說，需要很長的時間和極高的成本，所以幾乎是不可能的事。

如果把上述的「不合理公司」當成是星巴克，A是加盟方式，而B是直營的話，大家應該就可以了解星巴克的關鍵核心為什麼是保持競爭優勢的來源了吧！

在某種程度上，星巴克擁有先行者優勢。就優先確保好的地點來說，星巴克的競爭優勢，某個部分或許可說是時間優勢，但是如前所述，有為數不少的企業和Seattle's Best Coffee一樣，在較早的時間點，就發現「提供特製咖啡，並提供人們悠閒放鬆的經驗」的事業潛力，因此企圖迎頭趕上星巴克。光靠先行者優勢，很難說明星巴克為什麼能夠持續保持競爭優勢。

星巴克策略故事的構成要素，並沒有什麼特別講究的地方，既沒有以專利保護的技術，也沒有需要特別熟練的技巧或know how的運作模式。如果所有的構成要素對其他公司而言都是合理的話，應該早就有公司依樣畫葫蘆了。事實上，已經有很多企業或多或少都模仿星巴克營造的店內氣氛、地點和餐點等要素。

儘管如此，星巴克的策略故事，為什麼還能夠持續擁有競爭優勢呢？即使是像Seattle's Best Coffee這樣亦步亦趨跟隨星巴克腳步的企業，也大多採取加盟的方式，快速展店，正因為星巴克的故事中，包括對競爭對手而言「乍看之下不合理」的要素，所以他們不模仿這個要素。

我要再強調一次，重點不在於「不能模仿」，而是「不想模仿」，在維持競爭優勢的理論中，兩者之間具有關鍵性的差異。我認為，「沒有動機」和「有意識避免模仿」更能夠說明星巴克之所以能夠保持競爭優勢的理由。

▼利用聰明人的盲點

「乍看之下並不合理」，但是在整個故事的脈絡中，卻非常合理的「關鍵核心」的重點，在於部分的合理性和整體的合理性是兩回事。整個策略的合理性並不是將部分的合理性加總，反過來說，如果是以所有人都覺得合理的要素構成的故事，反而缺少趣味。

關鍵核心之所以看起來不合理，並不是競爭對手的失誤或錯覺，而是因為具有「不合理」的這個合理的理由（這個說法有點拗口）。部分的不合理，透過與其他要素的連結互相組合，在整個故事中，取得極為強大的整體合理性，而這就是故事策略論有趣的地方。

故事的本質，在於「將部分的不合理轉化成整體的合理性」，以前有「吃虧就是占便宜」、「以退為進」和「奮不顧身」（這句好像不太對）的說法，這些話和關鍵核心有其共通之處。無論如何，從這個角度來看，關鍵核心是讓故事別具一格的「轉」，同時也是創造關

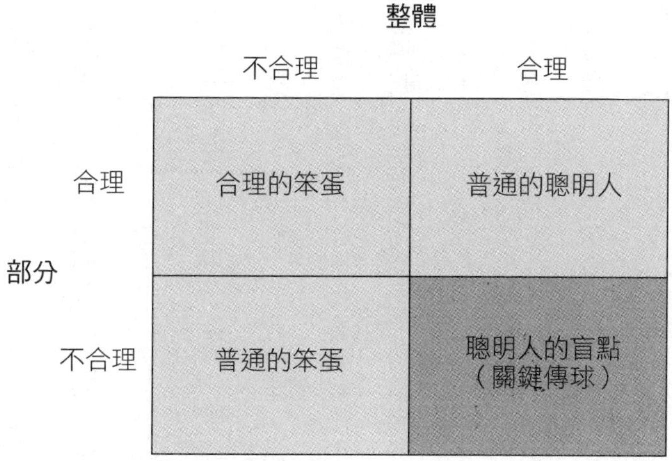

圖5.2　部分合理性和整體合理性

鍵射門機會的「關鍵傳球」。

如果將部分的合理性和整體的合理性分開考量，會出現像圖5.2的四種組合。左下角是部分和整體都不合理的故事，也就是做了蠢事。彼此連結之後，整體來看還是蠢事，所以是「笨蛋」的策略，情況不如預期，也是理所當然的事。

相反地，右上角則是部分合理，整體也看似合理的故事，所以是「普通聰明人」的策略，是典型的只要率先採取「合理的措施」，就能夠確保優勢長期獲利的策略故事。就印象來說，根據「合理的」預測，今後中國市場將會有所成長，於是看中其中最具發展性的業界，藉由針對前景看好的領域，滴水不漏地採取各項措施，建立優勢，讓其他公司無法介入的故事，就屬於這一類。

左上角則是應該被稱為「合理的笨蛋」的策略。如果針對每項構成要素來看的話，都算是合理，大部分的人也都會覺得「正確」，但若是將這些構成要素互相連結，因為缺乏確實的因果理論，不僅彼此之間無法連結，也無法建立最重要的競爭優勢。

大部分的人或許已經忘了，以前有一家備受注目的公司名叫Webvan，就是掉入部分合理性陷阱的最典型例子。

Webvan成立於一九九九年，是一家網路超市。當時的「.com企業」（如今已經是一個令人懷念的字眼）如雨後春筍般出現又消失，但Webvan是其中一家非常招搖的公司。他們從當時的安達信顧問公司，聘請來熟悉ＩＴ產業的ＣＥＯ管理團隊，由來自奇異、高盛、甲骨文和聯邦快遞等各領域著名的企業菁英所組成。

Webvan的構想，深受投資者好評，著名的創投公司競相投入資金，這些來自投資者的資金金額，高達四億美元，讓該公司得以在一九九九年十一月就公開發行股票，並順利取得四億美元的資金。之後，活用充裕的資金，並在二〇〇〇年進行金額高達兩億美元的巨額行銷投資。

Webvan鎖定「沒有時間但是有錢」的忙碌雙薪家庭，並預期這些人單次的購買金額將會高於平均水準。該公司跳脫實體店面的物理限制，將一般超商平均三萬件的商品項目擴大到五萬件，計畫以主要的根據地奧克蘭為中心，興建二十六處超大的流通中心。每一座流通中心的規模，相當於十八家的傳統超市，也就是說，如果換算成傳統超市，Webvan的營運規模相當於四百六十八家，堪稱是一個充滿企圖心的計畫。一九九九年，該公司投入一千五百萬美元，建立最新的供應鏈系統，還與美國前二十家消費財產企業中的十一家進行策略合作。除此之外，如同公司名中的「van」這個字，Webvan的策略是利用自家公司的卡車從事宅配。

這一連串的作法，充分發揮公司在電子商務和ＩＴ方面的強項，各有其合理性。將偏好使用網路超市的對象，鎖定為沒有時間去實體店面購物的忙碌的人，也是很自然的事，再加上如果是雙薪家庭，可處分所得較高，應該就會大量購買。由於缺乏可以讓顧客看到的店面，電子商務必須先讓顧客了解他們的存在，因此，初期的強力宣傳非常重要。如果沒有店面，而是將商品集中在巨大的流通中心，初期的投資就會比實體超市少許多，而藉由活用ＩＴ徹底自動化，可以控制人事成本。

但是，一開始華麗登場的Webvan，很快就在二〇〇一年七月發生問題，最後甚至解聘兩千名員工，並宣布破產。失敗的原因是如果從個別要素來看，都還算合理，但整個故事卻非常不合理。仔細想想，Webvan的故事形同是將亞馬遜、沃爾瑪和聯邦快遞全部加起來，不除以三，而是直接依樣畫葫蘆，形同是將所有的「最佳實務」都塞進一個故事裡，要連結所有要素，當然有困難。

況且，在網路上開設綜合超市的概念，本身就有矛盾。請大家想想在超市購物的這個行為，形同是強迫顧客計畫性購買，如果是在一般超市購物，顧客通常會在店內閒逛的時候，就想好當天晚上的菜單，然後開始購買行為。即使免費配送到府，顧客也必須在家等待收貨，如果必須事先安排好時間，這對該公司鎖定的忙碌雙薪家庭而言，應該是很困擾的事。

Webvan的顧客平均購買金額為一百一十六美元，確實達成當初的目標，但是回購率卻遠低於目標。每日訂單數量不到目標的百分之三十，也就是說Webvan是「合理的笨蛋」。

「合理的笨蛋」策略的相反，就是關鍵傳球的發想，也就是將乍看之下不合理的要素納入故事中，並將它轉化成整體故事的合理性（圖5.2的右下角），也可以說是鑽「聰明人的漏洞」的策略[3]。利用鑽部分的合理性與整體的合理性之間的漏洞，企圖創造可持續的特有強項的策略。

「單純的笨蛋」就不值得一提了。「合理的笨蛋」看似擁有滿滿的最佳實務，結果卻自取滅亡（不過，企圖創造專屬策略故事的人，必須隨時注意不要受到大張旗鼓出現的「合理的笨蛋」的迷惑）。「一般的聰明人」提出的故事，雖然無懈可擊，但因為用的都是大家認為「正確」的要素，因此，即使可以取得競爭優勢，遲早也可能被模仿。

相較於此，策略的內行人會在聰明人的盲點，也就是部分合理性與整體合理性的落差之間，建立可維持競爭優勢的基礎。如果能夠以直指聰明人盲點的關鍵要素作為核心，建構一致的策略故事，因為「君子不近刑人」，競爭對手就會自動離開，自然也就能夠維持與其他公司之間的差異，保持競爭優勢。

▼蒐集致勝關鍵

在某種程度上，長時間順利持續發揮競爭優勢的策略故事，本身往往都包含「乍看之下不合理」的關鍵核心。而一般「很不錯」的策略故事，即使暫時見效，也無法持續維持競爭優勢。策略故事的關鍵構成要素是否能夠產生「轉」的效果，是區分還算可以的故事與流傳後世的名作故事的關鍵。

除了星巴克之外，我在之前提到的幾個優秀的策略故事，都分別擁有饒富趣味的關鍵要素。無論是第一章和第三章提到的萬寶至馬達、第二章提到的戴爾電腦、第三章提到的西南航空，或第四章的概念提到的亞馬遜和Askul等企業的策略故事，都有非常精采的「致勝關鍵」。以下就依序來討論這些故事中的關鍵做法。

1 萬寶至馬達

萬寶至的關鍵作法，就是「馬達標準化」，標準化是與其他措施有關的要素，對於整合整體故事，也是不可或缺的核心要素，再加上由於當時配合廠商的各項需求是業界的常識，標準化「乍看之下並不合理」。以當時的常識來說，競爭對手自然會避免採取看似極為「不合理」的標準化作法，後來有很長一段時間，沒有企業積極模仿萬寶至的策略故事，得以讓萬寶至長期維持競爭優勢。

由於馬達是零件，身為顧客的組裝廠商通常是國王，要如何配合廠商要求的規格，是勝負的關鍵。馬達的用途有很多，包括：玩具、家電、放映器材、機械、汽車等，但各個廠商都會要求馬達的特性和尺寸，必須符合各項產品，馬達公司因為標榜「市場需求」，所以會供應客戶訂購的各式馬達。

但是，到了一九六五年左右，萬寶至生產的玩具專用馬達大賣，事業規模擴大至年產一億個。當時，他們遭遇到兩項嚴重的問題，一是生產線繁忙和閒散期之間的落差，由於主要以生產玩具專用馬達為主，需求自然會集中在耶誕節和新年，為了配合這樣的需求，大量生產的時間以八月為高峰，集中在前後約六個月。可是，一到十月，工廠會突然進入閒散期，直到隔年四月，大家都閒得發慌，由於是接單生產，無法事先準備存貨。

另一個問題，就是生產集中在特定時間，導致瑕疵品比例提高，客訴增加，延遲交貨，形成惡行循環。在繁忙期，員工必須不斷地加班或在假日出差，為了趕上交貨期限，勉強行事的結果，就是瑕疵品出現的比例愈來愈高，也更容易引發客訴。一旦客戶抱怨，又必須手忙腳亂處理這些緊急狀況。

萬寶至為了突破以往的限制，孤注一擲採取的作法，就是將馬達標準化。既然要大量生產標準化馬達備貨，只好拒絕特別訂貨的訂單。當時的社長馬渕隆一針對馬達標準化，曾經說過以下的話[4]。

萬寶至的歷史，可說是努力對抗客製化接單生產，朝向標準化發展的歷史。當時，我們一直認為「要符合市場的需求」，這其實是錯的。如果能夠將馬達標準化，就能夠解決生產集中的問題，也能夠預先備貨，穩定全年的工作量，有計畫地進行生產。同時，還能夠降低成本、減少客訴和瑕疵品，只要進行標準化，就能夠解決一連串的問題。不過，後續的工作非常麻煩，必須先說服內部的人員和客戶，不僅客戶無法接受必須配合馬達製造產品，就連公司內部也出現強烈反彈。負責業務的人員認為，這麼一來，會導致顧客流失，因為無法要求每年推出新產品的組裝廠，配合馬達製造產品。萬寶至不斷向公司內部的人員說明公司企圖利用標準化馬達，呈現嶄新面貌的作法，但如果內部的反應都如此激烈，更不用說競爭對手會覺得他們肯定是瘋了。

2 戴爾電腦

戴爾電腦最有名的，就是風靡一時的「直銷模式」。以往ＰＣ業界的作法，都是事先預測市場的需求，之後再進行生產，透過批發轉賣業的零售店，接受客戶的訂單。但戴爾電腦則是直接接受客戶（尤其是法人）的訂單，之後再根據客戶指定的規格組裝產品，然後直接出貨。

戴爾的直銷模式，開始廣為人知，是在一九九〇年代後期，確立策略故事之後。戴爾的故事有幾個強項，因為能夠直接接觸客戶，所以能夠配合客戶的各種需求，進行電腦的客製化生產，而且能夠在最短的時間內交貨。戴爾從接單到出貨，只需要三十六小時。

戴爾的故事希望爭取的競爭優勢（射門），就是低成本。在策略故事中，有幾項實現低成本的強大武器。首先，就是避免透過流通業者，以節省佣金。以往的ＰＣ廠商，通常會和轉賣與批發業者簽訂買回庫存和價格保證契約，以防個人電腦上市期間市場價格下跌，買回和價格保證的相關成本為賣價的三至五成，而戴爾電腦的作法成功削減了類似的管銷費用。

此外，因為是接單生產，所以不需要保留庫存，得以降低生產成本。接單生產，可降低庫存的成本，而且對於ＰＣ業界來說，由於零件產業競爭激烈，技術日新月異，全年價格降幅可高達百分之三十，有時每周降幅甚至高達百分之一。這樣的現象具有重要的意義，也就是說，事前不進行存貨生產，使得戴爾不需要像其他公司一樣事先準備零件，這麼一來，在價格下跌時，便可以低於其他公司的價格購買零件。

一直以來，「直銷」、「客製化」、「接單生產」和「零庫存」等要素，被認為是戴爾的強項，而這些對戴爾的策略故事來說，確實是不可或缺的構成要素。由於這些要素本身都是「好事」，也容易被認為是「合理的」。直接接受客戶的訂單出貨，可以降低額外的成本，再加上零庫存是每個企業的夢想，客製化ＰＣ對法人來說，更是求之不得，因此，就算耗時費事，也是「合理的」。事實上，目前就有不少企業跟隨戴爾的腳步，從事客製化工作，這表示對其他公司來說，即使必須付出成本，客製化ＰＣ也是「合理的」。

戴爾策略故事的關鍵要素是什麼呢？我認為，並不是像前面所說乍看之下合理的作法，而是「在自家工廠組裝」。一九九〇年代後期，戴爾在全球擁有五個生產據點，由自家公司的員工負責組裝ＰＣ。以針對美國市場的ＰＣ為例，全部是在位於德州奧斯汀的戴爾工廠組裝完成的。

由於由ＰＣ等標準零件組成的產品，組裝工程都需要大量的勞力，而且附加價值低，如果進行價值鏈分析，應該會被歸為立刻外包的一類。就好像之前提到的「微笑曲線」模式，也主張在公司內部進行ＰＣ之類的產品組裝工程，是非常沒有效率的事，因此，大多數的企業都依照「微笑曲線」的理論，將組裝工程委託給那些把據點設在勞動成本較低的亞洲，被稱為ＰＣ廠商或ＥＭＳ（Electronics Manufacturing Service）的專業製造商。

即使如此，戴爾還是堅持乍看之下不合理的「在自家工廠進行組裝」的工作。這是因為該公司認為，要完全發揮策略故事，自行組裝是不可或缺的條件之一。

將組裝委外或許可以降低這個部分的成本，不過，考量整體的策略故事，一旦將組裝工作外包，就無法針對生產和其他部門之間進行微調和細節控制，導致無法呈現戴爾低成本運作的目標。該公司當時的營運副總裁凱斯．麥斯威爾（Keith Maxwell）曾經這麼說[5]。

在戴爾的生產系統下，整個組織必須處於一種非直接相關的狀態。撤除緩衝、清除庫存，表示整個組織必須徹底連動成為一體，無論什麼工作都不能拖延或擱置，因為我們從一開始就沒有「堆積如山的工作」這個概念。

一接到客戶的訂單，戴爾就會立刻以電子郵件的方式，將內容傳遞給合適的生產據點，生產據點就會自動製作符合訂單需求的零件清單，並取得追蹤條碼。以位於奧斯汀的工廠為例，每台PC所需要的零件都被整理裝箱，只要送往由五個人組成的生產小組，就可以開始進行組裝。PC組裝完成後，會被送往安裝軟體的區域，利用規格特別的電腦和高速網路，安裝顧客指定的軟體，最後和其他附件一起裝箱出貨。因為是實際接受特別指定的訂單之後，才進行客製化生產，所以完全沒有「標準模式」的產品庫存。

為了讓這樣的生產過程能夠運作，戴爾的生產據點，也不斷與供應商進行日常微調。一九九〇年後期，奧斯汀廠將原有的兩百零四家供應商，縮減為四十七家，並與這四十七家供應商，建立每小時可透過網路交換零件、補貨需求訊息的體制。

此外，戴爾也鼓勵供應商在組裝工廠附近，設置生產據點或倉庫（co-location）。正因為有如此高度統合的生產系統，「直銷」、「客製化」、「接單生產」和「零庫存」，才能成為戴爾的強項。

儘管身處在競爭激烈的ＰＣ業界，戴爾還是持續維持大幅超越業界標準的獲利。其他競爭對手看到戴爾成功，自然會詳細調查相關策略，所有ＰＣ廠商都試圖引進戴爾的作法，卻沒有企業想要完全模仿戴爾的策略故事，戴爾因而得以長期維持競爭優勢。

這是為什麼呢？原因之一，就是與通路之間衝突後的妥協。由於其他公司已經採用透過通路的銷售體制，一旦採用戴爾的直銷模式，就會與以往的通路產生衝突，因此，無法立刻更改。但是，因為其他公司都親眼見證「戴爾直銷模式」的成功，所以都企圖迎頭趕上，積極引用直銷的方式。

ＩＢＭ就是其中之一。該公司是最早感受到戴爾直銷威脅的公司之一，一九九二年，ＩＢＭ成立名為「Ambra」的獨立事業部，開始直接銷售的工作，卻未達成當初的目標，並於一九九四年解散。而戴爾則於一九九六年開始「戴爾線上」，ＩＢＭ也是在一九九八年成立「Aptiva」的產品線，開始透過網路，直接銷售個人電腦，緊追在戴爾之後。

不過，在展開直接銷售的同時，ＩＢＭ仍同時將組裝ＰＣ的工作外包。Ambra的組裝，是委託給成本較低的製造商，Aptiva則是由台灣的宏碁負責代工[6]。雖然想要爭取直接銷售的好處，但是自行從事勞動密集的組裝工作，卻太不合理，因此，希望利用外包生產來降低成本，這就是ＩＢＭ「合理的」選擇。

反過來說，因為堅持自行組裝，讓其他公司看起來「不合理」（但是想出這個故事的戴爾本身，卻完全了解這個要素的合理性）的要素奏效，阻止了其他公司模仿戴爾的策略故事。從這個角度來看，我認為，關鍵要素的「自行組裝」，有助於戴爾維持競爭優勢。

3 西南航空

接下來是西南航空。只要解讀西南航空的故事，大家就會發現，「不使用樞紐機場」，是一個強而有力的關鍵要素。經營國內線的航空公司卻不使用輻軸式的飛航網絡，這個選擇本身就非常不合理。

大家都知道輻軸式是聯邦快遞的創辦人費德瑞·史密斯（Frederic Wallace Smith）想出來的，當初是為了要有效運送小型包裹。這些包裹來自美國各地，寄送的目的地都不一樣，於是，費德瑞想出先將所有的包裹集中在曼菲斯的「樞紐」，然後再依照不同的目的地寄送包裹的系統。

美國到處都是中小型都市，因此，需要航空服務。即使每項需求都很小，但合起來就是一個很大市場，但是，要在所有中小都市中建立航線，成本太高，大型航空公司就將聯邦快遞的輻軸式網絡，運用在短距離的國內航線上。

輻軸式網絡對於經營國內線的航空公司來說，好處多多[7]。航空公司停飛需求不大的中小都市之間的航班，將從小型機場（次級機場）起飛的航班全數集中，再飛往樞紐機場。在將短距離航班集中到樞紐機場的同時，也將員工和機材集中運往當地，減輕營運工作的負擔。光是連結樞紐機場，就能夠因應來自世界各地的乘客，提高使用率。由於居住在美國各地的乘客，必須先從最近的機場飛往樞紐機場，這些人可以利用國內的航班。反過來說，如果是從樞紐機場起飛的短距離班機，就可以搭載聚集在當地的大量旅客。如果行經樞紐機場，也可以有效因應乘客飛往不同目的地的需求。

輻軸式網絡不只是對長線的國際航班，對於國內的短距離航班，都是非常合理的系統。不使用樞紐機場，形同放棄聚集在當地的大量乘客，聽起來並不合理；再加上如果競爭對手希望提高輻軸式網絡的效應，就會削減連接次級機場的直航班機，也就是說，會愈來愈不同於西南航空採取的「點對點」的作法。

一九九〇年代之後，既有的大型航空公司才透過專門經營短距離航線的子公司，建立不同的營運體制，開始模仿西南航空的作法（例如聯合航空的「United Shuttle」、全美航空的「Metro Jet」和達美航空的「Delta Express」等），不過，這已經是西南航空成立十多年之後的事了。

大型航空公司的子公司作戰計畫，因為與長距離國際航班之間配合的問題（缺乏故事的一致性），全數以失敗告終。更有趣的是，他們眼睜睜看著西南航空的業績蒸蒸日上，不知道為什麼卻遲遲沒有展開模仿的行動。大概是因為西南航空的關鍵作法明顯不合理，讓追求「合理」的大型航空公司無法產生模仿的動機。西南航空的例子，也如實說明了關鍵要素奏效的故事，可維持企業的競爭優勢。

4 亞馬遜

如同戴爾因為直銷模式而備受矚目，亞馬遜針對不同顧客提供建議，可輕易上手的購物結構和講究細節的服務等與客戶介面有關的策略故事的構成要素，一直是大家討論的話題。針對電子商務建立創新的客戶介面，並努力加以改進，是和亞馬遜的概念有直接關係的重要構成要素。

不過，我認為亞馬遜除了蒐集使用者的意見之外，巨大的物流中心，以及持續開發相關的資訊技術，才是致勝的關鍵。二〇〇〇年左右，亞馬遜持續出現虧損，而且每年的金額持續擴大，最嚴重的是一九九九年十至十二月的耶誕節大戰，光是一季就出現三億美元的淨虧損，半年內股價就下跌了百分之五十。二〇〇〇年，亞馬遜創業四年，營業額雖然增加三千兩百倍，但淨損失也高達兩千三百倍，信評機構將該公司的評等降為投機等級，自一九九七年起，連續五年累積赤字高達二十四億美元。儘管亞馬遜備受投資者期待，但陸續出現巨額赤字，而且股價一蹶不振，使得大家開始認為，該公司或許也和其他在網路熱潮時出現又消失的「泡沫的寵兒」一樣，是一丘之貉。

當時，造成亞馬遜虧損的最大原因，是因為加速投資物流中心的腳步[8]。二〇〇〇年，亞馬遜已在全美八個城市建立物流據點，其中的六個是在一九九九年到二〇〇〇年的一年當中興建的。該公司在這一年中，將物流中心的建築面積，從三萬平方公尺一口氣擴大到五十萬平方公尺。

興建一處物流中心的投資金額高達五千萬美元，要啟用物流中心的運作，需要投資的金額高於興建費用。此外，也必須加快招募員工的腳步。在二〇〇〇年之前，該公司的員工人數已逼近八千人，同時也必須持續投資資訊技術。為了因應這樣的投資，亞馬遜必須發行金額超過二十億美元的龐大公司債。

華爾街和亞馬遜的股東們並不認同積極投資物流中心的作法，投資者之所以對以亞馬遜為首的新興電子商務公司感興趣，是因為他們非常「輕便」，不需要像一般的零售業擁有大量的庫存和員工，只要能夠接到訂單，書籍的確認工作和配送則交給代銷業者就行了，但當時的亞馬遜還是不斷投資興建物流中心的基礎建設。

當時，華爾街對於亞馬遜的批評如下[9]：「原本以為投資的是網路公司，但是擁有基礎建設、員工和庫存的亞馬遜，不再是網路公司。該公司做的事和傳統的LL Bean和Eddie Bauer等郵購公司並無不同，要說有什麼不一樣，就是網頁做的比較好。」也就是批評該公司，雖然是以輕便為優點的電子商務公司，卻持續投資龐大金額興建物流中心，不僅本末倒置，而且也不合理。

創辦人貝佐斯也表示，當初是相信電子商務的優勢，就是在於輕便，所以才決定創業。貝佐斯畢業於普林斯頓大學，是專攻電腦工程的工程師。在創辦亞馬遜之前，他因為在華爾街的避險基金公司利用電腦科技進行投資而嶄露頭角，才二十八歲就成為該公司的副總裁。

一九九四年，他和其他大多數人一樣，相信在不久的將來，人們將會透過網路購物，於是列舉出二十項適合電子商務的產品，並從中選出書籍，作為最適合的產品。實體書店不可能販賣所有書籍，但是因為所有書籍都已經製作成電子目錄，要提供廣泛的藏書給顧客，是一件輕而易舉的事。亞馬遜之所以將總公司設在西雅圖，不僅是因為當地擁有大量的軟體工程師，也因為在距離不遠處，有全美最大的書籍物流據點。貝佐斯希望能夠與這家位於公司外部的倉庫，保持機動性的合作。

當時，他所構思的亞馬遜強項，與其他網路公司並沒有太大的差別。當初的發想是毋須實際擁有店面或倉庫，為庫存所苦，只要蒐集所有書籍，建立龐大的藏書清單，就可以做生意了。但在公司實際運行之後，貝佐斯立刻放棄這樣的想法，並公開表示：「倉庫才是亞馬遜最大的資產」，因而著手投資興建自己的物流中心。

亞馬遜終於在二〇〇三年轉虧為盈，之後營業額不斷提高，而推動獲利最大的力量，就如貝佐斯原先預期的是物流中心的有效營運和相關的技術。

一九九〇年代後期，電子商務興起之際，消費者對網路書店最大的不滿，就是訂貨時無法得知書籍送達的時間，而且商品經常會因為缺貨，而無法送到消費者手中。亞馬遜發現，顧客不會願意等超過兩天，去購買一本只要到書店就可以立刻買到的暢銷書。

日本也有不少公司以電子商務的模式銷售書籍，聲稱產品種類齊全，有「國內書籍一百五十萬本」。然而，這一百五十萬本的國內書籍，只代表登錄在資料庫中的書籍數目，與實際能夠購買的書籍完全無關。除了絕版和缺貨的書之外，實際流通的書約六十萬本，再加上其中幾乎都屬於出版社所有，無法立刻取得，網路書店讓消費者空歡喜一場，已經毫無信用可言。

此時，出現大型的代銷書商精選手上擁有的庫存書，成立網路書店進行販售，一九九九年由Soft Bank、7-11 Japan、東販和雅虎共同出資成立的ebooks（現在的7net），便是其中之一。如果是這種方式，消費者就能夠在網路上確認想要購買書籍的庫存狀況，之後便可安心訂購。如果沒有庫存，那也是沒辦法的事，但至少不會在事後辜負消費者的期待。不過，因為限定只能選擇精選的庫存書，使得能夠提供購買的書籍數量非常少。檢索之後，會發現幾乎所有的書籍都缺貨，對消費者而言，缺乏吸引力。

亞馬遜強大的物流中心，就是這類電子商務的附屬品，徹底解決在廣泛的選擇與確實配送之間的取捨問題。在亞馬遜典型的物流中心，整齊排列著三萬本書籍、CD、DVD、玩具、家庭用品和家電製品，物流中心由極高水準的資訊科技保護，使用與建立亞馬遜網頁同樣數量密碼的專用軟體，讓整體的運作完全電腦化。為了提高篩選和包裝的效率，員工隨身配戴著無線接收器，接收電腦自動傳送的資訊，再根據資訊利用最有效率的方式篩選商品，之後再將包裝完成的商品，透過自動化的生產線配送出去。

貝佐斯曾說：「在實體店面的時代，想要成功，最重要的，一是地點，二是地點，三還是地點。但是，對我們來說，最重要的三個要素，則是技術、技術、技術！」。亞馬遜成為創造特有營運技術的場所，而負責接受這項技術的，就是物流中心。如果沒有自己的物流中心，就沒有現在號稱零售業界最好的庫存週轉率，正因為有物流中心的有效運作，才能夠在客戶介面提供各種價值。

我想，各位應該了解亞馬遜同樣是利用「乍看之下不合理」的致勝關鍵，擬定出整體具高度合理性且優秀的策略故事了吧！

5 Askul

Askul雖然直接銷售商品，同時也將當地現有的文具店組織成「代理店」，讓他們扮演仲介顧客與Askul的角色。這個作法與以戴爾為代表的直接銷售產品的公司，不透過批發商或零售店等「仲介」，以提高銷售速度和削減成本的作法正好相反。而且，無論是行銷、規劃、製作和分發作為銷售工具的目錄、接受訂貨、顧客訂貨和客訴處理，以及物流中心訂單的處理與寄送等主要的功能，都由Askul負責，代理店只負責分發傳單、個別開發客戶、授信管理和回收貨款。

許多直銷業者都希望能夠排除中間商，以爭取優勢，雖然是直銷業者，中間卻存在只能發揮特定功能的仲介，「乍看之下就不合理」，但是在Askul的策略故事中，活用仲介卻成了致勝關鍵。

之前也提到Askul故事的主軸之一，就是鎖定Kokuyo等既有的大型辦公用品供應商無法提供完整服務的小型公司。員工人數超過三十人的大型公司，不到整體的百分之十，而Askul則是著眼於在數量上占絕對多數，卻無法得到滿意服務的小型公司。

不過，小型公司的數量雖多，卻極為分散，要知道潛在客戶存在特定區域的哪個位置，並不是件容易的事，有別於目標明顯的大型企業，要挖掘客戶的需求，十分困難。此時，如果能夠活用代理店的功能，就能夠順利開發客戶。正因為巧妙運用代理店，因此，能夠順利接觸分散在各地不易聯繫的小型公司，藉此回收帳目繁雜的貨款，並管理授信。

代理店可能是顧客逐漸減少的一般文具零售店，這些零售店都是小規模的家庭式經營，而且往往後繼無人，工作並不繁重，如果成為Askul的代理店，即使佣金微薄，對店內的生意也不無小補。由於實際的訂貨工作幾乎都由Askul負責，如果只需要負責開發客戶和回收貨款，以代理店現有的規模，就足以因應。

關鍵在於這樣的代理店熟知各個區域的市場，以及潛在其中的客戶，以分發傳單和目錄為例，代理店知道當地的什麼地方有什麼大樓、其中有什麼樣的公司，因此，能夠精準開發出Askul鎖定的客戶。即使是投遞目錄，促使訂貨，也能夠像拜訪鄰居般直接找上門拉生意。

一九九七年，Askul擴大事業規模，就在當年，專門販售文具和事務用品的大型零售外資企業Office Depot和Office Max，也進入日本市場。美國自一九八〇年代起，專門經營特定商品領域而被稱為「品類殺手」的量販店快速成長。品類殺手的作法，就好像專門販售玩具的玩具反斗城，針對特定商品，擁有豐富齊全的商品種類。由於不經批發商，而是直接與廠商交易大量訂購，因此可以取得折扣降低售價。Office Depot和Office Max都是屬於這一類的量販店。

在進入日本市場時，曾被視為極大威脅的這兩家公司，在日本開設的一號店規模都廣達七百至八百坪，後來卻出乎意料地陷入苦戰。因為日本的公司非常習慣採取直接配送商品「交貨」的購買方式，無法接受美式的大型量販店以低價大量銷售的作法。

Office Depot於是買下郵購公司Viking，開始經營類似Askul的辦公室消耗品網路直銷事業。但是，Office Depot的作法有別於Askul，不透過中間商，單純只是在網路上開店，雖然看似很簡單，可是要讓顧客實際知道網站的存在而下單訂貨，其實並不容易。

大型的公司已經有提供全面服務的供應商進駐，而小型公司由於無法得到完整的服務，因此非常適合新的郵購通路進行開發。不過，因為這些公司分散在各個地區，是「看不見的存在」，Office Depot為了開發客戶，進行大規模的宣傳，卻因此增加行銷成本，影響業務發展的速度。在這段期間，Askul全面動員代理店，掌握已經鎖定的小規模公司。

由此可以看出，Askul的策略故事刻意採用乍看之下不合理的既有批發商和零售業的要素，建立整個故事的合理性，形成與競爭對手之間重要的差異來源。

▼不是「先見之明」

針對聰明人的盲點，採取的「乍看之下不合理」的關鍵措施，被納入故事成為關鍵核心，這是古今中外經典策略故事的共通特徵。最早發現這個策略「論」的人，應該是吉原英樹。

當時任教神戶大學的吉原英樹，在二十多年前，就寫過好幾本以「愚蠢」和「原來如此」為題的書，這些標題清楚呈現策略的本質[10]。倘若策略都是由合理的要素構成，每個人都想出相同的故事的話，就無法獨樹一格。如果能夠利用大家都認為「怎麼可能」的不合理要素，成功實踐策略的話，人們就會表示贊同說「原來如此」，這才是好的策略關鍵。

此人真的是獨具慧眼。我在年輕時讀過此書之後，便極為尊敬他。競爭策略故事的觀點，也是受他的研究極大影響[11]。不過，我必須先強調一下，我之前所說的「將部分的不合理轉化成整體的合理性」的理論，與吉原英樹所說的「怎麼可能」和「原來如此」（以下縮寫為「怎麼原來」）理論，在本質上有所不同，而這就是「乍看之下不合理」，最後之所以變成合理策略的理論的不同。

「怎麼原來」理論注重事前和事後合理性的落差，也就是在那當下看似「不合理」的行為，日後在時代的變化中，逐漸取得合理性的「預知變化」的理論，簡單來說，就是「先見之明」。

和歌山大學的吉村典久教授則是這麼解釋「怎麼原來」理論的[12]。如果是事前不具合理性的「怎麼可能」策略，競爭對手會「靜觀其變」，而不會模仿，一旦在事後確認合理之後，才會開始模仿。但是，在這之間已經產生相當程度的時間差，期間採取「怎麼可能」策略的企業已站穩腳步，也已取得相當長一段時間的創業利潤。吉村教授認為，策略有其「不做不知道」的一面，而這一面就隱藏在成功的背後。

而三品和廣則是從策略的脈絡依存性，來說明「怎麼原來」[13]。策略經常隱藏在經濟或社會狀況、技術或基礎建設、人口結構或法律體制等外在環境的脈絡中。由於外在環境的脈絡不斷變化，即使是同一個企業，隨著時間的改變，脈絡也會出現微妙的差異。只要脈絡變化，昨天的最好，就不一定是今天的最好，但由於脈絡變化緩慢，不易察覺，大多數的企業只要能夠發現被忽略的變化，就可以因應新的脈絡，擬定出獨創的策略。這就是三品之所以主張能夠洞燭外在環境脈絡變化的「機先」，正是策略精髓所在的原因。

吉村和三品都以「先見之明」的理論，來說明「怎麼原來」，由於要判斷是否合理，必須仰賴策略存在的外在環境脈絡，因此，事前的「怎麼可能」，才會變成事後的「原來如此」。

如果將「先見之明」理論的意義，整理成圖5.3，應該就更清楚了吧！如果將合理性分成事前和事後，右上角就是「單純的成功」，而左下角就是「單純的失敗」，在這兩個項目中，事前的合理性和事後的合理性之間並沒有落差。由於預測環境的變化朝向與其他公司不同的方向發展，卻因為預測的變化並未發生，而產生失敗的「誤判」，也被歸入左下角。

相對於此，左上角和右下角則是因為外在環境的脈絡產生變化，導致事前和事後的合理性出現落差。左上角是在判斷的當下，雖然有看似合理的理由，結果卻是「誤判」外在環境的不合理。至於判斷為合理，並加以實行，卻因為其他公司有志一同，因此，被淹沒在競爭當中，或是即使判斷合理，卻晚了一步，讓其他公司搶得先機的「為時已晚」，也被歸入左上角。

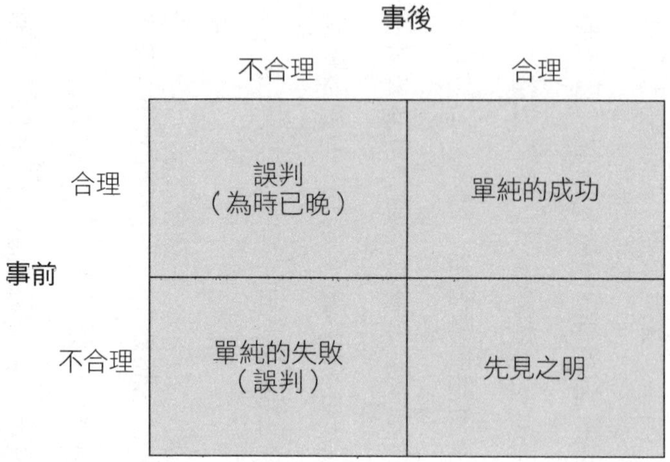

圖 5.3　事前合理性與事後合理性

「先見之明」為圖的右下角。因為利用事前合理性和事後合理性之間的落差，使得策略運作成功。吉原指出，最典型的例子可參考安室憲一和金井一賴所寫的《「非」常識的經營》中，所舉的「百萬石飯店」和「平安堂」的例子[14]。

從父母那一代繼承山代溫泉的旅館老店「花屋」的吉田豐彥，當時選擇在遠離都會區的稻田中央興建大型飯店。在當時，對其他同業而言，此舉是非常「莽撞」的一項投資，但是到了一九七〇年代，旅遊的方式從以中型巴士接送以家庭為主的旅客，悄悄轉變為以大型巴士載送從事員工旅遊的團體客，讓其他同業十分佩服吉田的先見之明。

在流通結構萬年不變的出版業界，總公

司設於長野縣的平安堂，率先其他公司，引進以超市使用的POS系統為首的各種資訊系統，發展類似超商的書店加盟連鎖，因此，得以快速發展。吉原等人根據針對「非」常識經營的案例，分析得出「怎麼原來」理論的核心為「先見之明」[15]。

> 成功的理由是率先其他公司因應企業內外環境的需求（引用者註：資訊化、國際化、女性化和高科技化等），因為他們率先發現時代的變化，於是比其他公司早一步滿足人們的需求和慾望……（中間省略）……，本書所舉出的八家公司非常識經營的意義，在於比其他公司早一步採取並實踐因應時代變化的新經營模式，也就是領先時代的經營模式。取得先發利益，是這八家採取非常識經營的公司，之所以能夠創造不凡成果的理由…（中間省略）……，今天的非常識經營，到了明天，很可能就會因為有許多企業照做，而成為常識經營。本書所舉的八家公司的優點之一，在於提早在今日就採取因應企業內外環境的明日常識經營。今天的異端變成明日的正統，是常有的事，但是如果只有今日的正統，卻不一定能夠成為明日的異端。

類似這樣將「先見之明」的理論前提，設定為率先察覺外在環境的變化的說法，我不是那麼認同。如果「怎麼可能」轉化成「原來如此」的原因是先見之明，策略之所以成功的原因，就會變成是經營者解讀時機的能力。解讀時機確實是策略的本質之一，但是從負面的角度來看，這是策略中近似「賭博」的部分。如果猜中，就可以中大獎，可是和慘敗也只有一線之隔。

故事的策略論著眼於部分看似不合理的要素，透過與其他要素之間的作用，轉化成整體故事合理性的理論。必須從部分和整體的合理性之間的落差，而非事前與事後的落差中，找出聰明人的盲點。

假設相關業界都短視地認為「A（策略）導致B（結果）」，只要觀察整個故事的變化，經常能夠找出在「導致B的原因，其實不是A，而是C」的想法之外的變數，或者在擬定策略時，會出現「B比A的影響更大」的反論。故事策略論的專長，就是引導出這類「視野的擴張」、「觀點的轉換」，甚至是「讓人恍然大悟」的致勝關鍵。

關鍵核心的理論和「先見之明」最大的不同，在於為了讓策略在事後合理化，外在環境必須如同預期產生變化。雖然就時間來說確實是預先掌握變化，但事實上，卻必須仰賴外在環境實際的發展，因此，在面對外在環境時變得「被動」。從這個角度來說，希望在事後能夠取得合理性的策略，「要做了才知道」。

當然，每一種策略都有「要做了才知道」的不確定性，如果競爭優勢來自於「怎麼原來」，比起只做合理的事更無法避免相關的不確定性，但是，就「事前和事後」以及「部分和整體」來說，假設的不確定性的內容有極大的不同。那就是不確定性是在外在的環境因素？還是在策略的內部？

藉由構思整體的故事，將部分的不合理轉化成整體合理性的關鍵核心，會企圖自行建立發揮策略效用的脈絡。因此，即使外在環境不如「先見」般變化，也能夠建立特有的競爭優勢。

無論是星巴克的直營方式，或是萬寶至的標準化，還是西南航空不使用樞紐機場的作法，這些致勝關鍵，對競爭對手而言，看起來都不合理。但是，對於擁有整體故事構想的霍華．蕭茲、馬渕隆一或凱勒赫而言，不用等到事後的成功，在事前透過故事的脈絡，就已經了解致勝關鍵的合理性。他們並不需要期待外在環境出現（如同假設的）變化，因為他們藉由構思故事，已經自行創造出將致勝關鍵合理化的機制。

我想，各位應該已經了解，故事策略論並不一定根據「先見之明」，這點對於維持競爭優勢的方式，也有極大的影響。如果真正的致勝關鍵是先見之明的話，或許能夠期待競爭對手在事前「沒有動機」，但事後致勝關鍵的合理性一旦明朗化，其他公司也會做同樣的事，這麼一來，就無法期待利用「有意避免模仿」，來維持競爭優勢了。因為此時「部分」和「整體」都是合理的，「先見之明」就會和圖5.2中「普通的聰明人」的策略一樣，所以要維持競爭優勢，就必須確保規模經濟、經驗效果、網路外部性和獨占策略位置等一般人認為的先行者優勢。我認為，與其利用時間軸上事前事後合理性的落差，不如善用自己擬定的策略故事的力量，從部分的不合理引導出整體合理的策略，更能夠維持競爭優勢。

更進一步來說，我認為，如果真的因為「先見之明」而成功，也只是例外，幾乎沒有一家公司能夠引為參考。雖然經濟環境大幅改變，全新的技術和市場出現，使得利用先見之明成功的機會和可能性相對提高。但是，對於實際的經營而言，環境的變化即使看似不連貫，但事實上幾乎都是連貫的。

即使是我在寫作本書時，非常熱門的「雲端運算」被貼上「雲端」這個標籤或許是最近的事，但是創意來說，和一九九〇年代的「網路運算」，幾乎沒有什麼兩樣。至於成為一門行業，也是從一九九〇年代末，開始以ＡＳＰ（Application Service Provider）和SaaS（Software as a Service）的形式展開。

昇陽（Sun Microsystems）的首席科學家比爾．喬伊（Bill Joy），才真的是有「先見之明」。他早在網路普及之前，就清楚提出網路運算的概念，認為「電腦並不是以網路連結，而是網路才是真正的電腦」，不過，昇陽卻並未將這樣的「先見之明」發展為成功的事業。

雖然發想和概念出現得很早，卻始終無法普及，這是因為與網路相關的基礎建設技術與成本，尚不及創意發展的速度。事實上，在花了十年、十五年逐漸克服這樣的限制之後，才得以形成現在這股「接下來將是雲端的時代」的潮流。

環境變化這個外在機會，每個企業都有，並不獨厚某一家。請大家想想，在資訊流通如此快速的時代，要比任何人都提早發現新的環境變化，並因為提早因應而成功「將會是愈來愈難的事」。自己注意到的事，其他人通常也注意到了，即使以為自己有「先見之明」，但事後才發現已經有人著手去做，也不是什麼奇怪的事。我認為，一旦太過依靠「先見之明」的理論，就會無法創造出真正屬於自己的策略故事。總之，機會不在於外在的環境，而是在自己的策略故事當中。

接下來，我們來看看Book off的致勝關鍵。在Book off成立之前，二手書的零售業界，早就存在。一九九〇年，Book off一號店開幕時，全國已有超過五千家的二手書店，東京都千代田區的神保町是全球最大的舊書店街，總共聚集超過一百五十家的二手書店。以往的二手書店都有自己的特色，也許是專賣歷史書籍，或是以自然科學的專業書籍為主，就好像專攻特定領域的「精品店」。

傳統的二手書店會逐一過濾顧客拿來賣的書，只購買符合自家特色的書籍。由於店面狹小，因此，很少有店家積極收購文庫本或漫畫等流通量大、價格低廉的書籍。收購的價格會受到稀有的程度和對收藏家的吸引力影響，每家店都有自己的訂價標準，負責人必須具備身經百戰的「眼力」才行。據說，要練就專業的眼力，必須要累積十年以上的經驗，收購書籍時的專業估價能力，是經營傳統二手書店的關鍵。

在這個沿用傳統作法的業界，Book off收購書籍時，並不依照書的內容，而是依照外觀估價。決定價格的標準非常簡單，狀況良好的二手書，以訂價的一成收購，稍做整理之後，再以定價的百分之五十作為賣價。買入超過三個月以上的滯銷書和超過五本以上的庫存，一律以一百日圓出售。收購的書，依照所需的「加工程度」，分為四個標準，加工後判斷可以定價的二分之一售出的書為A或B，加工之後只能賣一百日圓的書為C，因為太髒而無法出售的書為D。只要有顧客願意購買，即使是被評為D的書，Book off也會收購。

Book off所採取的收購和定價方式，對傳統二手書店的老闆來說，簡直是莫名其妙，甚至是愚蠢至極。但是，這種收購書籍的作法，為Book off開發出「讀過的書都拿來賣」的顧客價值。因為將收購、陳列和銷售的業務標準化，所以能夠發展以往舊書店業界不可能出現的連鎖經營。

我要再強調一次，買賣二手書在Book off出現之前，早就存在，整個業界平靜無波的做了幾十年，在Book off成立之前，環境並沒有太大的改變，也沒有新的外在事業機會出現。如果對了解二手書店業界的人而言，Book off的策略故事全都是「好事」，在一九六〇至七〇年代，Book off成立之前，就算有類似的企業出現，也不是什麼奇怪的事。Book off的策略故事之所以「創新」和「獨特」，是因為其中包含了比起以往大家共同相信的標準來看，明顯「乍看之下不合理」的致勝關鍵。

▼競爭優勢的層次

除了取得競爭優勢之外，要怎麼做才能維持？一直以來，有許多策略論都企圖回答這個問題。如果將前面的內容和這章討論的關鍵核心互相對照，就能夠描繪出如同圖5.4的競爭優勢的層次。競爭優勢依照情況可分為五種，持續性從低到高，則是分成不同的層次。

零級純粹是因為景氣好，所以賺錢，利益的來源完全仰賴暫時性的外在環境因素，景氣一旦惡化，就會回到無法獲利的狀態，也就是取得競爭優勢之前的階段。就定義來看，零級無法期待持續性的競爭優勢。

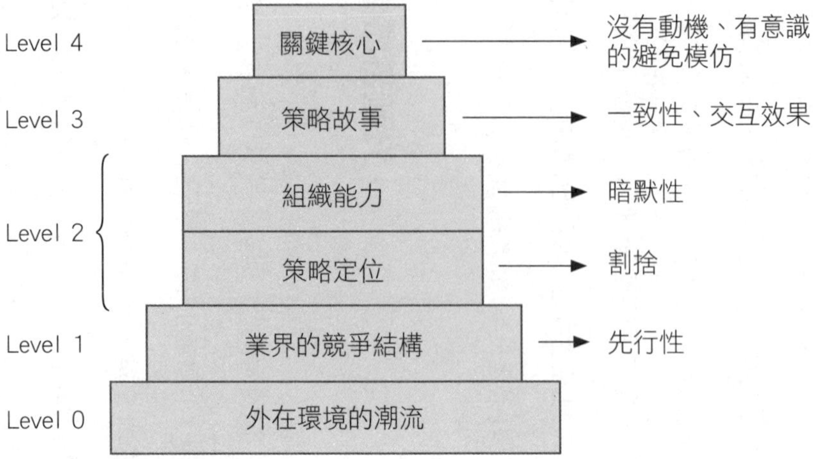

圖 5.4　競爭優勢的層級

往上一級的利益來源，為業界的競爭結構。如同第二章所說，這個世界上有結構容易獲利的業界，也有結構原本就不易獲利的產業。只要能夠充分了解業界的競爭結構，慎選進入的產業，就能夠擴大收益。

如同奇異的傑克．威爾許在一九八〇年代，表示「不做進入門檻低，容易出現許多公司互相競爭的事業」、「不做市場或技術變化劇烈的事業」，大膽鎖定從事的事業領域，這就是典型重視業界競爭結構的策略。只要率先其他公司進入具有吸引力的業界，確保強而有力的先行者優勢，就能夠利用一級的競爭優勢，長期獲利。

不過，我在第二章也提到，具有吸引力的高獲利產業，對任何人都有吸引力，因此，其他公司也會想要進入這樣的業界。即使競爭結構只是暫時具吸引力，一旦其他公司陸續進入，就會展開混戰，如果沒有相當程度的「先見之明」，要依靠業界的競爭結構，維持競爭優勢，並不容易。

Level 0和Level 1，與其說是企業的競爭策略，倒不如說是著眼於與企業有關的外在因素的理論，Level 2以後，才是競爭策略。

Level 2是希望利用個別的構成要素，取得競爭優勢的經營模式。如同第二章的說明，競爭策略的構成要素，包括：策略定位（SP）和組織能力（OC）兩種，這兩種都帶有某種程度維持競爭優勢的理論。

利用SP製造差異，主要是根據取捨的理論。一隻狗不能同時也是貓，比起單純只是「品質比其他公司好」的程度差異，在取捨時，選擇清楚的活動，更能夠製造出持續性的差異。

相對於此，以OC為基礎的差異化，則是希望透過與能力的暗默性、路徑依存性，以及時間一同進化，充滿活力的特色，來維持競爭優勢。第二章提到的7-11 Japan的假設驗證型訂貨，以及日本汽車廠商開發產品時，利用提前負債縮短前置時間，都是典型的例子。

雖然大家都知道類似這樣的企業OC，是競爭優勢的基礎，但這些其實是慣例的累積，因此，其他公司並不知道它與成果之間的因果關係，也就是「雖然不知道是誰，但是每個人都知道」（這句話說得真好），彷彿是「月光假面」般的強項，而且必須是經過時間的歷練，無法一蹴可幾取得同樣的能力。

Level 3則是超越個別要素，希望整體故事能夠維持競爭優勢，也就是即使能夠模仿個別的要素，但是要模仿複雜糾葛的整體故事，並不容易。如同第三章所強調的，這個層級的競爭優勢，來自於故事的一致性所產生的交互效果，而非個別的要素。由於構成要素之間充滿相互依存和因果關係，即使模仿數個要素，如果無法互相交融，產生交互效果，就無法形成同樣水平的競爭優勢。

最上面的Level 4的策略，不只是建構能夠引發構成要素之間，產生交互效果的故事，還需要「乍看之下不合理」的致勝關鍵，作為故事一致性的基礎。而持續性競爭優勢的來源，就是競爭對手原本就不打算模仿的「沒有動機」和「有意避免模仿」。在經過比較之後，各位應該會發現，愈是上面的層級，維持競爭優勢背後的理論就愈強而有力。

競爭優勢的五個層級，並不是一種選擇，而是一種累積的關係。獲利潛力高的業界，擁有明確的SP和強大的OC，構成一貫的故事，致勝關鍵奏效，如果再加上景氣好的話，能滿足五種層級的條件，最具競爭優勢。

即使是Level 1或Level 2，只要能夠維持競爭優勢，就不需要故事性的策略思考。不過，我認為層級較低的策略，要在最近的競爭環境中維持競爭優勢，會比以前困難。這就是為什麼必須爭取向上升級，利用故事的一致性和致勝關鍵來一決勝負，成為愈來愈重要的原因。

▼真正的持續性競爭優勢

仔細想想，能夠長期維持某個策略創造的競爭優勢，是一件不可思議的事。姑且不論資訊和知識轉移不易的時代，如今資訊技術發達，經濟全球化，人力、物力、資金和資訊的流動性，超越國家、地區和企業大幅提升。

一旦某家企業表現極佳，自然會受到其他公司的注意，每個人都會想知道該公司好業績的背後有著什麼樣的策略。因為這樣的需求，媒體會大幅報導成功企業的策略。充滿獲利潛力的市場、類別與創造理想業績的策略定位的存在，會立刻廣為人知。即使成功的背後，有優越的技術和經營工具，大多數也只要付錢，就能夠透過市場取得。企管顧問公司分析各種企業成功的主要原因，提供所有的知識。

總之，超越管理資源的企業的流動性和移轉的可能性將持續擴大。就理論上來說，這樣的趨勢是在縮小企業之間的差異，某家企業即使暫時成功，業界內外的其他公司就會注意到這家公司之所以獨強的原因，也可以輕易取得相關策略的資訊和知識。這麼一來，相關策略就會被模仿，使得長期維持競爭優勢更加困難。

但事實上，實力堅強的企業，都可以維持很長時間的競爭優勢。即使由於競爭對手隨時關注他們的策略，使它們面臨被模仿的威脅，還是能夠持續維持五年、十年，甚至是十五年的競爭優勢，這是為什麼？這些企業為什麼能夠長期維持與其他企業之間的差異？

我一直對這個問題很感興趣，始終在思考什麼才是真正的持續性競爭優勢。如果從「故事競爭策略」的角度觀察，會不會發現有別於以往清楚表示；或是在默認的情況下假設的理論，或一直以來被忽略的理論。

現在假設有一家擁有競爭優勢、業績表現理想的公司，我們稱之為A。A公司的競爭對手B公司企圖迎頭趕上，B公司十分關心讓A公司成功的策略，為了取得該公司的強項，而企圖模仿A公司的策略。

A公司為什麼能夠維持競爭優勢？A公司將之前提到的競爭優勢的層級Level 2為止的

①防禦理論……當B公司企圖模仿A公司的策略時，因為有障礙，A公司得以維持競爭優勢。

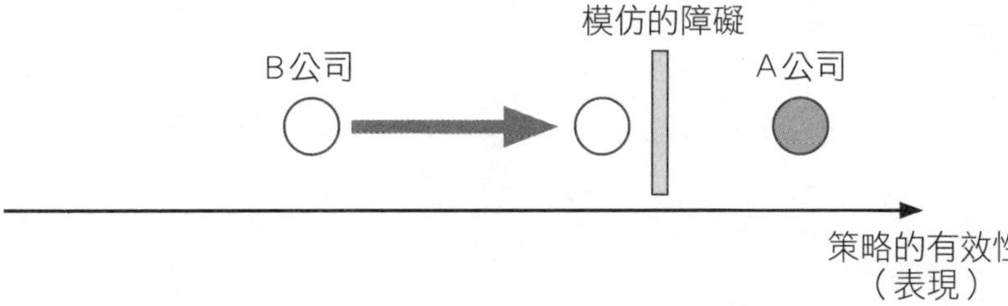

②自取滅亡的理論……由於B公司企圖模仿A公司策略的作法本身，會擴大B公司與A公司之間的差異，A公司因此得以維持競爭優勢。

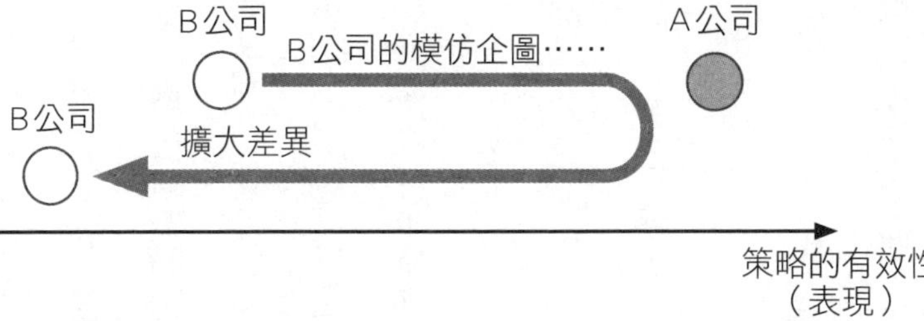

圖5.5　持續性競爭優勢的理論

部分，假設是「防禦的理論」，也就是B公司雖然企圖模仿A公司的策略，但是因為有障礙，所以無法完全模仿。A公司因而得以維持競爭優勢的理論，也就是圖5.5的①。

在類似的「防禦競爭優勢」的理論中，A公司有各種方法可以保護策略（也就是對B公司形成模仿的障礙）。由於A公司利用先行者優勢，建立進入障礙，B公司就無法進入相關業界，而這就是Level 1的防禦理論。

由於不同的策略定位之

間，存在取捨的問題，因此，B公司要模仿A公司的策略，並不是件容易的事，這就是麥可．波特提出的競爭策略論中，關鍵的「移動障礙」的概念。如果關注的是OC，一旦A公司為所擁有的技術取得專利，B公司就必須付出等價的報酬才能夠取得。倘若A公司培養出需要眾多Know How的生產製造能力，B公司就無法輕易超越，A公司也就得以維持競爭優勢。總之，這些都是增加策略模仿障礙的防禦理論。

但是，如果仔細思考策略故事的交互效果所創造出的競爭優勢，一旦到了競爭優勢的Level 3或Level 4時，就會出現完全不同，堪稱是「自取滅亡的理論」，而非防禦理論，也就是B公司企圖模仿A公司策略的動作本身，會降低B公司策略的效用，拉大A公司與B公司之間差異的理論。

如果以圖表表示，就是圖5.5的②。假設B公司為了迎頭趕上A公司，企圖模仿該公司的策略，但是在模仿策略的過程中，B公司發生「奇妙的事」，不只無法迎頭趕上，甚至還出乎意料地拉大了與A公司之間的距離。

在防禦理論中，是假設A公司的敵人（B公司）會採取目的合理的行為，為了迎頭趕上自己採取合理的作法，企圖模仿策略，因此，必須在策略中，納入防禦的機制。如果能夠提高模仿的難度，B公司就會完全無法趕上A公司，使得A公司得以維持競爭優勢。

如同圖5.5之①所示。和原本的狀態相比，B公司和A公司的距離，已經到了模仿障礙的地方，在某種程度上，策略的差異和表現的落差已經縮小。

相對於上述的概念，主張企圖模仿會拉大彼此差異的理論，就是認為B公司因此而引發的「失誤」或「自殺行為」，將讓A公司得以維持競爭優勢。B公司為了迎頭趕上A公司，主觀採取合理的模仿行為，但事實上，在模仿的過程中，卻掉入弱化自我表現的陷阱。根據自取滅亡理論，B公司不僅不能夠縮短與A公司之間的距離，還可能拉大策略之間的差異和表現的落差。也就是說，A公司即使不特別防禦，B公司也會自動遠離、「自取滅亡」，使得A公司得以維持競爭優勢。

▼地方都市的辣妹

我之所以會覺得好的策略故事能夠維持競爭優勢，背後可能存在競爭對手自取滅亡的理論，是因為很久以前出差到外縣市時遇到的一件事。

我從新幹線下車之後，在車站前的巴士站等候前往要去洽公大學的巴士。因為等了很久公車都沒來，等車的人愈來愈多，當時以高中生為主的年輕女孩，正流行一種俗稱為

「辣妹」的打扮。這雖然已經是過去的事，不過，應該還有人記得，她們把頭髮染得非常鮮艷，把皮膚曬黑，用睫毛膏把睫毛塗得厚厚的，再用眼影把眼睛四周刷白，再塗上偏白的口紅，戴上大朵花飾，穿著短裙和鬆垮的象腿襪。

在我前面，就排了三個做辣妹打扮的高中女生，邊等車、邊興高采烈地聊天，我並未刻意聽她們聊天，只是呆站著（其實還是有在聽）。她們聊的話題都是穿著打扮，似乎是對辣妹時尚非常著迷。

我知道她們投注了自己年輕的熱情，但在我看來，這三個人的辣妹打扮都「太超過」了，所以顯得奇怪。辣妹時尚的發祥地，聽說是在東京澀谷年輕人聚集的「中央街」一角。當時，我偶爾也有機會在當地看到「真正的辣妹」，但是外縣市的辣妹比起她們明顯玩過頭了。她們頂著一頭亮晃晃的金髮，蓬鬆的程度就好像以前漫畫裡「實驗失敗的科學家」，厚重的睫毛膏，讓人幾乎無法分辨哪裡才是眼白，日曬過的皮膚黑得可以，眼影和口紅一定是白色的，而頭上的花朵髮飾一定要大，裙子一定要短，象腿襪一定要鬆。澀谷的辣妹甚至反而顯得安分守己。

因為我對她們這種玩過頭的打扮大感興趣，等車等得不耐煩的我，於是試著跟她們聊天。我對她們說：「你們的打扮還真是誇張，比東京的辣妹還辣……」，結果她們回答：

「才沒這回事呢！這算普通的！老伯！你是從東京來的嗎？澀谷的辣妹應該也差不多是這樣吧……」

我反駁她們說：「不！我雖然常看到澀谷的辣妹，但她們要安分多了，你們真的很誇張」，結果她們堅持說：「不！我敢說事情一定不是這樣，我們非常關心辣妹時尚，一天到晚都在研究，雖然幾乎都沒有去過東京，但是我們透過雜誌，徹底研究東京澀谷當地的辣妹時尚（她們說著，就從書包裡拿出專業的辣妹時尚雜誌給我看，就好像電子業界的《電波新聞》或音響迷的《Stereo Sound》之類的雜誌），我們非常了解真正的辣妹時尚應該怎麼化妝？梳什麼樣的髮型？穿什麼樣的衣服？戴什麼樣的飾品？即使我們這裡距離東京很遠，但也可以買到一樣的東西。我們連細節幾乎都完整呈現澀谷最新的辣妹時尚，所以不可能不一樣。」她們（用辣妹說話的方式，說的大概是類似的內容）絲毫不同意我的說法。

不過，我以客觀的角度來看，她們明顯是「辣過頭」了，就連我這個外行人都覺得突兀。「不！我真的覺得太誇張了。」「才沒有這種事呢！」就在我們一來一往之間，公車來了，我的街頭採訪也只好到此結束。

後來，我和一位熟識的女性友人談到此事，因為她在成衣業界工作，年輕的時候，聽說是「辣妹時尚的教主」。她給我的回答是「愈到外縣市愈誇張，就算是辣妹，如果整體搭配沒有個性，就不會好看。如果只是看了一些雜誌，就決定要做辣妹打扮，因為沒有基礎，所以不知道怎麼拿捏分寸，會覺得只要是髮型、妝容和服裝都很花稍，就很好看，所以才會玩過頭，這是很常見的事……」

▼模仿本身會擴大差異

如果把前面自取滅亡的理論中談到的A公司，比喻成「澀谷辣妹」，而把想要迎頭趕上而企圖模仿策略的B公司，當成「其他縣市的辣妹」的話，就會形成圖5.6的「模仿本身擴大差異」的機制。

澀谷原版的辣妹造型並不是一朝一夕形成，無論你喜不喜歡（我是覺得不怎麼樣……），辣妹時尚是在澀谷中央街的年輕人文化脈絡中，耗費某種程度的時間才形成的。之後，因為大家認為澀谷辣妹們的打扮很不錯、很有型，原本不知道這件事的外縣市女孩子，也開始想成為澀谷的辣妹，於是，她們模仿已經成形的「辣妹時尚」。而成為她們模仿對象的原始辣妹，在建立風格的過程中，自然了解時尚構成要素（髮型、化妝、服裝和飾品）的交互效果（辣妹時尚的前教主所說的「個性」和「分寸」）。但是，在事後才

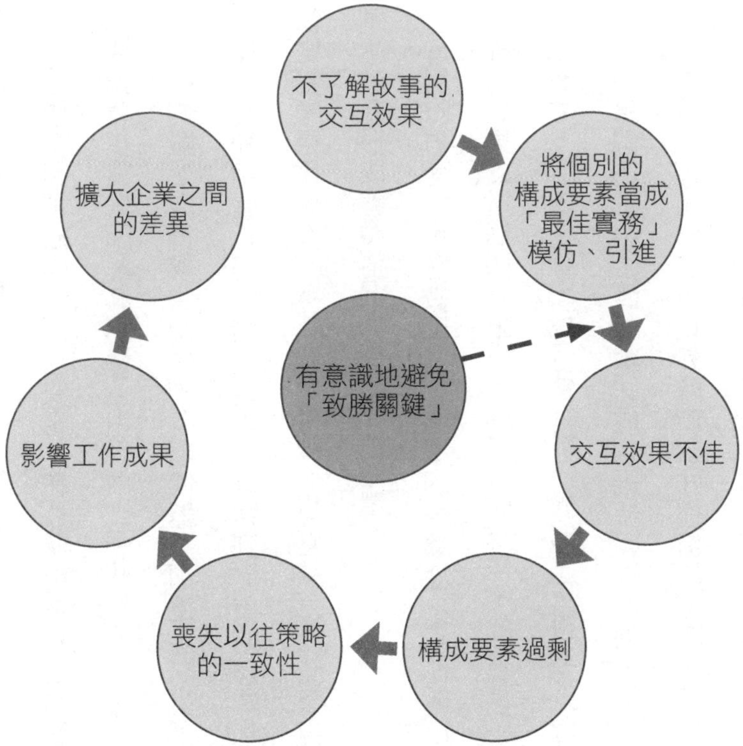

圖 5.6　模仿策略故事擴大企業之間差異的機制

要加以模仿的外縣市辣妹，不了解這種交互效果的奧妙。

由於媒體發達，外縣市的辣妹透過電視、雜誌或網路，也可大量取得有關辣妹時尚的各類資訊和知識。只要看雜誌，就知道應該變換什麼樣的髮型、化什麼樣的妝，也可大量取得有關化妝品、服裝、鞋子或裝飾品的品牌或商品資訊。而且，這些物件都是可以從市面上買到的東西，即使在自己的城市買不到，也可以過網路購買。其他縣市的辣妹就這樣將正牌辣妹的時尚物件，當成個別的「最佳實務」引進模仿。

他們企圖透過模仿個別要素，在外縣市重新建構整體的辣妹時尚，但是要完整取得構成要素背後重要的交互效果並不容易，因此無法產生充分的交互效果。

她們雖然取得成為辣妹的各項武器，卻還是缺少了一點什麼。於是，這些外縣市的辣妹便企圖利用強化個別構成要素，以達到完美的辣妹化。從各個要素來看，這些外縣市的辣妹都顯得比澀谷的辣妹要來得辣，也就是「構成要素過剩」。諷刺的是，構成要素一旦過剩，就會形成整體情況失控的惡性循環。

另一方面，也會破壞原有造型的一致性。其他縣市的辣妹擁有根植於當地文化優秀的美感（如果以這個例子來說，或許有些奇怪，就請各位先認同這個說法），這樣的強項也會因而消失，所以才會出現這種打扮怪異的「玩得過火的辣妹」。

在這個例子中，澀谷辣妹成功維持競爭優勢，卻無法以防禦理論加以說明。因為澀谷的辣妹並未企圖建立阻止外縣市辣妹模仿的障礙，她們也沒有採取任何為了防守競爭優勢的行動，只是一如往常在澀谷的中央街一步一腳印地磨練自己的辣妹時尚。

此時，相當於工作成果的就是「時尚度」。外縣市的辣妹之所以想要模仿，就是希望能夠和澀谷辣妹一樣時髦，但是在模仿的過程中，沒有產生完全的交互效果，反而變成「搞怪」，拉大兩者之間「時尚度」的差距。也就是說，外縣市的辣妹啟動自取滅亡的理論，而澀谷的辣妹即使沒有這樣的打算，也得以維持競爭優勢。

辣妹的例子說得太久了，我們再回來談談企業競爭優勢的長期持續性。我想說的是，好的策略故事之所以能夠長期維持競爭優勢，與其說是企業建立了難以模仿的障礙，倒不如說就像前面的故事提到的外縣市辣妹，因為企業想要迎頭趕上其他公司，企圖模仿他人策略的結果，就是自取滅亡。

由於好的策略故事，競爭優勢的本質在於交互效果，未必包括一眼就能夠發現的花稍構成要素，因此，在短時間內沒有讓競爭對手發現自己的優勢。但是，在故事的交互效果完全作用逐漸發揮競爭優勢之際，創造出的工作成果會吸引其他公司注意。

其他公司因為視它為最佳實務，於是便企圖模仿，利用蒐集、分析各類資訊和顧問的建議，找出成功故事的構成要素。經過分析之後，發現眾多構成要素在自家公司也能夠輕易辦到，而且只要有錢，就能夠透過市場取得，其他公司就會陸續將這些要素引進自己的策略中。

不過，就好像外縣市的辣妹，競爭對手無法充分了解原本故事中隱藏的交互效果的奧妙。即使現學現賣、模仿策略，也無法發揮原始策略的交互效果這項競爭優勢的本質，使得策略不夠完整，而且無法協調。也就是雖然聰明，卻做出蠢事。更甚的是，還破壞了傳統策略的一致性和強項，因此，被迫必須吞下表現不佳的苦果。

在這段期間，因為好的策略而成功的企業在做什麼？他們既沒有因為競爭對手的動作而採取防禦措施，也沒有改變策略，只是更努力地研究原本的故事，驀然回首才發現，競爭對手開始做一些奇怪的事，影響自己的表現。不要說是模仿策略故事，反而更加鞏固我方的競爭優勢。

▼迴避致勝關鍵與交互效果不完整

擁有競爭優勢的企業，原始的策略故事中，愈是包括乍看之下不合理的致勝關鍵，類似這樣自取滅亡的理論就愈明顯。

如果是一切明顯以合理要素構成的「普通聰明人」的故事，競爭對手透過完全借用所有構成要素，重新建構整個故事，取得同樣的交互效果的可能性（雖然小），相對地就會比較高。

但是，如果原本的故事致勝關鍵奏效，對競爭對手而言，致勝關鍵就會看似不合理、迂迴且愚蠢，在「合理的」其他公司看來，就是「不應該做的事」，因此，就會避開致勝關鍵的部分。換句話說，競爭對手即使模仿策略故事，也會有意識地避免模仿致勝關鍵。

請大家再看一次圖5.6，即使競爭對手模仿其他構成要素，試圖重新建構同樣的故事，因為缺少致勝關鍵，使得交互效果無法發揮。這是因為關鍵要素，才是好的策略故事的核心，也是故事一致性的基礎。致勝關鍵的作用愈大，企圖迎頭趕上的競爭對手，就愈容易出現交互效果無法發揮的現象（圖中虛線的箭頭）。

本章提到的戴爾電腦和亞馬遜，之所以能夠長期維持競爭優勢，背後也有類似這樣因為迴避致勝關鍵，引發競爭對手自取滅亡的理論。戴爾直銷電腦的故事之所以能夠維持競爭優勢，初期是因為在通路商和直銷之間做了取捨，也就是說，在這個階段相當於Level 2的ＳＰ，是競爭優勢持續性的來源。

但是，在之前提到的戴爾「直銷模式」的強項廣為人知之後，以ＩＢＭ為首的競爭對手開始無視於ＳＰ的差異，展開直銷行動。但即使是這類企圖模仿戴爾故事的企業，也並未採取戴爾以「自行組裝」為核心，高度統合的運作模式。因為在「聰明」的競爭對手眼中，組裝ＰＣ之類需要大量勞力且簡單的工作，不使用外部業者，明顯不合理；然而，卻因為有意識地迴避致勝關鍵，導致企圖模仿戴爾策略故事的競爭企業，無法充分發揮交互效果。

致力開發個人網路拍賣市場的eBay，在二〇〇〇年中期之後成長趨緩。因為受到亞馬遜新品零售不斷成長的刺激，eBay成立了定量銷售新品的網站「eBay Express」。由於eBay在拍賣網站擁有龐大的顧客基礎，因此當時有不少業界的相關人士認為，eBay在零售方面也能夠取得領導地位。

然而，eBay Express並未帶動營業額和顧客人數的提升，之前也提到eBay和亞馬遜關鍵的差異，就在於亞馬遜擁有自己的龐大倉庫和流通中心，藉由累積營運經驗加強資訊技術，這就是亞馬遜的致勝關鍵。

對於以拍賣網站發展至今的eBay而言，自己不需要擁有倉庫或流通中心等需要龐大流通資金及資產的「輕便經營模式」，才是電子商務合理性之所在。雖然eBay針對新品零售事業的宣傳，投入大筆資金，卻不像亞馬遜著手準備流通的基礎建設。以買賣雙方直接溝通為前提的eBay，在背後協助顧客累積購買經驗的資訊技術也落後一步。

缺乏如同亞馬遜強而有力的基礎建設的eBay Express，無法提供顧客零售網站方便且舒適的購物經驗。於是，該公司在二〇〇九年改變策略，重新回到原點，繼續原本仲介二手商品的市場。亞馬遜零售網站的根據地也並未瓦解，反而更讓人體會到它的強勢。這也是一個競爭對手在模仿對方策略故事時，有意識地避免模仿乍看之下不合理的致勝關鍵，導致交互效果出乎意料並未充分發揮作用，使得好的策略故事得以維持競爭優勢的例子。

▼構成要素過剩

如同外縣市辣妹的時尚元素比澀谷辣妹來得誇張，在競爭對手模仿好的故事的過程中，因為交互效果未能充分發揮作用，導致構成要素過度被單純化而自取滅亡的理論背後，就是因為企圖模仿的企業「行為失當」。

以規模來說，當時號稱汽車產業第二大龍頭的福特，自一九九五年起開始施行大規模全面改革計畫「福特2000」。負責指揮「福特2000」的人，是以「強悍的成本殺手」馳名天下的傑克．納瑟（Jacques Nasser）。納瑟自一九九九年起擔任執行長，「福特2000」的主軸之一，就是利用改採取新生產系統FPS（Ford Production System），以大幅降低成本。

如同FPS的名稱所示，這個系統基本上是參考豐田的生產方式（TPS，Toyota Production System），以建立「後拉式」（因應需求只組裝必要數量的必要車種）的生產系統。FPS的核心對策，就是被稱為SMF（Synchronous Material Flow）的「同步原物料流程」。為了實施具彈性且沒有浪費的後拉式工程，必須在整個生產過程中，同步零件與成品的流程，進行平準化生產，到這裡為止，作法都與TPS的即時生產模式（JIT）相同。

但是，福特致力開發ILVS（In-Line Vehicle Sequencing，產線內車輛排序）系統，作為SMF的王牌[16]。ILVS是能夠在組裝的過程中，自動改變產線內半成品的排序系統，產線內設有被稱為ASRS（Automated Storage and Retrieval System）的「倉庫」（能夠在產線內暫時留置半成品的裝置）。

ASRS能夠以垂直的方式，從產線內的汽車上方安裝倉庫，是需要巨額投資的大型設備。利用安裝專用軟體的電腦，進行自動控制，可隨機擷取倉庫中任何一輛半成品。如有任何意外發生，也能彈性更改產線內的車輛排序，因此，得以維持供應商的零件供應和組裝工程同步，進行即時生產，減少庫存，降低成本。

不過，如果換個角度來看，福特這個「ILVS＋ASRS＝SMF」的作法，可說是將豐田真正的即時生產方式，過度單純化的產物。

真正的TPS，是利用具有一致性的故事，將各式各樣的構成要素，例如與供應商之間的長期信賴、員工的多能工化、改善發生問題的第一線等要素，在具有一致性的故事中，互相配合運作，才得以進行即時生產。

另一方面，由於供應商供應的零件暫時短缺或品質問題，福特的ILVS原本就假設生產線上半成品的車輛排序會與當初的計畫不同。即使發生影響產線內車輛排序的意外，福特也企圖利用自動更換車輛排序的方式，「勉強」達成即時生產。

因為有安裝精密電腦系統的ASRS，表面上，像是在最後的組裝線上，完成即時生產。但事實上，福特在組裝工程的即時生產目標達成率為百分之九十九，光就這一點來看，FPS或許可說是比始祖的TPS還要「精準」的即時生產系統。然而，ILVS這個一連串的龐大支出，並非真正與整個供應鏈的活動同步，而是企圖一口氣為影響組裝工程的各式問題，找到「合乎邏輯的理由」。

由於使用ASRS這個「攻擊武器」，反而掩蓋了同步整個供應鏈所需各項要素的需求，因此，無法創造出支撐豐田即時生產模式，複雜且微妙的交互效果。

由於福特的FPS有許多不合理的地方，到了一九九〇年代後期，不僅未能縮短與豐田生產效率之間的差距，反而還逐漸擴大。這就是模仿策略故事，導致過度運用特定要素，使交互效果無法完全發揮的最典型案例。

原本的策略故事是利用各種要素互相作用，藉其產生的交互效果，來創造成果。但是模仿而來的策略故事，卻無法發揮這種融合的效用。模仿策略故事，之所以往往會導致過度運用構成要素，是因為模仿的企業企圖依靠特定構成要素的「必殺技」，取得與競爭對手同樣的強項，而非發揮交互效果。

以福特為例，原本需要融合十種或二十種措施產生交互效果，才能夠達成即時生產。但在最後的組裝工程，福特企圖以ILVS，尤其是以電腦自動控制的ASRS一舉達到這個目的。這形同是企圖以一根（外表）強而有力的主樑，來支撐原本需要十或二十根柱子一起分攤重量的屋頂，導致這根主樑過於結實，過度發揮構成要素，因而瓦解策略故事的一致性。

▼終極的競爭優勢

我在前面提到，維持策略競爭優勢的理論，可分為製造模仿障礙的「排除理論」和競爭對手的「自取滅亡理論」。我想說的是，比起前者，後者的理論更是強而有力持續性競爭優勢的來源。

如果策略故事在運作的過程中，能夠發揮交互效果，其他公司便無法輕易模仿。但是，在競爭優勢層級中Level 3的階段，利用交互效果的複雜，形成模仿策略的障礙，僅止於是排除理論。

但是如果進一步延長時間軸來考量競爭對手的反應，好的策略故事若能持續創造優秀的表現，競爭對手自然會更感興趣，或許也會想辦法取得相關強項。

倘若把這個問題放大，就是自取滅亡的理論。Level 4利用致勝關鍵，創造的競爭優勢持續性，主要是依據自取滅亡的理論，而非排除理論。徹底分析好的策略故事，試圖取得相關構成要素，會使得競爭對手過度運用構成要素，導致策略不夠完整。我要再重複一次，原本擔任故事核心的致勝關鍵愈是有用，這樣的可能性就愈大。由於企圖模仿對方，反而會導致擴大與模仿對象之間的距離，因此，Level 4堪稱是極致的持續性競爭優勢。

無論是人、物、錢或資訊流通的速度都愈來愈快，範圍也逐漸全球化，這股不可逆的潮流也代表某個策略一旦成功，就會立刻被模仿，和以前相比，將愈來愈難維持競爭優勢。但反過來說，資訊愈是流通，好的策略故事在經過宣傳之後便會廣為業界內外的人士所知，或許也會因此有愈來愈多的企業試圖（一知半解地）模仿。如果把焦點放在剛才提到的模仿本身將擴大差異的機制，無論資訊或全球化如何發展，建構出特有好的策略故事的企業，要比一般人想的更能夠維持優勢。

當然，我並不是說好的策略故事，永遠都能夠穩如泰山，再強、再厚實、再長的故事，都有它的壽命或賞味期限。因為長期的環境變化，使得原本優秀的故事逐漸陳舊，喪失對顧客的價值提供，甚至無法創造獲利（關於這一點，將在第七章說明）。不過，我認為，在企業的競爭中，最具有持續性競爭優勢的是讓對手無法模仿的Level 4。

本章主要是討論策略故事的致勝關鍵核心的理論，不只是故事一致性的基礎，同時也是持續性競爭優勢來源的關鍵核心，如字面所示，是策略的核心；本章所要傳遞的訊息，就是要建立持續性的競爭優勢，最重要的是，在故事中納入致勝的關鍵要素。

由於這些關鍵要素「乍看之下並不合理」，因此，需要一些創意來製造，儘管如此，並不需要天才的靈感或荒誕無稽的發想。如果是這麼稀奇古怪的作法，應該很難讓整個策略合理化吧！因此，致勝關鍵「天馬行空」的程度，必須是在整個策略故事的脈絡中，讓所有人都能夠從理論來了解其合理性的程度。

「一些創意」是來自於懷疑業界共有的想法和常識，要從中找出可能的致勝關鍵並不困難，最重要的是，將部分的不合理轉化成整體合理性的故事構想，這是負責說故事的策略家發揮本事的地方。因此，雖然結論都一樣，但理論比什麼都重要。致勝關鍵必須讓整個故事合理化，並找出最後與概念相關的因果理論。

到目前為止，介紹了故事競爭策略的意義及其重要性，以及好的策略故事必須具備什麼樣的條件。下一章將以特定企業的策略故事作為應用篇，進行詳細的分析。第一個案例是中古車流通業界的Gulliver International。

＊日本音樂著作權協會（出）同意第10043391016號

1 星巴克的策略故事，日後曾進行多次修正和細部的調整。我在寫作本書時，由於市場不斷成長，飽和的問題越來越明顯，尤其是在二〇〇八年之後，由於經濟不景氣，就連星巴克（尤其是在美國當地）也必須大幅改寫策略故事。不過，本書主要是討論一九九二年至一九九七年讓該公司股票上市順利成長的原始策略故事，詳細內容請參考Schultz and Yang（一九九七）。

2 在霍華．蕭茲擔任總裁之前，星巴克原本是一家販賣綜合咖啡豆的零售公司。霍華．蕭茲當時是以經理的身分進入星巴克，之後透過ＭＢＯ，取得公司的經營權，才轉型成現在的星巴克。

3 神戶大學的三品和廣認為，真正重要的思想或理論，如果不受批評，就好像是在利用「聰明人的盲點」。三品和廣（二〇〇六ｂ），「經營體制的生命週期」，《組織科學》，三十九卷四號。

4 馬渕隆一（當時萬寶至馬達的代表取締役社長）的訪談（二〇〇一年四月）。

5 Harvard Business School Case（1999），"Matching Dell"，（9-779-158）.

6 即使是客製化，ＩＢＭ採取針對僅具備最小功能的標準機種「Model 0」所做的需求預測，進行存貨生產，之後再根據訂單，配合顧客要求的規格，追加組裝的作法。此時，追加組裝標準規格的作業，則是委託ＩＢＭ的ＰＣ流通業者。

7 清水（二〇〇六）。

8 「亞馬遜.com——網路的旗手？還是泡沫的寵兒？」，《日經Business》，二〇〇〇年七月三日號。

9 "Mighty Amazon," Fortune, May 26, 2003.

10 吉原英樹（一九八八），《「怎麼可能」和「原來如此」——經營成功的關鍵！》，同文館出版。

11 不知道吉原先生對於評估經營學家的研究是別具慧眼？還是特別具有鑑賞能力？根據我的經驗，他對其他學者的研究的相關評價和意見，經常讓我大開眼界。由於吉原先生長時間服務於神戶大學，平常沒有什麼機會進行交流，但是我在二十多歲，剛從事教學工作時，曾有機會前往神戶大學，並在工作結束之後，獲邀與吉原先生一同用餐。我雖然忘記當時是因為什麼事，不過，吉原先生曾經對我說，他之所以成為研究者的原因（細節我就在此省略，但內容非常精彩），大大地鼓勵了當時還在摸索研究工作的我。之後，他經常會在最恰當的時間，出現在我的工作地點，警告我說：「你偷懶。」或是在學會的發表之後，突然鼓勵我說：「你表現不錯，要好好加油。」我就藉這個機會，向他表達我的謝意。

12 吉村典久（二〇〇八），《部長的經營學》，筑摩新書。

13 三品（二〇〇六ａ）。

14 吉原英樹、安室憲一、金井一賴（一九八七），《「非」常識的經營》，東洋經濟新報社。

15 吉原等人（一九八七）。

16 Robert Austin（1999）, "Ford Motor Company: Supply Chain Strategy" Harvard Business School Case（9-699-198）.

第6章 解讀策略故事

之前提到的萬寶至馬達、西南航空和星巴克等企業的策略故事，每一個都是名列「策略故事殿堂」的優秀作品（雖然只是我自己選的）。但我認為，Gulliver International（以下稱Gulliver）的策略故事，堪稱是能與這些古典策略故事匹敵的「名作」，絕對值得被納入「策略故事殿堂」。

只要讀過之前提到的案例，大家應該就了解Gulliver的故事，並不是由新的要素所構成。在Gulliver成立時，中古車產業已經十分成熟，並不算是個具有吸引力的業界。而Gulliver既沒有開發出劃時代的技術，也未開拓出其他企業尚未介入的新興市場。公司名稱中，雖然有「International」這個字，但目前還是以國內市場為主。如果說該公司是因為將新的策略故事成功引進中古車業界，那倒也沒錯。不過，換個角度來說，Gulliver的武器，也只有特有的策略故事了。

大家都知道熊彼得（Joseph Alois Schumpeter）曾經提出破壞原有要素之間的連結，以新的連結建立的「新結合」才是創新的本質。而Gulliver的策略故事，就是大幅改變傳統中古車業界視之為理所當然的「連結」。該公司的所作所為，可謂忠於熊彼得所定義的創新。即使是在乍看之下，沒有獲利空間的成熟業界，光是靠策略，也能夠獲得成功，就是Gulliver有趣的地方。

以下先請各位看看，二〇〇四年，也就是Gulliver在成立十年後，針對該公司策略的相關描述。這裡不會加以分析或解讀，只做簡單的敘述。由於主要的內容是策略故事的解讀，因此，會詳細解說Gulliver故事的優越之處，最後將會介紹二〇〇四年以後的Gulliver，並討論在解讀該公司策略的過程中，得到的啟發。

▼案例——二〇〇四年的Gulliver

二〇〇四年，Gulliver的業績有一項驚人的紀錄[1]，就是營業額高達一千兩百一十八億日圓，較前年增加百分之二十八；而營業利益也高達七十六億日圓，成長百分之四十六。這是自一九九四年該公司成立以來，連續十年營業額和營業利益都持續增加。ROE（股東權益報酬率）為百分之二十九，ROA（總資產報酬率）也高達百分之三十三，財務基礎穩固。

二〇〇三年八月一日，Gulliver的股票正式在東京證券交易所一部上市。一九九八年十二月創下當時在最短的時間內，於東證二部上市的紀錄，在東證一部上市，也只花了短短的八年十個月。

Gulliver成功最主要的原因，是將特有的「專門收購」策略，引進中古車流通業界。Gulliver的前身是該公司的創辦人，同時也是當時的代表取締役社長羽鳥兼市，於一九七五年成立的「東京My Car販賣」。Gulliver原本的作法，是銷售中古車，羽鳥因為發現從事了將近二十年的中古車流通業有其限制，於是創辦Gulliver。該公司的任務，就是負責進行「汽車的流通革命」。

1 日本的中古車業界

二〇〇三年，日本的新車銷售數量約五百八十萬輛，與前年度相比，幾乎沒有什麼改變。當年的中古車掛牌數約八百二十萬輛，雖然比新車銷售量高出許多，但實際的銷售數量要比掛牌數量少。這是因為中古車在從一家銷售公司賣到另一家時，進行的所有權轉移也會被納入掛牌數。預估中古車的掛牌數量，約為銷售數量的兩倍。考量到這一點，新車銷售數量和中古車銷售數量的比例約為三比二，而歐洲和美國的比例約為一比二。

中古車的流通，依照從原本的車主賣出到新的車主買入的整個過程，可分為三種交易方式：

①從消費者處購買中古車的「C to B交易」；

②在拍賣會，中古車銷售業者之間的「B to B交易」；

③將中古車賣給消費者的「B to C交易」。

Gulliver的「專門收購」策略，就是將重點放在三者中的C to B。從二〇〇二年各大公司的預估收購量數來看，Gulliver（約二十五萬輛）僅次於豐田集團的中古車商（約七十五萬輛），以及日產集團的中古車商（約三十五萬輛）；位居第三，但規模超越本田集團的車商（約二十萬輛）。

傳統中古車業者的事業重心是B to C交易，也就是針對一般消費者進行零售。B to C的零售方式，必須在適合銷售中古車的地點，擁有一定規模的店面，想盡辦法展示庫存的車輛。另一方面，降低庫存的成本和風險也非常重要。由於每輛中古車都不一樣，要讓手邊的庫存符合顧客的需求，並進一步與銷售連結並不容易。為了提高符合客戶需求的可能性，中古車業者會設法能夠多展示一輛，就多展示一輛。但是，一般來說，中古車的價格每隔二至三個星期就會下跌，一年後價格下跌的幅度，更會高達百分之三十至百分之五十。因此，業者必須設法將買進的車子全數賣出，要不然就必須在一定的時間內，處分滯銷的庫存品。羽鳥先生回憶道。

在這個業界，即使是在大型中古車展示場展示了兩百輛車，一個月能賣出六十輛就很了不起。剩下的一百四十輛價格會隨著時間流逝逐漸下跌，業者只好被迫在「高價收購」的旗幟旁，插上「超低價特賣」的旗幟。在進了這一行才知道，銷售中古車根本是一件非常矛盾的事。

由於這樣的流通特性，因此，需要拍賣市場。中古車拍賣可分為將車輛帶入會場的「現車拍賣」，以及車輛不運到會場，而是利用影像的「影像拍賣」兩種。日本全年約有六百萬輛中古車，會被提交到約一百五十萬場的拍賣會上進行拍賣。其中，超過百分之五十的車子，會被賣給銷售中古車的業者。近年來，由於引進電腦系統，平均每輛車在短短的十秒內，就會有人得標。類似的日本拍賣會，在世界上也算是非常講究的作法。

一九八〇年代，有兩種小規模的中古車拍賣會，一個是由非營利組織——日本中古車自動車販賣聯合會（JU）舉辦，由四十七個地區的組織組成，每個組織負責統籌關於特定縣市的數百個獨立中古車商。JU並不是為了營利才舉辦拍賣會，而是為了支持各地區的小規模會員。由於只在各地舉辦拍賣會，因此次數較少，而且不定期。另一個團體則是豐田中古車等汽車廠商的二手車商，這些拍賣會只購買展出的車輛，中古車業者無法銷售庫存。汽車廠商的拍賣會，對於不屬於同一集團的中古車業者而言，並不算方便。

自從一九六七年，豐田中古車在日本舉辦第一場中古車拍賣會之後，中古車拍賣就以人為的方式來進行。拍賣官站在舞台中央高聲叫賣，參與拍賣者逐一鑑賞會場中的車輛，展出的車輛和參與的中古車商人數都有限制。

到了一九八〇年代，中古車拍賣會開始產生變化。舉辦拍賣會的公司引進利用電腦控制的自動化拍賣系統。透過這套系統，每天可進行數千輛的中古車交易，比傳統以人力的方式競標數量，高達三至四倍，同時也能夠容納更多人員參與拍賣。隨著中古車拍賣從原本的地區性活動，轉變成大規模的全國性活動，有愈來愈多企業從ＵＳＳ或拍賣網站等廠商獨立出來，專門從事中古車拍賣。

二〇〇二年，ＵＳＳ的拍賣會上，展示了約一百五十五萬輛中古車，較前年相增加了百分之十四。居業界龍頭的ＵＳＳ，其市占率為百分二十五，較前年增加百分之二。同時，經營中古車銷售和中古車拍賣會的Hanaten，市占率為百分之七，位居第二。豐田集團的Toyota Auto Auction（ＴＡＡ）市占率為百分之六，位居第三。使用衛星進行拍賣的

Aucnet，市占率為百分之五。

2「專門收購」

Gulliver最大的特徵，就是有別於傳統的中古車業者，將事業的主軸鎖定在收購中古車，而非在展示場進行零售。除了利用後面將介紹的Dolphinet銷售收購來的中古車之外，原則上都會以拍賣的方式出售。由於必須機動地將車子送到預估賣價最高的拍賣會場，因此，Gulliver擁有有效運送車輛的事業部門（子公司「Hucobo」）。Gulliver提交拍賣會的展示車輛，成交率約百分之七十，高於平均的百分之五十。

由於中古車的拍賣會平均每周舉行一次，Gulliver從收購到賣出的時間約為七至十天，相較於這個數字，一般中古車商車輛的庫存週轉天數平均為二至三個月。Gulliver當時的代表取締役副社長村田育生，曾經這麼說。

> 由於一般的中古車商是在自己的店面，把收購來的中古車賣給消費者，因此，每輛車的獲利率較高。但是，考量車種等級、公里數和年份等各項要素，中古車的款式眾多，導致銷售困難，更拉長了庫存天數。

3 總部統一估價

Gulliver的二手車收購價格，由總部統一決定，接觸顧客的店面，並沒有決定價格的權限。各店會針對送來的車輛製造商、車種、已行駛的公里數、年份、有無瑕疵和內裝的狀態等各種要素進行檢查，並將相關資訊記錄在檢查清單上。檢查完畢之後，檢查清單會被送回Gulliver的總部，由專業的估價師決定收購價格，之後再回報給店面。

根據最近的拍賣交易紀錄，Gulliver掌握相關車輛在拍賣市場的行情之後，再依照一定的範圍，決定收購價格。由於中古車的價格每二至三周就會產生變化，只要掌握拍賣行情的變化，就能夠先行預估得標價格，然後再決定收購價格。羽鳥對於Gulliver特有的作法，說明如下。

Gulliver利用拍賣會的市場價格，加上固定的利潤，來決定收購的價格。一般的中古車商則是考量中古車在自家展示場的預估銷售價格，來決定收購價格。由於事前並不知道賣不賣得出去，有銷售成本和風險，因此，獲利要預估得比較高。但是Gulliver的作法，則是因為前提可能是可以在拍賣會上以一百萬日圓賣出，只要扣掉一定的利潤，就可以決定收購價格。和以往的中古車銷售相比，每輛車的利潤當然比較低。

市面上流通的車輛款式，如果還包括同一車種、不同等級的車款，國產和進口車加起來超過六千種；若是再加上里程數、年份、顏色、裝備，和是否曾經發生過事故等要素，組合的數量更是龐大。Gulliver根據五十萬件反映拍賣會場最新買賣紀錄的資料庫，採用由總部的估價師統一估價的系統，每周更新資料庫兩次。

透過資料庫統一估價，可提示根據明確資料決定的審查價格，提高收購中古車的透明度。此外，還能夠掌握在特定區域內，哪一種款式的哪一種顏色特別受歡迎，因此，可提供更高的收購價格。

4 開店與宣傳

為了能夠快速展店，Gulliver最初採取加盟的方式[2]。該公司加盟展店的特徵之一，就是雇用沒有從事過中古車業經驗的人。村田對於這個作法的解釋如下。

要達到Gulliver「汽車的流通革命」的目標，需要既有的中古車商不會採用的人才。要教育從未從事過中古車業的人需要時間，但是要改變有相關經驗的人的習慣，更是麻煩。因為Gulliver新的銷售方式和既有中古車業界的Know How，有許多無法相容的地方。

Gulliver從初期就投資大量資金在媒體上打廣告，二〇〇一年十二月和二〇〇三年六月，分別以藤原紀香和當時隸屬美國大聯盟紐約洋基隊的松井秀喜選手擔任代言人，大打廣告戰。

同時，為了強化與顧客之間的接觸，大量投資興建客服中心，透過電話和網路接受客戶委託估價。受理委託之後，分布在全國各地的據點會直接派遣業務人員，前往顧客處進行估價審查。Gulliver收購的中古車有百分之六十是在店內進行估價，百分之四十是在顧客處進行。業務人員的拜訪行程，則由客服中心統一管理。

5 Dolphinet系統

一九九八年，Gulliver以一般消費者為對象，成立利用影像銷售中古車的網站「Dolphinet」。Dolphinet除了車輛的圖片和基本資料外，也公開以往的修理紀錄，甚至是小瑕疵等詳細資料。此外，還分別以一百分和五個階段，針對車子的外觀和內裝評分，並藉此估價。在Gulliver店內，被收購的中古車，在被提交拍賣會展示前的七至十天內，會被公開在Dolphinet上。網路的展示時間，一旦結束，所有車輛就會被拿到拍賣會上拍賣。Dolphinet的資料原本僅供店內查詢，之後也公開在網路上，提供客戶查詢庫存車輛的資訊。

二〇〇四年四月，Dolphinet的中古車銷售數量累計約十五萬台。無法判斷中古車價值的消費者，會希望能夠看到實物之後，再做決定，但是以往的中古車商幾乎不提供詳細資訊。羽鳥認為，一般人雖然還不習慣沒有實物展示，只利用影像銷售中古車的作法，不過，要銷售每一台價值都不同的中古車，像Dolphinet這樣利用影像的方式，最適合消費者。

針對一般消費者，Gulliver雖然沒有提供實物展示場，但是換個角度想，東名高速公路也可以說是展示場。因為即使車輛在東名高速公路上被送往拍賣會場的途中，如果有客戶表示，在Dolphinet上看到這輛車想要購買，Gulliver當下就會取消將該車送往拍賣會，而改為賣給這名客戶。雖然Dolphinet是Gulliver開啟B to C的銷售管道，但同時也進一步縮短庫存的時間。

6 競爭對手

由於Gulliver的成功，提高大家對收購專門店的認識，打著「專門收購」旗號的競爭對手也跟著增加；再加上中古車業界的收益，受到確保人氣車種能力的大幅影響，既有的中古車商和大型汽車廠商，也開始注意到中古車的收購事業。針對Gulliver和其他公司的立場，村田有以下的說明。

競爭對手雖然標榜「專門收購」，但同時也在賣車給消費者，和我們在收購之後，把車送往拍賣會的作法不同。如果能夠直接把車賣給消費者，每輛車的獲利確實比Gulliver高，但是無法把所有庫存都直接賣給消費者。因此，如果考量整個庫存的週轉率，Gulliver的作法比較占優勢。不過，由於現有的中古車商已經習慣每賣一台車可以獲取高獲利，事實上，很難放棄零售的作法。

USS是一九八〇年成立的一家中古車拍賣營運公司，是中古車拍賣的始祖，該公司的拍賣營運手法，已經成為業界的標準。二〇〇四年，USS在日本和海外分別擁有十一處和兩處的拍賣中心。各拍賣中心每年平均交易約一百五十三萬輛中古車，截至二〇〇三年三月底，共有兩萬七千六百二十二家會員[3]。二〇〇四年的營業額為四百二十四億日圓，營業利益為一百八十億日圓。

為了增加參與拍賣的中古車數目，USS在二〇〇〇年七月將專門收購中古車的連鎖店Rabbit Japan（現在的R＆W）納入子公司。二〇〇二年，Rabbit的營業額總計為五十二億日圓，營業損失為二億日圓[4]。該公司的連鎖店有超過百分之九十是加盟店，加盟者都曾經從事過中古車買賣，截至二〇〇三年為止，全國四百五十七家店中，只有十四家直營店。

一九六六年，Hanaten在大阪設立中古車經銷商，首度採用在庫存車的擋風玻璃上，標示中古車的規格和價格等資訊的作法。一九八〇年代之後，該公司擴大事業規模，分別於一九八八年和一九九四年開始，從事實車拍賣和中古車收購的生意。一九九〇年代，擴大經營，但導致Hanaten的財務惡化；隨著中古車商的競爭越發激烈，一九九七年曾高達四百一十八億日圓的營業額，卻逐漸減少；到了二〇〇四年，只剩下大約一百八十六億日圓，營利也減至約兩億日圓[5]。於是，該公司加入以往向中古車商收購中古車的行列，以加盟的方式，成立以「Assess Shop」為名的收購專門店，已擁有六十四家的分店。

原本就是專門收購中古車的Apple，也以加盟的方式，開設了兩百三十一家分店，和Rabbit同樣採用曾經從事過中古車買賣的人來擔任店長。Apple還積極推展中古車的銷售業務。二〇〇四年，取得利用網路銷售汽車的Autobytel Japan百分之十六的股權，同時也與美國的Autobytel在業務上展開合作。二〇〇三年的營業額為一百八十二億日圓，營業利益為十一億日圓。（這兩句話的時間順序很奇怪）

在新車銷售數量停滯不前的情況下，汽車廠商企圖重新建立中古車事業，以補足核心業務。豐田在全日本擁有一千九百個中古車的銷售據點，二〇〇〇年，進一步以「T-UP」的新品牌，積極展開中古車的收購業務。截至二〇〇三年十二月底為止，T-UP的總店數為六百十一家。

▼解讀策略故事

1 競爭優勢與概念

接下來，我將從策略故事的5C，來解讀Gulliver的故事。首先，是Gulliver企圖爭取的競爭優勢，也就是創造利益的最終理論。企業如果能夠持續獲利，和競爭對手相比，或許就能夠提高WTP（willingness to Pay：顧客願意支付的金額水準）、降低成本或維持無競爭的狀態。只要讀過案例，大家應該就能夠了解，Gulliver企圖爭取的最終競爭優勢是低成本。和傳統中古車業者的作法相比，建立低成本的營運模式，是Gulliver持續獲利的來源。

低成本的競爭優勢，背後是「專門收購」這個獨特的概念。傳統中古車商針對一般消費者進行銷售時，目的是為了利潤，也就是以賣方為考量的事業模式。對他們而言，業務就是中古車的「銷售」，收購只是為了銷售的一種「進貨」。而Gulliver有別於以往的作法，將業務的重點放在收購，是以買方的立場，擬定策略故事。「專門收購」除了是故事的概念，同時也是位於連結各項構成要素骨幹的關鍵核心。

當然，如同字面所示，只從事向消費者收購中古車的「專門收購」業務，公司立刻會倒閉。Gulliver當然也銷售收購來的車子，但對象是利用拍賣的中古車業者，也就是B to B的批發方式。如果從一開始，就以透過拍賣銷售，而非零售為前提，就可以不受中古車交易產生的成本和風險束縛，這就是「專門收購」策略故事的主要理論。

2 傳統中古車業者的故事

只要像圖6.1這樣互相比較，就能夠輕易看出這個故事和傳統中古車業者所想的故事有何不同。圖6.1的左邊，是傳統中古車業者的故事。中古車業者向一般消費者買入中古車（從左邊的C進來的箭頭），然後將買入的車，放在展示場當作庫存品展示，之後再賣給消費者（往右邊的C出去的箭頭）。圖中的C to B to C，是基本的交易模式。

傳統策略故事的關鍵，在於消費者的需求和車商買入的車是否符合。車子是非常講究嗜好和喜好的商品，不僅款式不同，還有各種顏色、等級、配備、里程數和年份，組合的種類繁多。由於日本的消費者對汽車十分講究，對這些不同組合的差異反應，也十分敏

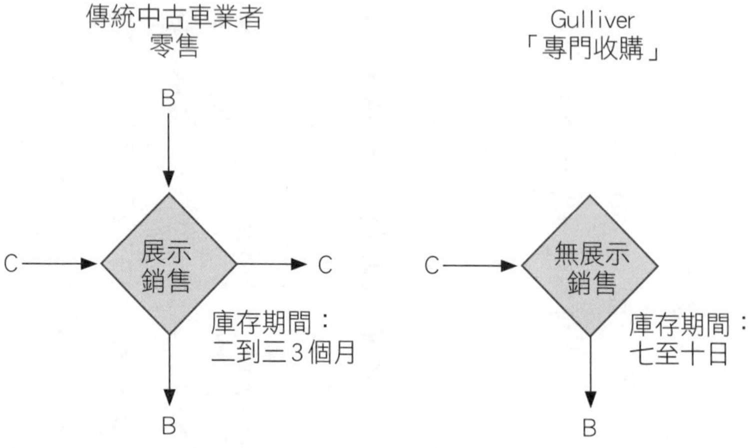

圖6.1 「零售」與「專門收購」的對比

感，要想讓庫存的中古車符合顧客的需求，並不容易。

反過來說，此時就要看中古車商的本事。是否能夠把買入的車賣光，全看業務和行銷能力。在理想的地點，擁有大型展示場，藉此提高來客率，想盡辦法利用廣告宣傳的各種行銷手法，由能幹的業務人員負責接待上門的顧客，設法符合客人的需求。

只要能夠克服需求的問題，把車賣出去，中古車業者就能夠獲得極大的利潤。每賣一輛車的高利潤，就是販賣中古車最大的賺頭。因此，對中古車業者而言，「如何把車賣出去」是最重要、也是最大的問題。

開車行經主要幹線道路時，可以看到一些只擺著幾輛車的小型展示場，看起來就像是個人經營的小型中古車店。我從以前就覺得，在地價看起來並不便宜的地方經營這種小規模的商店，真的能賺錢嗎？因此，在研究Gulliver的案例時，也做了簡單的調查。我沿著東京的環狀八號線，直接上門詢問那些小型的中古車店「生意好做嗎？」。這麼做，雖然有點失禮，但大部分的店家都很正面地回答：「只有我一個店員，沒問題啦！」

我繞了一圈後發現，這些中古車店都是專門經營特定領域的精品車店，例如「專賣歐洲小型車」或「專賣大型美規車」。即使沒有大型展示場，只要專攻擅長的領域，創造出自己的特性，致力於業務和行銷，掌握相關客群，每個月就算交易量不大，個人化的經營要撐下去，也不會有問題。這樣的作法，雖然有別於利用大型展示場，提高滿足客戶的需求，但即使是在昂貴的地段，每個月只要有數筆交易，就能夠維持下去，也顯示其中的利潤有多高。

另一方面，以往銷售中古車的作法，有極大的風險。因為買入的車輛無法全數賣出，再怎麼努力找客戶做行銷，車輛在買入的一個月後，平均會有百分之六十至七十滯銷。

更麻煩的是，中古車有它的生命週期。由於日本新車的汰換率高，中古車供應豐富，在短短的二至三週內，價格就會崩跌。也就是說，賣不出去的車會變成不良庫存，因此，中古車業者在一段時間之後，就不得不廉價出售庫存品。如同前面的例子，以往中古車業者平均持有庫存的時間為二至三個月，由於收購車輛的價格會逐漸下跌，所以無法持有三個月以上。一旦超過三個月，就會變成不良庫存。

此時，只能依靠B to B拍賣。一旦買進之後，卻賣不出去的庫存商品，透過拍賣賣出，就能夠變現（朝圖6.1左下角的B的箭頭）。也就是說，中古車業者之所以將庫存交付拍賣，是為了減少因為不良庫存而產生的虧損。另一方面，由於中古車業者直接向一般消費者收購的車輛種類不夠豐富，因此，才會希望透過拍賣會，充實展示場的品項。

以往的中古車業就是利用B to C或B to B交易互補的方式來進行。我要再強調一次，中古車業者之所以會採取如此複雜的交易方式，目的是為了透過B to C的銷售方式，獲得較高的利潤。

3「晚出拳」

相較於此，Gulliver建構的新故事，簡單的讓人覺得無趣（圖6.1的右側）。雖然同樣是向一般消費者收購中古車，但是Gulliver不在展示場進行零售，而是直接拍賣。就這樣，畫成的圖表非常簡單；不過，透過這樣的作法，可以減輕各種成本負擔。由於不需要負擔可以展示將近一千台中古車的展示場成本，再加上不從事B to C的零售，可以減輕人事費用和宣傳成本。

最棒的一點，是不需要負擔庫存成本。Gulliver的商品庫存期間為七至十日，雖然明顯短於日常業界的平均值，但並不是因為Gulliver具有特殊的銷售能力，而是由於將收購來的車輛直接交付拍賣。

傳統的中古車業者，都必須保有不知是否能夠賣出的庫存品。如果賣出去，就可以取得較高的利潤，但若是賣不出去，就必須進行拍賣，減少損失。相對於此，Gulliver在收購時，由於是以每週在全國各地拍賣會上進行銷售為前提，因此，不需要擔心是否賣得出去，也就是所謂的「晚出拳」。因為只要依照拍賣的行情，制定合適的價格，就一定能夠賣出，不需要努力拉生意、做業務。

如同案例所示，Gulliver透過Dolphinet利用圖片銷售的方式，展開B to C的零售銷售。即使如此，故事的主軸還是B to B的拍賣銷售，如同羽鳥先生所說，「展示場就在東名高速公路上」。在收購車輛到交付拍賣的七至十天內，如果能夠找到買家，也會把車賣給一般消費者，但是並不以零售為優先，而延長庫存。在下一次拍賣之前，若沒有找到零售的買家，車子就會被交付拍賣。如果因為希望透過B to C把車子賣出去，而延長庫存的期限，反而會破壞Gulliver的故事基礎。

有別於傳統中古車店，一旦進貨，就必須全數銷售完畢，透過Dolphinet零售，只是提供消費者一個選擇的機會。如果找不到買家，也只是和平常一樣交付拍賣。對Gulliver而言，Dolphinet雖然是高獲利的通路，但與其說是為了追求高利潤，倒不如說是為了能夠提早在拍賣之前賣出，提高庫存的周轉率。

Gulliver故事「晚出拳」的一面，也充分表現在「由總部統一估價」。以總部設定的標準進行估價，決定收購的價格，其實，就是不在店面與顧客進行「相對估價」。

我也曾經親自把車開到Gulliver去做實驗，結果發現在店面時，現場人員只是根據車輛的外觀，大致檢查一遍車子的狀況，就要我稍等一下，表示總部會立刻告知估計的價格。果然不到十分鐘，店員就告訴我，他們願意收購的金額。

接下來，就是我難纏的地方，我又跑到附近其他Gulliver的分店，再做一次同樣的事。結果發現，他們還是依照同樣的方法，告訴我相同的價格。該公司確實是由總部統一估價，而不是由第一線的人員自行判斷[6]。由於不經由店面進行相對估價，而是由總部統一估價，並且根據統一的標準，提供收購的價格，無論店員和顧客進行什麼樣的交易或談判，估價價格的根據都是公開且透明的。

Gulliver之所以能夠以高透明度的統一估價，來收購二手車，是因為在收購時，就已經在最近的拍賣會上，確實掌握相關車輛的銷售價格，但將重點放在銷售的傳統中古車業者卻辦不到。由於無法實際掌握銷售情況，中古車業者考量各類成本和風險之後，只能根據可能獲利的價格，來決定收購的價格。至於是否能夠依照計畫獲利，只能仰賴業務和行銷人員的努力，依照銷售的情況，也可能出現虧損。

然而，就Gulliver的故事來看，由於每一次收購都是「晚出拳」，因此，在收購時，就已確認可以獲得理想的利潤，而非「應該可以獲利吧！」的假設。Gulliver將該公司在日本各地所有拍賣會場的買賣紀錄，全部儲存在資料庫中。依照可能賣出最高價的拍賣會場（中古車的價格隨著區域的不同，差異極大）的行情，在機械式地扣除利潤之後才決定收購價格，所以不會虧本。能夠設定不虧本的收購價格，就是Gulliver故事最大的強項。

4　兩個「顧客」

Gulliver「專門收購」的概念，最能夠討誰的歡心？因為估價的根據透明，所以當然是要賣車的一般消費者。不過，即使說法都是「客戶」，Gulliver銷售中古車的一般消費者，正確來說，應該是供應商，也就是Gulliver付錢的對象。除了利用Dolphinet方式零售之外，Gulliver無法從他們手中賺取營收。

這就好像問電視台的「顧客」是誰一樣。從某個角度來說，看電視的觀眾是客戶，如果一個節目沒有很多觀眾，廣告商就不可能有收入，所以觀眾對電視台來說，是很重要的。但是，如果將實際付錢的人定義為客戶的話，電視台真正的客戶，應該是購買每個節目廣告的企業。

Gulliver的情況也一樣。實際的收入來源，是拍賣的銷售額。這就是Gulliver有趣的地方，該公司確實必須與既有的中古車業者互相競爭，另一方面，卻又是蒐集並提供眾多新貨源的存在，對既有的中古車業者而言，也是重要的通路之一。

這麼一來，大家就會發現最喜歡Gulliver故事的人，其實是以USS為代表的中古車拍賣業者。只要能夠提供市場價值高的中古車，並交易成功，就可以獲得佣金。這就是拍賣營運公司的商業模式。

如前所述，Gulliver中古車的拍賣成交率遠高於平均值，這是非常理所當然的事。因為傳統的中古車業者將商品交付拍賣的主要動機是「減少損失」，也就是賣剩的車，才拿出來拍賣。不過，Gulliver將購入七至十天的新貨，不進行篩選，就直接交付拍賣，當然能夠提高成交率。對拍賣業者而言，Gulliver是一個供應新鮮貨非常值得感謝的存在。

在消費者好惡明顯、價格波動劇烈的日本中古車流通業界，拍賣扮演非常重要的角

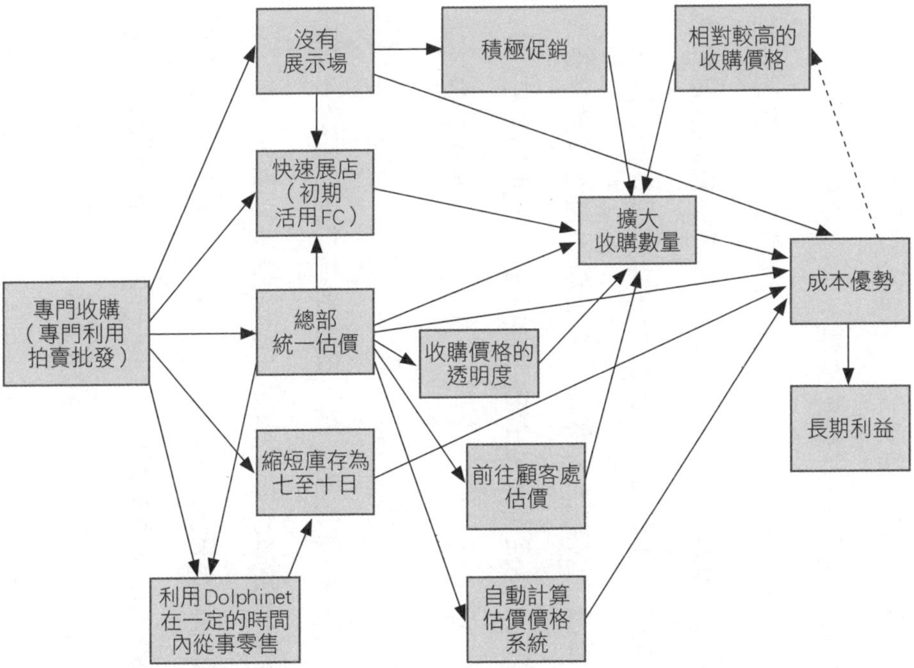

圖6.2　Gulliver的策略故事

色。而拍賣業者是藏身在中古車業界裡的明星球員，具有相當大的影響力。Gulliver的故事與拍賣業者之間，建立緊密的互惠關係。如果以「討誰歡心」的目標客戶的定義來看，「專門收購」是一個條理非常分明的概念。

5　故事的一致性

圖6.2是整理Gulliver的策略故事。從圖中，可以看出故事的關鍵核心「專門收購」（不做B to C的零售，專門利用拍賣批發）和「成本優勢」之間，有各項因果理論互相連結。與成本

優勢有關的因果理論，可分為當下直接產生者，以及在進行的過程中，逐漸發揮強大作用者。如果利用拍賣，專門從事B to B交易，就能夠「沒有展示場」、「由總部統一估價」和「縮短庫存時間為七至十日」。由於這些構成要素，可立即大幅降低人事費、展示場和庫存的成本以及風險，因此，可以說是成本優勢直接產生的效果。

另一方面，所謂的強大效果，指的是隨著營運擴大，可以更進一步降低成本的理論。由於不在店面進行相對估價，第一線的經營工作，就不需要複雜的Know How，再加上因為不需要展示場，店面的規模也毋須太大。這麼一來，就可以利用加盟的方式，快速展店，擴大收購的數量。

由總部統一估價，使得價格決定透明化；前往客戶處估價（由於不進行相對估價，只要攜帶簡單的網路終端機，就能夠前往客戶處進行估價），可提高使用者的滿意度和方便性，對擴大收購數量也有幫助。只要能夠比以往的方法，更能夠建立成本優勢，就可以用相對較高的價格收購中古車，增加收購數量，形成良性循環。收購的數量越多，就越能夠利用規模經濟和經驗效果，更進一步降低成本。

我要再確認一次，評估策略故事的標準是故事的一致性（consistency）。一致性的程度，包括：故事的「強度」、「厚度」和「長度」三項。愈是強、厚、長的故事，愈稱得上是「好的故事」。

故事「強」，指的是因果理論的蓋然率高。即使無法樂觀期待「只要這麼做，就能夠得到希望的結果」，但是只要專門以拍賣的方式進行批發，理論上，就能夠實現「沒有展示場」、「總部統一估價」和「縮短庫存為七至十日」，也就能夠比傳統的作法，確實降低成本和風險。

其次是策略故事的厚度。所謂的「厚度」，指的是構成要素之間關係的緊密程度。如果構成要素可以一石數鳥，就能夠增加故事的厚度。「專門收購」這項故事的關鍵核心，不僅是與成本優勢有關的「強度」要素，同時也增加了故事的「厚度」。只要放棄零售專心拍賣，就能夠同時採取圖6.2所示的多項措施。而且，從「專門收購」衍生出的多項構成要素，彼此互有需求。舉例來說，右側的「沒有展示場」和「總部統一估價」可以從旁輔助，而初期運用加盟的「快速展店」。

故事的長度，指的是故事在時間軸上的擴張性和發展性較高。相反地，即使構成要素之間緊密連結，但缺乏未來的擴張性，只會是「短篇故事」。如前所述，Gulliver的故事中，到處都有「在過程中逐漸奏效」充滿活力的理論，因此，能夠增加故事的長度。

此外，在長度上，Gulliver故事的優點，就是只要建立比其他同業能夠收購更多中古車的基礎，就能夠發展出各項事業，一九九八年成立的Dolphinet，就是最好的例子。就故事的內容來看，Gulliver不應該從事B to C，但是在一定的時間進行影像銷售，既無損故事的一致性，也可利用零售，創造出新的獲利機會。我在前面已經說過，Dolphinet不僅無礙於故事的一致性，還可以在短時間內，有效提高庫存週轉率，強化故事。

6 合理的策略無法先行

前一章曾經談到故事關鍵核心的重要性。請大家回想一下，關鍵核心的特徵除了與其他構成要素之間的連結之外，還有「乍看之下不合理」。如果與故事切割，只看這一點，對競爭對手而言，看起來「不合理」，而且「不應該做」。但是，如果放在整個故事中，它就具有極大的合理性，而這種雙重特質就是關鍵核心的重點。

關鍵核心「乍看之下不合理」之所以重要，是因為可以成為持續性競爭優勢的來源。如果是馬上就會被其他公司模仿的策略，即使能夠暫時取得競爭優勢，也很快地就會喪失優勢。

「普通聰明」的策略家會在先行性和專有性中，尋找持續性優勢的理論，但這種理論的弱點是無論實際是否能夠模仿，至少競爭對手都會有「（因為這是好的）如果可以的話，想要模仿」的動機。而「乍看之下不合理」的關鍵核心，是希望能夠創造「沒有動機」的理論。如果競爭對手沒有模仿的動機，策略故事就自然不會被模仿。利用將部分的不合理與其他要素組合，轉化成整體故事的合理性，就是前一章所說競爭策略故事的醍醐味。

就關鍵核心的理論來說，故事若只由了解相關業界的人覺得不錯的要素構成，就不會太有趣。即使在時間上能夠領先，一旦被有強烈模仿動機的其他公司模仿，就只會是「哥倫布的蛋」（編按：這句話的含意是很多事看似簡單，但是只有具開創能力與勇氣的人，才會成功！）。

整理以上致勝關鍵的理論，就會發現「合理的策略無法先行」。假設有某個策略故事，只由「乍看之下合理的」要素組成，面對競爭的企業也不是那麼老神在在，多少還是在乎獲利機會，平常就會多方思考能夠創造獲利的方法。如果有這麼「好」的事，在該公司想到這個策略之前，就有別人先想到，也是很正常的事。若是這樣的話，這種「合理的策略」由於是合理，所以可能已經有人採用，不可能成為「新」的策略。

如果更進一步討論「合理的策略」，要在什麼樣的條件下才可以搶得先機的話，最重要的應該是有以往不曾存在的外在獲利機會（而且這個機會是「新的」，所以還不是任何人的）。舉例來說，像是「網路開始普及」的技術變化，或是「中國採取經濟開放政策」的市場變化。如果出現像這類全新的外在機會，爭取獲利機會，會變成單純的「空地爭奪戰」。動作迅速、敏捷的話，或許就可以利用「合理的策略」，取得先行者的優勢。

不過，對許多企業來說，很少有這種全新的外在機會，Gulliver也不例外。中古車業是早在Gulliver成立之前，就已經存在的產業，數十年來，有許多企業買賣中古車，既沒有嶄新的技術革新，市場也已經十分成熟。Gulliver的故事，雖然非靠拍賣不可，但拍賣也是早在Gulliver成立之前就已經存在的。即使是現在，許多中古車業者也同樣會參加拍賣，進行交易。

這麼一來，研究Gulliver為什麼要建構屬於自己的故事，就沒有意義了。如果仔細研究整個故事，就會清楚發現Gulliver的策略，同時具有降低成本和風險強而有力的合理性。儘管如此，一九九四年，在Gulliver成立之前，為什麼沒有企業做同樣的事？這才是本質上的問題。

答案就在於Gulliver的致勝關鍵，不針對消費者進行零售，而是透過拍賣的作法，對傳統中古車業者來說，應該是非常「不合理」。銷售中古車的好處，就是在交易成立時的利潤極高，中古車業者努力追求的就是這個目標。但Gulliver卻放棄可爭取高獲利的零售，將交易的主軸轉為利用拍賣的B to B，每輛車的獲利當然會因而縮水。對於傳統中古車業者而言，Gulliver的作法是眼睜睜看著最美麗可口的獲利機會溜走，就好像是在吃草莓蛋糕時，竟然故意留下草莓不吃。

如果以壽司店為例，就更容易明白其中的道理了。壽司店老闆認為，自己的工作是「做壽司給客人吃」，雖然必須承擔不確定性（不知道客人是否真的會上門）、成本（能夠招攬顧客的開店位置、店面的格局、廚藝高超的壽司師傅）和風險（因為魚是生鮮食品，如果沒有客人上門，就會腐敗），但還是要經營壽司店。這是因為只要能夠將鮪魚做成壽司讓顧客吃，就能夠賺取遠高於進貨價的利潤，所以當然要從市場買進鮪魚好吃的部位。儘管篩選好吃鮪魚的能力很重要，但他們經營的還是「餐飲業」，不能說是「鮪魚選購業」。

假設有一天這個業界突然出現有人將四處收購來的鮪魚，直接賣給其他壽司店，而不是做成壽司給顧客吃的話，大部分的壽司店應該都會覺得這個人很莫名其妙吧！鮪魚當然沒有辦法這麼做（其實，我太不確定，不過，應該沒有這種生意），但Gulliver卻發現中古車不僅能夠這麼做，而且還開啟一種全新的可能。

對傳統中古車業界的行內人士而言，「專門收購」是非常不合理的事。因此，在Gulliver之前，沒有企業做過同樣的事，而在Gulliver出現之後，也幾乎沒有企業試圖模仿。在Gulliver成功經驗的刺激下，有不少企業開始標榜「專門收購」，例如豐田的「T-UP」或

Hanaten的「Assess Shop」，都是收購中古車的專門店，乍看之下，和Gulliver做的似乎是同樣的事。不過，大部分的時候，這些「競爭對手」將事業的主軸放在B to C的零售。即使是T-UP，也是為了強化零售的進貨通路，T-UP收購的二手車，會被送到豐田集團的中古車展示場，以傳統的方式賣給一般消費者。以整個策略故事來看，這類「收購專門店」的事業內容與Gulliver不盡相同。

7 統一估價的「不合理」

玩黑白棋時，一旦關鍵位置被放上白棋，原本的黑棋就必須全數變成白棋，而致勝關鍵的角色，就好像黑白棋中黑棋和白棋的位置。原本看似不合理的作法，一旦考量它與致勝關鍵之間的關係，就會略具合理性了。

仔細觀察Gulliver的故事就會發現，除了「專門收購」之外，故事本身看似「乍看之下不合理」的要素並不少，「由總部統一估價」便是一個例子。羽鳥在回顧以往的中古車流通業時，曾經這麼說。

在從事傳統的中古車買賣時，讓我印象最深刻的，就是大家對中古車商的壞印象。同樣都是賣車的，大家對新車車商的印象都很好，卻覺得中古車商各個都賊頭賊腦的。由於消費者缺乏對車子的專業知識，很難接受估價金額，再加上傳統中古車業的事業結構，不易滿足客戶。因此，我很想改變讓消費者覺得不透明的中古車產業。

由於每輛中古車都不一樣，一般消費者相較於專業的業者，在資訊的取得上，明顯居於弱勢。羽鳥先生在成立Gulliver之前，根據以往從事中古車買賣的經驗，深刻了解估價的基礎和收購價格的不透明，以及「高價收購、超低價銷售」的曖昧字眼，讓大家對中古車業界抱持著負面的印象。

但是，我們必須記得類似的結構問題，是Gulliver成立之前就已經存在的了。在羽鳥先生之前，如果有人想解決類似的問題，也是很正常的事。如果能夠根據統一的標準，讓原本不透明的估價透明化，就一定能夠提高顧客滿意度。

而且，估價的標準是拍賣會上的市場價格，由於拍賣會是公開市場，交易價格不會是秘密。對中古車業者而言，拍賣是自己參與的一個非常熟悉的管道，要取得交易價格的相關資訊，並不是一件難事。為什麼在Gulliver之前，中古車業界會一直採取不透明的相對估價，實在讓人覺得不可思議。總之，即使是採用總部統一估價，也必須考量：「為什麼這麼長久以來，在Gulliver成立之前，沒有企業要做這樣的事呢？」

對於傳統中古車業者而言，由總部統一估價，是非常「不合理」的作法，所以才沒有企業想要採取統一估價。但這並不單純只是因為「讓估價標準不透明，就能夠讓不易取得資訊的消費者購買二手車，所以採取統一估價是不合理的」，這只是在利用消費者的無知。由於市場競爭激烈，如果只是利用消費者的無知來做生意，遲早一定會出現採取由總部統一估價的「合理的企業」。

如果既有業者利用消費者不易取得資訊，而因此不公開估價標準，拚命壓低價格的結果，收購中古車的價格應該會比Gulliver低。相較於既有的業者，Gulliver當然保有成本優勢，因此，可以用較高的價格收購中古車。平均來說，Gulliver提供的收購價格，通常都比較高，但是，在收購中古車時，肯定有不少企業積極提供高出Gulliver的估價金額。

只要從一般的消費者認為的「賣車」是怎麼一回事，就不難了解其中的道理了。一般人什麼時候才會想賣車呢？應該沒有人是因為今天天氣好，所以想賣車吧！賣車的行為，通常是伴隨著「買車」（新車或中古車）這個行為產生，也就是新舊車商的「舊換新」。對顧客來說，舊換新的估價金額，又代表什麼意義？那只是車商針對客戶想買的車所提供的折扣。

對車商而言，賣車的客戶，同時也是買車的客戶，對於以賣車為目的的車商來說，針對舊換新進行估價，是一種非常重要的促銷手法。如果客戶要買的是人氣車種，一旦車商發現客戶具有高度的購買意願，或許就會採取強勢，提出低於市價的估價金額。但若是車商要賣的車，並不那麼受歡迎，而且還是庫存品的話，車商如果急著想要清倉，為了刺激客戶的購買欲望，應該就會提供較高的收購金額，而這就是實際的折扣。在這樣的情況下，傳統業者在收購二手車時，就有可能提供高於Gulliver的估價金額。

總之，由於賣車的人就是買車的客戶，車商必須一邊觀察客戶的表情，一邊提供收購金額，進行殺價戰。以往的舊換新交易，一定需要特有的相對估價。

如果利用統一估價來進行舊換新，情況又會如何？被用來當作折扣的舊換新估價，是車商手上最有利的談判工具。一旦由總部統一估價，就完全不會考量與眼前客戶交易的過程，而是會依照統一的標準，來決定估價的金額。這就好像綁起雙手來做生意，對於以賣車為目的的車商來說，根本做不了生意。

由總部統一估價，對既有業者而言，形同自行放棄手上最重要的王牌，是非常「不合理」的事。而Gulliver的統一估價之所以「獨特」，是因為在與專門收購這項致勝關鍵互相連結的過程中被合理化，同時也發現這件事本身是不合理的。

8 為什麼是「外行人」？

初期，Gulliver為了能夠快速成長，利用加盟的方式快速展店，並招募以往不曾從事中古車買賣的「外行人」擔任店長，這也是為了加強故事的一貫性，所採取的致勝措施。

如果不考量故事，光就應該由業界經驗豐富的內行人，或完全沒有相關經驗的外行人來擔任店長一事來看，選擇前者似乎比較合理。因為前者已經在不錯的地點，擁有土地和店面，也具有買賣車輛的相關知識，應該也擁有知道如何接待客戶的員工，可以立刻展開Gulliver加盟店的各項工作。事實上，在Gulliver之後，成立的Apple和USS集團的Rabbit，都是由具有相關經驗的人員擔任店長，藉此快速展店。

但Gulliver卻刻意將這些有經驗的老手排除在外。這是因為這些人知道賣一輛車的利潤有多高，所以無論總部如何指導他們，要他們把收購的車輛直接送到拍賣會，不可以擺放在展示場進行零售，但他們一旦收購到可以立刻賣出的理想商品，就會想要擺在店內銷售。類似的情況，除了Gulliver以外，在其他「專門收購」的連鎖店有經驗的加盟主身上，也經常可以看到。由於此舉攸關加盟主的獲利，很難控制店長不違反規定。

反過來說，這也表示傳統的中古車買賣，每賣一輛的獲利之高。如果加盟主將收購來的車偷偷擺在店內銷售，Gulliver規劃的故事就會瓦解。雖然仰賴毫無經驗的外行人加盟展店是非常奇特的作法，但這也表示對於故事中所含的因果理論，有相當程度的了解。

9 解讀總整理

我們再回到策略故事的5C，來整理一下Gulliver的故事。這個故事之所以不簡單的原因，首先，就在於競爭優勢。該公司為何能夠創造獲利，最終的理論十分明顯。和以往的作法相比，同時降低成本和風險，就是Gulliver希望追求的競爭優勢。

第二是概念。Gulliver想做的事是什麼？該公司以「專門收購」來明確定義這件事的本質。「專門收購」這個獨特的概念，開拓出中古車業界前所未有的新領域。

第三是構成要素。為了讓「專門收購」的概念創造成本優勢，故事中包含了各種構成要素。尤其是「不在大型展示場進行零售」、「庫存不超過一定的期限」和「不以曾從事相關工作的中古車商擔任店長」等，明白確立需要割捨的部分。

更重要的是第四項——故事具有高度一致性。各項構成要素以強、厚、長的因果理論互相連結，使得故事的情節毫不勉強，而且沒有破綻。

最後，就是關鍵核心。Gulliver的「專門收購」為致勝關鍵。如果將重點放在收購，就可以避開零售無法避免的成本和風險，也能夠根據標準化的基礎，由總部統一估價。如果由總部統一估價，第一線人員就不需要具備相對估價的Know How，因此，就能夠利用毫無經驗的外行人，擔任店長快速展店，同時前往客戶家進行估價和收購。這麼一來，就能夠在短時間內，增加收購的車輛數目，利用規模經濟作為槓桿，進一步降低成本。如果仔細追究故事的因果理論，會發現Gulliver的作法完全合理且合乎邏輯。

但如果是了解這個業界的人，會覺得有幾項策略的關鍵要素，明顯地「不合理」。藉由故事中部分的不合理互相連結，完美地將整個故事轉化成合理。如果是單靠乍看之下合理的要素所建構的故事，在成熟的中古車業界，應該早就已經有人想到，而且這麼做了。正因為致勝關鍵奏效，Gulliver的故事才能夠與眾不同，而且擁有持續的競爭力。

▼從解讀中獲得的教訓

最後，我們來談談在解讀Gulliver的策略故事中獲得的啟發。正因為這個故事非常優秀，透過解讀，可以讓我們得到許多教訓。以下，我將提出三點特別重要的論點。

1 成長策略必須「朝內」

成長策略必須適合一路走來推動該企業的故事，這是第一個教訓。換句話說，成長策略必須「朝內」思考才行。「朝內思考的成長策略」，聽起來或許有些矛盾，但如同我之前所強調的，一味追求外在機會的「朝外」成長策略，失敗的可能性極大。

一提到成長策略，大家總是不自覺地會尋找眼前的外在機會，試圖朝向不同領域發展。但是，這類外在的成長機會對競爭對手而言，也是成長機會。如果只想要取得外在機會，就會變成單純的先搶先贏。外在機會愈具「吸引力」，競爭就會愈激烈。外在的成長機會充裕，當然是最好的事，但如果一味追求眼前的機會，反而可能會破壞以往建立的策略故事的一致性，不僅無法取得成長機會，更會失去原本的強項。

因此，比起追求「未來」的外在機會，仔細考量如何結合公司原本的策略故事和成長策略，才是最重要的事。如果成長策略是原本故事的自然延伸，就能夠發揮策略故事原有的強項，否則要在激烈的競爭中有所成長，將會非常困難。

Gulliver的成長策略，就展現了與故事結合的強大企圖。如果就案例中所說，直到二〇〇四年為止，該公司為了追求成長，提出最重要的新措施，就是利用Dolphinet進入零售市場。Dolphinet為專門從事B to B批發的Gulliver，開拓了新的收益來源，但同時也是收購事業的自然延伸。

Dolphinet的重點就是，無論是哪一款人氣車種，都必須和批發一樣，只要超過七至十日的庫存期限，就交付拍賣。只要有七至十日的期限，零售和批發就能夠同時存在同一個故事中。Gulliver之所以不展示實車，只做影像銷售，也是因為如果有大型展示場，就會破壞故事的基礎；再加上因為收購的車輛來自全國各地，如果一定要讓客戶看到實物，就必須把貨品運送到有需求的地方，這麼一來，將無法遵守七至十日的期限規定。

二〇〇四年之後，Gulliver順利成長，並在二〇〇七年創下獲利最高的紀錄[7]；二〇〇四年，透過Dolphinet銷售的車輛，只占收購車輛的百分之十，但是到了二〇〇八年，已經成長到百分之二十。最後，透過Dolphinet進行零售的年成長率，達到百分之三十。就單一企業而言，Gulliver目前是日本最大的零售中古車商。此外，在Dolphinet方面，更開發出針對因為換車而產生的貸款和保險等金融服務交叉銷售的可能性，而這項金融事業支撐Gulliver約百分之五的獲利。

二〇〇五年，Gulliver開始從事「GAO！拍賣」的B to B。這個作法是將以往依靠外部企業進行的拍賣，改由公司內部負責。「GAO！拍賣」和以往的實車拍賣，同樣都是採取競標的拍賣系統。以兩萬名中古車商會員為對象，每周舉辦一次。在Dolphinet上找不到買家的商品，原則上，會被交付Gulliver的拍賣會。二〇〇八年，Gulliver收購的車輛中，約有百分之四十透過內部拍賣會，賣給中古車商。拍賣事業與Dolphinet，成為Gulliver新的收益來源，協助公司成長。

由於Gulliver原本就擁有收購來的大量中古車，經營拍賣事業，也是理所當然的事。不過，關於這方面，公司明顯希望結合原本的策略故事。重點有兩個。

第一，是Gulliver的拍賣和Dolphinet同樣都有時間限制。商品只提供公司的拍賣會拍賣一次，如果無法成交，就會和以前一樣，交由外面的拍賣會進行拍賣。由於Gulliver的拍賣會每週只舉行一次，因此，可以在較早的階段，交付外面的拍賣會將商品賣出。利用只拍賣一次的限制，提高庫存周轉率，排除成本和風險，維持故事的根本。

第二，Gulliver的拍賣，是中古車業界第一個透過網路進行的完全即時拍賣。USS等大型拍賣營運公司的拍賣，是以實物為主。從成交率來看，「GAO！拍賣」約只占百分之四十，低於實車拍賣的百分之五十。雖然投標的業者無法看到實物，對於網路拍賣十分不利，但是投資大規模的拍賣會場，有違Gulliver的故事，會出現高額的固定費用。

更麻煩的是，如果把實車逐一運送到公司的拍賣會場，就無法利用Dolphinet的零售與外部拍賣會銷售的時間差，來機動出貨。考量與故事之間的配合度，即使自行從事拍賣，

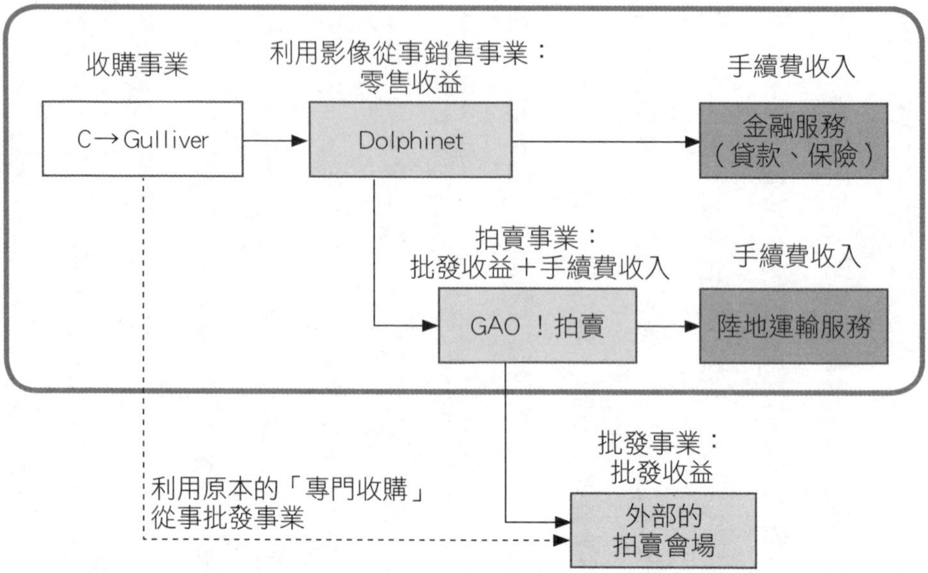

圖6.3 Gulliver的事業發展

也必須利用網路。

如果將上述所說的新通路，和原有故事基礎的B to B的批發事業互相重疊，就會成為圖6.3。Gulliver目前的事業全貌，從這個圖中，可看出Dolphinet、「GAO！拍賣」和附屬服務的交叉銷售，與「專門收購」的故事主體完全吻合。為了成長而發展的新事業，在原本的故事中順利統合，更進一步強化整個故事。

2 採取致勝關鍵的勇氣

第二個教訓，就是經營者必須要有採取致勝關鍵的勇氣。如同前一章的詳細說明，「普通好的策略」和「真正優秀的策略」的分界，就在於故事的核心是不是有「乍看之下不合理」的致勝關鍵。但是，仔細想想，要採取致勝關鍵，就好像要做出「愚蠢的行為」。即使知道最後會成為整個故事合理性的來源，可是對於實踐策略的當事人而言，是非常不容易的事。

在Gulliver的例子中，最有意思的，就是決定採取致勝關鍵，「不追求零售高利潤」的羽鳥先生本人。羽鳥先生在那之前長期從事中古車的銷售工作，透過在東京MyCar的銷售經驗，應該最了解二手車的高零售利潤有多吸引人。而且他在成立Gulliver時，也同時從事利用大型展示場銷售中古車的工作。羽鳥先生回顧創業之初時這麼說。

> 既然是專門收購，就把收購而來的車子全部用貨車載往拍賣會場。但是，其中有許多只要一放上展示場，就會立刻有買家出手的好貨色。當Gulliver一號店的店員問他：「真的要把這麼好的商品交付拍賣嗎？」的時候，我也覺得很痛苦。其實，我當時心想：「現在就想把這輛車卸下來，放到展示場去」，員工彷彿看透了我的心思。我一邊看著滿載好貨色的貨車，前往拍賣會場，心情十分複雜；但一邊又緊咬著牙，說服自己如果現在就把車卸下來，這一輩子就只能這樣了。

如果要把這一段寫成小說，需要非常精采的描述。在創業之初，就面對如此兩難窘境的羽鳥先生，為了貫徹「專門收購」的新故事，只好將原本的中古車銷售業和Gulliver的收購事業加以「區隔」。也就是說，決定原本經營的中古車展示場直接從拍賣會進貨，而Gulliver收購的中古車則全數交付拍賣，不另做篩選。

構思故事和付諸實行之間有相當大的距離，「吃小虧賺大便宜」是致勝關鍵的發想，不得不放棄眼前的利益，這就是為什麼採取致勝關鍵需要勇氣的原因。如果沒有勇氣，就無法實現獨特且具有持續性競爭優勢的故事，這就是經營者領導風格的本質之一。

3 追究原因

要怎麼樣，才能下定決心去做「乍看之下不合理的事」？如果採取致勝關鍵，需要勇氣，這份勇氣又從何而來？我認為，這只能靠自己對策略故事「理論性的信賴」。構思策略故事的經營者，在理論上，相信自己的故事之前，必須追究原因，這是第三個教訓。

我在前面也說過，策略故事是由構成要素的因果理論組成。而所謂的因果理論，是指某個作法能夠讓另一個作法成立，而且在採取一連串的措施之後，可以預估長期獲利的「故事的條理」。當每個作法之間都有扎實的因果論互相連結時，故事就會產生作用。

尤其是策略沒有絕對的保證，一個策略故事是否行得通，要真正實施後才會知道，但還是可以從理論上找到根據。這並不是在情緒上，一味地認為「只要有熱情，就一定會有未來」，也不是「反正要做了才知道，就跟它賭一賭」的冒險，而是依據因為故事是以厚、強、長的理論來連結，因此，應該可以創造長期獲利的理論來相信它。

為了從理論上相信自己的故事，只能追究構成要素互相連結背後的「原因」。策略上，雖然必須能夠回答內容、時間和方法等各種問題，但最重要的問題是「為什麼」。羽鳥先生曾經說過以下的話。

一九九四年，我和一名工作人員成立Gulliver一號店的時候，每天早上，兩個人都會高喊：「在一九九九年十二月三十一日之前，達成全國展店五百家」的口號。但是，因為我們是一家沒有展示場的收購專門店，同行的其他公司反應非常冷淡，冷眼旁觀認為我們「不做零售，不可能光靠收購做生意」；或是「加盟的外行人不可能收購得到車」。不過，儘管他們只是一味地否認，卻沒有想想其中的原因。為什麼不做零售，就做不了生意？為什麼外行人就買不到車？他們沒有更深入地去思考這些問題。我對我的構想有信心，因為我清楚看到專門收購為什麼能夠產生新的價值，以及中古車流通革命的全貌。

如同前一章所說，策略故事的成功，未必能夠以「先見之明」來說明。當然，如果能夠預測未來，是再好不過的事，但事實上，沒有人知道未來會怎麼樣。成功的策略故事，事後看來雖然像是「先見之明」，但如果以「有先見之明」來當作成功的理由，是非常危險的事。一旦仰賴「先見之明」，策略無異就是一種賭博。

Gulliver的成功，也不是因為羽鳥先生比任何人都早一步預料到「未來的中古車業界將會是如此」，而這結果也幸而被他說中，是因為策略故事追究各種問題的「原因」。例如傳統中古車業界的作法，為什麼會有成本和風險？為什麼不利用展示場進行零售銷售，而是只要把重點放在收購，就能夠從成本和風險中解脫？又為什麼能夠因而創造出持續性的競爭優勢？實際的情況才會跟著故事發展。

策略並不是預測未來的社會或環境「應該會這樣」（所以要設法因應），而是表示自己想要讓社會「變成這樣」的主觀意圖。對羽鳥先生而言，中古車業界的未來，並不是他要預測的外在因素，而應該是要創造的東西，策略故事就是創造時所需要的設計圖。

對於為什麼要將公司名取為「Gulliver」，羽鳥先生的回答如下。這個小故事如實說明了他在理論上，確實相信自己構思的故事。

一提到「Gulliver」，大部分的人就會想到巨人，但是在原本的故事中，格列佛並不是巨人，而是因為他到了小人國，所以看起來像巨人。我們並不是想成為巨人，控制整個業界，傳統的中古車業界是一個聚集各式各樣小規模業者的世界，如果能在小人國進行我們構思的流通革命，自然就能夠成為一個大的存在，所以我才將公司命名為「Gulliver」。

本章利用Gulliver的例子，詳細解讀了策略故事。我想，各位應該具體了解什麼是好的策略故事，而這個故事又好在哪裡。

下一章終於要談到結論了。最後一章，我將會把前面提到的所有內容做一個整理，和各位談談競爭策略故事的「基本架構」。

1 關於Gulliver的例子，部分的描述只要沒有特定的引用說明，筆者就是根據Gulliver經營團隊的訪談，和該公司公開的年度報告等資料。該公司的詳細介紹，可參考楠木建、吉田彰（二〇〇四），「Gulliver ——中古車的流通改革與商業模式」，《一橋Business》，五十二卷三號。

2 不過，二〇〇〇年之後，Gulliver開始從加盟改為直營店。從二〇〇一年到二〇〇四年，Gulliver直營店的比例從百分之二十一增加到百分之四十二。由於以往Gulliver的加盟店不展示庫存品銷售，店面規模大多較小，比較容易吸引消費者上門。同時，為了提升辨識度，因此，需要規模較大的直營店。雖然店面規模較大，但因為Gulliver不進行展示銷售，成本較其他一般店面便宜，針對既有的加盟店更新契約時更加嚴格，並準備在資金方面提供協助，促使加盟店和直營店同步更新。

3 USS，第二十三期事業報告書（二〇〇三）。

4 USS，年度報告（二〇〇三）。

5 Hanaten，第三十九期有價證券報告書。

6 這雖然是題外話，我在第二家店時，被質疑「你現在拿去Gulliver的任何一家店，價錢都一樣，你剛才不是在別家店估過價，為什麼又到我們這裡來呢？」（原來估過價的紀錄會進入資料庫），我告訴對方：「這就說來話長了，你想聽嗎？」因為對方看起來很忙，就回答我說：「不用了。」

7 不過，二〇〇八年，因為受到金融危機的影響，換車的客戶減少，Gulliver的收益也跟著縮水。

第7章

策略故事的「十項基本原則」

故事策略論可分為兩個階段。第一個階段是「理論化解讀」。既然策略是根據整個經營狀況所提供的特殊解答，實踐時，勢必要以個別的案例為單位。如果以連載中所舉的案例為例，那就是解讀萬寶至馬達、西南航空、星巴克和Gulliver International的策略故事。

解讀個別案例，有別於「最佳實務策略論」，並非以列舉成功的原因為目的，而是從案例的整體狀況，了解構成策略故事的要素之間有什麼樣的關係，又是如何相互作用，並加以理論化。

解讀階段也包含評估策略，藉由讀取支撐故事的因果理論，來分析策略之所以成功（或失敗）（雖然是最後）的原因。

此時，經營者和經營學者的關係，就好像小說家和文學研究者。文學研究者雖然未必寫小說，但是他們關注個別具體的作品，分析人類的思想和感受，評估相關的作品[1]。而經營學者儘管並不實際經營一家公司，但能解讀策略故事的因果理論，評估相關策略之所以成功（或失敗）的原因。

故事策略論的第二個階段，是「原則原理的萃取」。只要不斷解讀各種成功的策略故事，應該就能夠找出共通的理論，也應該會凸顯出失敗的策略中容易讓人陷入的陷阱。對試圖建立策略故事的人，可提供有用的基本理論，這就是故事策略論的目的。

曾經為東映公司寫出俠義電影《無仁義之戰》的王牌製作家笠原和夫，為了從攝影棚的傳統中創造出「有趣的娛樂電影」，提出「十條劇本基本原則」[2]。

這個基本原則並不是模式。模式會因為時代潮流而被揚棄，或必須進行變革，但「基本原則」是千古不變的。無論是在天上的神仙洞前，跳舞的天鈿女命的舞蹈；或是《魔鬼終結者》中，阿諾史瓦辛格的震撼力，都是依循相同的基本原則。

我在第一章曾反覆提到，如同寫作有趣的電影劇本沒有必勝的方程式，要建立成功的策略故事，也沒有普遍性的法則。在不同的業界、時代、市場和企業，成功的策略故事當然也會跟著改變。從定義上來說，策略故事應該是「獨一無二的」（the one and only）。

如同電影可以分成幾個種類，策略故事或許也有幾種不同的模式[3]。但如同笠原所說，基本原則指的不是這種「模式」。無論是喜劇片、懸疑片、愛情故事或動作片，所有類型共通的原理，就是基本原則。以下，我將把前面所說的內容，整理成策略故事的「十條基本原則」。

▼基本原則一　從結尾思考

策略的目的，是為了實現長期獲利。如果以紙偶劇來說，就是最後一張圖片必須是「因而創造出長期獲利，真是可喜可賀……」，所以，首先必須做的就是建立目的之前的故事結局。

為了建立結局，必須釐清應該實踐的「競爭優勢」和「概念」。如果以實際實踐的順序來看，如字面所述，結局會在最後出現。但是，若以思考的順序來看，在構思故事時，應該從結局倒著想，然後再思考應該採取什麼樣的方法。

這是因為策略故事好壞標準為「一致性」，只有一致性，才是策略故事創造持續性競爭優勢的來源。只要先穩固競爭優勢和概念，再以扎實的因果理論連結每項構成要素與結局，自然就能夠創造出內容簡單扎實的故事，並確保一致性。

要實現的競爭優勢，其實很簡單，選項只有提高ＷＴＰ（Willingness to Pay，顧客願意支付的金額水準）、降低成本或創造無競爭狀態（通常是專攻利基市場）。然而，只爭取到競爭優勢，並不算是完美的結局，競爭優勢只是獲利的理由，不過，獲利的原因在於提供客戶價值。

如同第二章所強調的，策略的終點在於長期獲利，「終點」可分成「目標」和「目的」來思考。姑且不論嚴密的語言定義，如果就語感來說，目標應該是相當於長期獲利，而達成目標的理由和手段就是競爭優勢。

而概念與其說是目標，目的反而更貼切。如果說目標是比較果斷冷漠的終點，目的就是實現故事的人應該主動承諾的熱情終點。雖然必須確立策略要達成的目標是長期獲利，但若無視於目的，而一味地追求目標，策略將會成為只標榜目標的強勢手段。如果不將企圖實現的顧客價值濃縮在概念中，成為組織內人員的共同目的，故事將無法運作。因此，故事的結局，全看概念定義的重要程度而定。

為了構思出好的概念，不只要釐清目標顧客，還必須充分想像顧客的身心「反應」，也就是必須盡可能想像顧客發生的一連串故事。比方說，在什麼樣的狀況和動機之下，接觸相關的產品和服務、又如何使用，以及滿意的程度。確實想像目標客戶的各種「反應」，是非常重要的事。

以星巴克為例，「有個壓力極大、工作情緒緊繃的上班族，結束工作（第二種空間）之後，已經筋疲力竭，想要回家（第一種空間）。儘管回家確實可以放鬆，但是回去之後，在家人面前必須表現心情愉悅，所以希望能夠在回家前的二十至三十分鐘，單獨冷靜一下。於是，他離開辦公室……（因為太長，以下省略）」，這就是顧客的「反應」。

如果以Askul為例，應該是「在沒有電梯、住商混合大樓的小辦公室裡，負責行政工作的工讀生，到處詢問大家需要補充的消耗品，然後穿上拖鞋，到附近的文具店去補貨。同事還拜託他順便購買面紙和礦泉水，他只好繞到超市去。買完東西之後，他提著沉重的大包小包，氣喘吁吁地爬上樓梯，返回辦公室。整理完收據，好不容易可以鬆一口氣的時候，只見剛才去買東西的文具店老闆（代理商）送來Askul的目錄。工讀生一邊喝著茶，一邊翻閱目錄……（因為沒完沒了，所以以下省略）」。

愈是能夠鮮明地刻畫「顧客行動的故事」，就愈能在構思概念時贏得勝利。無論是B to C或B to B都一樣，即使是生產財或以企業為對象的服務，在決定購買使用之後，只有人才能判斷價值。如果不會讓人在腦海中，立刻浮現描繪顧客故事的短篇電影，就不是真正的概念。

二〇〇九年，繼紐約和倫敦之後，迅銷在巴黎的歌劇院區開設「Uniqlo」的旗艦店。該店的賣場面積廣達六百五十坪，是一家大型店，被定位為傳達最新的東京和日本風格的

Uniqlo概念基地。開幕首日，聚集了八百人前來排隊，當天的主力商品之一是牛仔褲，分別陳列了十款和十二款的男女款牛仔褲，價格一律是九點九歐元，清楚傳達Uniqlo「高品質、低價格」的訊息。但是，同時也提供喀什米爾的毛衣，以及和時裝設計師Jil Sander共同開發的「+J」（Plus J）系列等價格相對較高的商品，作為主打商品。

以教科書的角度來看，這樣的商品結構缺乏一致性，可能影響Uniqlo在歐洲的品牌形象；然而，這背後卻隱藏了Uniqlo在開發法國市場時，希望掌握的「顧客的身心反應」。要想確實掌握顧客如何感受思考和行動，一般超低價的牛仔褲和要價將近八十歐元的喀什米爾毛衣擺在一起，同時販售，是策略故事必須採取的方法。柳井正（迅銷公司代表取締役會長兼社長）曾經這麼說[4]。

> 我們賣低於十歐元的牛仔褲和價值數歐元的T恤，這麼做的話，會讓顧客覺得我們是一家走低價路線的休閒服專賣店，所以會先入為主地認為我們賣的毛衣，是人造纖維做的廉價商品。但是，我們的針織衫卻採用最高級的喀什米爾羊毛，而且價格低廉，甚至還可以用非常便宜的價格，買到原本要價一千五百歐元由Jil Sander設計的+J。再加上我們的店面位於巴黎最好的地段，會讓巴黎人覺得：「這家店是怎麼回事？有什麼新玩意？」歐洲

和法國人還不認識Uniqlo，所以需要讓他們了解我們是用和既有品牌不同的方式在賣衣服，不能單看價格或商品結構。最重要的是，要整體考量顧客是抱著什麼樣的想法上門，他們看到什麼，感受到什麼，結束購物之後對我們有什麼印象，想要什麼，又會怎麼跟身邊的人介紹我們。

聽說，寫小說的人，狀況好的時候，就算不絞盡腦汁，故事中的角色也會自動讓故事的情節發展下去，果真如此的話，那就太好了。如果概念能夠掌握真正的顧客價值，讓故事中的主角自然發揮發展情節，故事應該也會愈來愈具體。

從看得見角色的動作，以及角色會自然採取行動的概念，來開始說故事，這就是策略故事必備的條件。既然策略故事是動畫，作為起點的概念，也必須是動畫才行。大多數的策略之所以失敗，是因為從如同靜止畫的概念開始說故事。

為了要讓故事中的角色自然採取行動，必須找出應該提供的「內容」，以及取悅的「對象」和「原因」。概念最重要的是必須講究「對象」、「內容」和「原因」。如同第四章所說，如果忽略概念需要重視的對象、應該提供的內容和之所以這麼做的原因，而只是一味強調「該怎麼做」的方法，將無法創造出成功的策略。

其中，最重要的是「原因」——這項驅動故事的引擎。前面已經說過，希望成為「生產財交易入口網站」的垂直網路的策略故事，由於缺乏最重要的「原因」，使得概念不夠完整。如果在建立故事的細節之前，能夠更確實掌握生產財市場的賣方，也就是客戶（例如接合管廠商的業務人員）和買方（裝置廠商的採購人員）的反應背後的「原因」，就不會做白工了。

確立概念之後，以明確的因果理論連結所有措施與概念，必須將無法以理論說明與概念之間的關係的構成要素排除在故事之外。在擬定策略時，競爭對手的最新動向，或是業界人士正在討論的最佳實務等，乍看之下，似乎是有效的作法，會非常吸引人。但如果因此有所期待而貿然出手，會使故事無法集中，並且變得更加複雜，連自己都搞不清楚所為而來，故事也會因而瓦解。

反過來說，如果能夠建立足以信賴的結局，就形同完成百分之五十的策略故事，接下來，只要將概念轉換成具體的措施，再加以實踐，就會自然形成合乎條理的故事。請大家回憶一下，夏目漱石《夢十夜》中，提到運慶的故事。如果是能夠挖掘出真正顧客價值的概念，就好像「一開始就隱藏有仁王像的木材」，故事的主要構成要素，也會跟著陸續浮現。

概念是策略故事的基礎，也是支柱和推動的力量。在擬定故事的過程中，經常會不知如何判斷或走投無路，這種時候只要再重新回到概念，然後重新思考，就不會有問題了。

舉例來說，星巴克從一開始就明確提出全店禁菸的概念。現在雖然是理所當然的事，但請各位回憶一下，一九八〇年代，星巴克剛建立策略故事時的狀況，在決定禁菸的當下，可能就已經流失不少顧客。不過，若是從提供「第三種空間」的空間和時間，而非「咖啡」的概念來看，就能夠有十足的把握決定禁菸。

無論是Askul的「也販賣母公司Plus以外的產品」；或亞馬遜「在同一顧客訂購以往曾經購買過的商品時，提示您曾經在一年前購買過本商品，還要再次購買嗎？」等訊息及作法，光是看結果，會覺得很難決定。然而，如果考量這些作法與概念之間的關係，就再理所當然不過了。

另一方面，概念必須是在不知如何判斷或走投無路時，能夠重新返回原點的一種想法。只要返回概念的原點，就能夠消除迷惑，協助企業做出決定。如果面對突發狀況，卻無法重新返回概念來思考的話，擬定故事的工作遲早會走進死胡同。概念是故事的終點、也是起點，在採取個別的具體作法之前，必須想出一個值得信賴的概念，所有的故事都是從這一步開始。

▼基本原則二　正視「一般人」的本性

構思概念時，必須具體想像要討好的對象和方法，此時「惹誰討厭」的觀點非常重要。讓每個人都喜歡你，形同沒有人喜歡你，為了要讓某人真的需要你，就必須要讓另外一個某人討厭你，絕對不可以八面玲瓏。

但如果因為太過講究獨特，而鎖定一些明顯「難搞」的顧客，就無法創造出條理分明的故事。無論是什麼樣的概念，都一定會有因而被打動的顧客，可是倘若太過狂熱，就只能鎖定某些極為特殊的利基市場。如果是一開始就想要利用專攻利基市場，創造無競爭的狀態，那就另當別論。太具有「獨創性」的概念，往往做不成生意。

在建立概念時，必須以「一般人」為重，正視一般人的「本性」，以一般人確實需要、想要的東西，作為價值的中心。一提到「概念創造者」，大家都會認為是離群索居的天才，不過，因為這種人容易想出天馬行空的概念，並不適合從事創造概念的工作。能夠自然地了解一般人在面對工作、家庭和個人時，有什麼樣的想法感受、為何所苦、又想要什麼的人，比較適合建立概念。

概念必須要能夠掌握「眼前現有的價值」，如果是「目前雖然不明顯，但已經預先掌握未來的需求……」之類「先進的」概念，反而需要注意。我在前面已經強調過，概念必須掌握人類的本性，技術或表面的流行每天都在改變，但人類的本性不會輕易產生變化。考量人類的本性，如果不是眼前既有的價值，即使是經過五年或十年，很可能也不會存在。

我在寫作本書時，名為「推特」（Twitter）的網路服務快速發展。以現在來說，推特似乎已經沒有獲利來源，正確地說，已經稱不上是一門「事業」，但是這項新的服務仍吸引了許多人。

每回只要一發生這種現象，就一定會有人誇張地說，「人類的溝通和社會將產生革命性的變化」，但我完全不這麼認為。推特確實是一種擁有全新使用者介面的服務，但是提供的價值、本質，卻是早在網路出現之前，就已經存在的人類本性，也就是掌握了「希望能在日常生活中與友人互相連結」的簡單要求，因此，才會這麼快就被接受。

我要再重複一次，人類的本性不會輕易改變。如果只看到表象，反而無法創造出扎實的概念，之所以會出現全新的獨特概念，並不是因為有一天突然出現一種對人類或社會而言的全新價值，而是只要觀察以往就存在的人類本性的獨特觀點，或是實現人類本性追求價值的方法不同而已。就好像「太陽底下沒有新鮮事」這句話一樣，既然是人類，以人類為對象做生意，最好還是不要以為真的會有「新的價值」存在，而是應該不慌不忙地以一般人為對象，確實掌握人類的本性。

為了能夠建立掌握人類本性的概念，應該盡可能使用價值中立的語言。無論是星巴克的「第三種空間」，或Gulliver的「專門收購」，這些概念的說法完全不使用帶有肯定意義的形容詞，所以才能掌握獨特的價值。

一旦使用類似「業界第一」，或「世界最高水準」等帶有強烈肯定價值的言詞，就已經代表這些事本身是「好的」，當下很容易就會停止思考。在沒有掌握希望追求的真正的顧客價值，以及人們為什麼需要這個行業等人類的本性之前，這樣的說法只會顯得膚淺，最後很可能會變成「那麼加油吧！」如果為了達到「業界第一」或「世界最高水準」而開始不同的嘗試，就無法建立一致的故事。

最好的概念是「確實吸引人，不過，你不說，也沒有人會發現」。這其中當然會有矛盾。如果是能夠吸引所有人的概念，早就已經是別人的；若是還沒有被人發現的概念，往往只會是突發奇想。因此，要創造獨特的概念十分困難，只有真正的創意，才能夠克服這樣的矛盾。

▼基本原則三　用悲觀主義歸納理論

好的策略故事的條件，是必須具有一致性。為了建立高度一致的故事，除了條列各項措施之外，還必須仔細思考其中的因果理論，最重要的是，必須以悲觀主義，來歸納連結各項措施之間的因果理論。

如果概念確立，就應該對概念抱持樂觀主義，因為如果對概念產生懷疑，就無法順利建立故事（因此，在確立概念之前，不應該先行建立故事）。但是，在思考每一項因果理論時，必須採取悲觀主義者的態度，因為觀察失敗的策略故事，會發現其中有不少都是以「只要這麼做應該會行得通……」的理論，來連結構成要素。

舉例來說，如果一個策略故事出現大量的「以綜效為槓桿……」的字眼，經營者就必須提高警覺。綜效本身，當然不是一件壞事，但如果缺乏理論，例如是否真的存在綜效、產生綜效的原因，以及導引出綜效的方法等，只是使用華麗的辭藻，來建立故事的話，形同是說「總會有辦法」，而「總會有辦法」對悲觀主義者而言，就是「沒辦法」。建立故事的人難免會圖自己的方便，為了以扎實的因果理論來建立故事，採取悲觀主義剛剛好。

請大家再回憶一下Web Bank的例子，企圖在網路上經營超市的Web Bank，以「商品總類比實品介面豐富」、「將營運集中至巨大且ＩＴ化的流通中心」、「與消費財的頂尖企業進行策略性合作」，和「利用自家公司的貨車和人員進行免費宅配」等構成要素，作為策略故事的主軸。如果將這一連串的作法分開來看，應該可以爭取到某種競爭優勢。但是，大張旗鼓成立的Web Bank，才兩年就宣告破產，這是因為要連結這些要素，完整驅動整個故事有其困難，堪稱是因為過度的樂觀主義導致的失敗。

以悲觀主義來歸納理論，是指將懷抱希望的觀察和事實加以區隔。舉例來說，期待顧客「只要想的話（就會那麼做吧！）」和自己那麼做之間，有很大的落差。

我在不久前換了新的手機，最近的手機除了電子郵件和照相之外，還具備各式各樣的功能。選單頁面上，會出現一長串各類功能的清單，使用手冊也厚達數百頁。雖然無法逐一確認，但應該所有的功能應該都可以順利運作吧！消費者只要願意，就可以利用數百種的服務。

不過，「你可以做這種事」和使用者是不是真的使用（即使要付費），幾乎毫無關係。要在手機中安裝一百種功能很容易，但是要讓消費者真的使用付費，而且是喜歡、並持續使用，需要有由非常強大厚實的理論背書的故事。關於這一點，我認為最近的手機廠商或相關行業的策略都太過樂觀，理論都太過鬆散。

故事之所以過度傾向樂觀主義，而因果理論之所以太過鬆散，最主要的原因之一是負責擬定策略的領導者或管理高層，沒有充分想像實踐故事的人的反應。

Recruit的「Hot Pepper」團隊，鎖定餐廳展開開發新客戶的業務活動，但是剛開始時，新訂單並未如預期增加。原本相關團隊是打算詢問餐廳的需求，之後再進行合適的提案，卻因為未能充分因應而陷入苦戰。於是，負責每個生活圈的相關負責人齊聚一堂，想出專攻提案用的業務工具。

有意思的是，Hot Pepper事業的主管平尾勇司，讓每個生活圈的負責人使用這個工具，嘗試直接上門拜訪客戶[6]。負責製作業務工具的所有負責人，從下午兩點到五點，利用三個小時的時間，實際登門拜訪位於銀座的二十家餐廳，結果發現，根本無法進行提案。因為餐廳的經營者比想像中忙碌，不要說是坐下來談，就連站著聊一下都沒辦法，業務人員在門口就會吃閉門羹，根本無法進入店內。這麼一來，業務工具根本派不上用場。

平尾等人於是將問題集中在「要如何進入店內、用什麼樣的表情、找誰說話」，最後想出「厚著臉皮進入店內，請對方聽你說五分鐘也好」的作法，重新找出開發新客戶的方法。

我在前面提到想像故事的主角，也就是客戶的反應非常重要，而實踐策略的人也是重要的故事主角之一。在擬定故事時，也必須想像負責實踐策略的人的身心反應。即使要進行「提案業務」，如果只以管理的角度，將無法確實掌握業務人員可能採取的各項動作，結果將會導致故事過度樂觀，各項措施之間無法以因果理論互相連結。所謂以悲觀主義來歸納結論，換句話說，就是想像第一線人員眼中所看到的景象。

Hot Pepper雖然被定位為生活情報誌，而非餐飲情報誌，但是平尾原本的方針是以餐飲的相關內容為優先，針對客戶推展業務。食慾是人類的三大慾望之一，而且一般來說，每天會出現三次，與餐飲有關的資訊是很容易吸引讀者閱讀的內容，因此，Hot Pepper才會以餐飲為優先。

在決定業務的焦點之後，Hot Pepper的業務部隊利用「小顧問」（Petit Consulting的簡稱）和「一人攤販」作為武器的故事，確實掌握餐廳的客戶。

不只是單純推銷廣告媒體，如果能夠針對提高顧客收益提供解決之道，客戶也會更願意買廣告吧！這是每個人都想得到的事，因此，有不少競爭對手標榜「顧問型業務」。但是，要針對地點、客戶設定、投資效果等餐飲業界的課題，提供真正的諮詢，就必須大量培養擁有廣博扎實知識與技術的優秀顧問。

Hot Pepper有百分之八十以上的員工，都是簽約三年，在Recruit內被稱為CV職的約聘員工或工讀生等非正式人員。他們當然沒有經營過餐廳，更遑論擔任正式的顧問工作。

於是，平尾決定鎖定以提供顧問諮詢對象的廣告提案來一決勝負，由業務人員負責找出相關店家的優點，呈現在有限的廣告篇幅中，將相關的訊息傳遞給原本鎖定在二十歲左右的女性讀者，這就是小顧問。

大多數的企業都是以低價來競爭，但Hot Pepper則是利用小顧問的作法，在全國各地成功建立無數個強而有力接觸顧客的機會。即使競爭對手採取價格戰，但是顧客因為Hot Pepper發現更大的價值，而願意繼續選擇Hot Pepper。

小顧問可說是一種重視組織能力的作法。由於接觸的每位客戶是日復一日從事業務活動建立起來的強項，雖然需要時間，但競爭對手卻無法在短時間內模仿。因此，對後來的競爭對手而言，小顧問是Hot Pepper取得優勢的基礎。

小顧問對於業務人員的養成和動機的提升，也具有極大的意義。業務人員在每日的工作場合中，可實際掌握到顧客對自己提案的反應。為了讓顧客更高興，就會更進一步提升自己，而這樣的作法也會如實反映在業績成果上。

在廣告業界中，一般來說，廣告內容的製作與業務，是分別由不同的專業部門負責。但是，Hot Pepper為了讓以小顧問為基礎建立的競爭優勢形成良性循環，絕不採取分工。每一名員工必須負責業務、寫稿、開發新客戶和拜訪既有客戶，同時還必須利用電話或親自登門拜訪，並追蹤付款和客戶的情形。業務人員必須獨自負責所有與客戶有關的工作，這就是「一人攤販」。平尾在強調一人攤販的重要性時，曾經這麼說[7]。

不能破壞自己的工作直接連結滿足客戶這個成果的架構……（中間省略）……。工作因為複雜，所以有趣，工作需要「自行思考決定和採取行動」等要素……（中間省略）……。雖然每一個服務接點的價值熟練程度很重要，但更重要的是流程，一旦分工影響流程，也會影響動機……（中間省略）……。覺得工作有趣的業務員，對顧客來說，是非常具有吸引力的。業務人員有趣，願意想辦法解決問題，並有所成長，才能讓公司取得競爭優勢。

Hot Pepper的前身Sanrokumaru，原本也是以餐飲作為主要的內容，但卻缺乏像Hot Pepper具有一致性的故事。Sanrokumaru的業務組織採取外包，而第一線的人員經常選擇好推動的美容沙龍，而非難賣的餐飲。平尾曾經這麼說[8]。

很遺憾地，Sanrokumaru並沒有打勝仗的劇本，只知道大言不慚地說一些類似「邊做邊寫劇本」等冠冕堂皇的話。這就好像演員演戲，沒有劇本，邊演邊寫劇本。光是靠即興的演出，無法感動人心，要想事業成功，就必須要有一套劇本，而這套劇本必須經過再三斟酌，絞盡腦汁編寫出來。根據整個劇情的發展、順序的安排和相關的理由，來決定演出者的一舉手一投足。

之前所說的「悲觀主義」，也可以說成「弱者的理論」。如果是因為受到人力、物力和資金所苦的公司，就不能說「總會有辦法」，而是必須歸納連結各項措施的理論，來思考故事是否真的開始運作。所有策略原本就是以受限於可利用的資源為前提，如果可以無限量使用資源（事實上不會有這種事），就不需要策略了。

井原高忠是一位我非常尊敬的策略故事企劃高手。他是日本電視台的製作人，堪稱開台元老。一九七〇年代，當時還是製作部副理的井原先生，打算以音樂節目，作為電視台的主軸。但是，當時旗下有許多明星的渡邊製作公司（以下稱渡邊製作），在業界擁有相當龐大的勢力[9]。

當時，日本電視台最紅的音樂節目是「ＮＴＶ紅白歌唱排行榜」，渡邊製作卻打算在同一時間在其他電視台開設同樣類型的節目。這麼一來，旗下的歌手就無法參加「ＮＴＶ紅白歌唱排行榜」，節目反而會開天窗。走投無路的井原，只好去找渡邊製作商量，當初在業界呼風喚雨的渡邊晉社長，若無其事地說：「貴台換個時段，不就好了嗎？」。

這句話讓井原先生決定和渡邊製作分道揚鑣。從那個時候起，井原先生開始採取新的策略故事，首先是利用名為「巨星誕生！」的節目，來挖掘新人，培養屬於「日本電視台的明星」；然後，再讓這些明日之星上遍台內所有音樂節目，將他們塑造成為真正的明星。而這些人的唱片版權一律歸日本電視台的子公司日本電視台音樂所有，利用版權創造獲利。出身「巨星誕生！」的明日之星，分別簽給當時除了渡邊製作以外的小型製作公司，最後再舉辦「日本電視台音樂祭」。這個獎項有別於「唱片大賞」，主要是頒給對日本電視台有貢獻的人，與唱片的銷售成績無關。井原先生離開日本電視台之後，在一九八三年回憶當時的事情，曾經說過這麼一段話[10]。

由於是緊急狀況，日本電視台音樂部的所有人都團結起來。當時，如果沒有渡邊製作，根本開不成音樂節目，我可是下了好大的決心，才和他們一刀兩斷。……（中間省略）……我同時找來渡邊製作以外所有製作公司的社長，請他們喝茶，告訴他們實際的狀況，以及和渡邊製作交涉的結果。老實說，我也很傷腦筋，所以只好請大家幫忙，幫我井原高忠一把。不過，我也不是要大家白白幫忙，我打算讓「巨星誕生！」選出的新人和各家製作公司簽約……（中間省略）……，同時也會幫忙捧紅他們，讓他們成為明星……（中間省略）……。另一方面，渡邊製作卻不斷走下坡，變成今天的模樣。

這是一個非常完美成功的故事，原因當然是井原先生具有說故事的非凡才華。但是，在此同時，井原先生和日本電視台音樂部的弱勢身分，應該也有所影響。既然已經喪失「渡邊製作的明星」這項最重要的資源，如果策略故事不夠扎實，公司可能就一蹶不振。正因為是弱勢，所以才能深刻體會到有扎實理論的重要性。

不過，資源豐富（自以為）的「強者」忘了策略必備的弱者理論，容易採取鬆散的因果理論來建立故事。Web Bank雖然是新興企業，但因為受到網路熱潮的影響，從創業初期就接受巨額投資，因為資金充裕，才會導致故事結構鬆散。

故事結構鬆散最典型的症狀，就是會開始仰賴特定的「攻擊武器」和「必殺技」，網路泡沫時期的「入口網站策略」，就是其中一個例子。只要先建立一個大家都會點閱的網站，然後再提供各式服務，就能夠同時實現規模經濟和範圍經濟。這種作法聽起來像是魅力無窮的必殺技，但事實上，卻只有極少數的企業成功。

為了要讓入口網站的策略成功，必須先釐清以下幾項理論。首先，當然是為什麼會有那麼多人把這個網站當作是「入口網站」，經常實際使用呢？第二，就是為什麼使用這個網站的人，會注意到提供的相關服務，並實際進行連結？因為如果提供太多服務，顧客實際注意到每一項服務的可能性應該會降低，也會搞不清楚這個網站是什麼性質的「入口網站」。第三，是為什麼使用者透過入口網站連結特定的服務，會實際加以使用？第四，是即使使用相關服務，會真的支付費用嗎？如果真的支付費用的話，又是為什麼呢？若要一直再分析下去，將可以不斷延伸，但如果不釐清以上所說的理論，就無法啟動策略故事。聽起來很花稍的「攻擊武器」之所以不好，是因為一旦提出這個方法，策略故事就會傾向使用它，結果容易變成「總會有辦法的」，因此，不釐清理論，故事就會暴走。

如果以最近的例子來說，「綁住客戶」、「利用提案提供諮詢爭取業務」、「一對一行銷」、「隨選式」、「解決方案服務」或「新興市場」，都是很奇怪的現象。一旦使用這些「攻擊武器」，就會隱約覺得會發生好事，當下反而停止思考，結果導致故事的理論結構鬆散。

百貨業界有不少企業，經常會提出「我們賣的不是商品，而是生活型態」，或「利用精緻的提案型服務綁住客戶」。但如果提案型的服務或綁住客戶，能夠有助於長期獲利，也就算了，通常卻是會使連結故事的理論變得愈來愈鬆散。

事實上，我曾經實際在某大百貨公司的女性服飾賣場，觀察店員和顧客互動的情形好幾個小時。結果發現，有七成以上的顧客，幾乎不會和店員交談，只靠幾句程序上該說的話，就買好東西了。雖然經常有百貨公司提出由店員向顧客提供建議的作法，但這對大多數的顧客來說，反而是一種困擾。實際上，要讓提案型的服務與獲利連結，明顯必須要有相當強而有力的理論作為後盾，我認為，有不少百貨公司都只是在高喊必殺技的口號。

將棋棋士大山康晴贏棋的祕訣，就在於不展現自己真正的強項。據了解，他曾說：「沒有人能模仿我的將棋，會被模仿的強項，不是真正的強項，我有讓人搞不懂的地方。」[11] 不使用新的或奇特的方法，也不勉強逐步封鎖對方，雖然不會讓人感覺到他很厲害，但棋局結束時，他就是勝利的一方。大山名人厲害的地方，就在於「光是贏棋還不夠，要打擊對手讓他連看都不想看到你」。明明沒有致命的一擊，卻輸了棋，對方在心理上承受的壓力要比輸棋還大，不讓對方感受到自己的厲害，才是真正的策略家。

總之，認為一定有可以一招決勝負的「攻擊武器」或「必殺技」，並企圖取得這樣的助力的想法是錯的。策略故事追求的強項，並不存在於個別的作法中，連結各項作法因果理論的一致性，才是競爭優勢的來源。觀察能夠維持成功的企業策略故事，各項措施之間不僅有明確的因果關係，一般來說，每項措施看起來都非常不起眼。策略故事追求的並不是一目了然，或誇張地加以區隔，而是一種「似是而非」的差異。

▼基本原則四　講究事情發生的順序

在注重策略構成要素之間的連結，而非構成要素本身這一點，故事策略論和商業模式策略論十分相似。但兩者之間有一個最大的不同，那就是商業模式的焦點，在於策略構成要素的空間配置型態，而策略故事則重視各項措施在時間上的發展。

如果需要「以圖表來表示商業模式」，一般會出現商業中的各種角色，或功能部門之間資金、物資和資訊的交流。相較於商業模式，如同我們在之前的幾個案例中看到的策略故事圖表，則會顯示依照時間軸出現的因果理論，例如「只要這麼做，就會變成這樣，這麼一來，就有可能會這樣……」。

除了共變關係（A與B連動）之外，時間的先行性（A先於B發生）也是建構因果理論不可或缺的條件。在構思策略故事時，必須隨時保有時間軸的概念，也就是必須講究事情發生的順序。商業模式的概念，雖然是掌握整體的「形式」，卻很難掌握構成要素的因果理論形成的「流程」和「變化」。

我們再回來談談Web Bank的例子。Web Bank原本對於「商業模式」有明確的構想，雖然如前所述，這個構想在因果理論上太過樂觀。要在同一時間以最大的規模進行所有計畫，希望能夠一股作氣建構完成商業的最終「形式」，反而成為該公司失敗的真正原因。在當時，Web Bank的發言人曾說：「如果想要去火星，卻製造出只能飛到中途的火箭，也沒用」，這句話象徵了該公司的思考模式。

我在前面提到有不少公司，因為被「入口網站」這個看似攻擊武器的想法迷惑，而導致失敗。這也是因為沒有考量故事在時間上的發展順序，而是一味追求創意，最後結果是一場空。

入口網站這個詞，會讓人聯想到綁住客戶、利用網路的效果，形成「自然獨占」或「一切都是贏家」的世界，但是如果一開始，顧客不上門實際使用服務的話，這些形同夢一般的先行者利益，將會如同字面所示，只是夢而已。要想實現夢想，關鍵就在於講究時間發展順序的故事。

樂天是少數幾個成功的入口網站。最初經營網路購物中心的樂天，將事業領域擴大到旅遊服務、信用卡付款和證券等金融服務，成為日本電子商務的綜合入口網站。不過，這類最終形式的商業模式，很多人都想得到，如果只看這些最終形式，三木谷浩史所想的和其他人之間，或許就沒有太大的差別。

但如果無法實際在電子商務事業上，建立客戶基礎，描繪的入口網站願景，也只是空談。如同第四章所說，「電子商務不是自動販賣機」和「作為娛樂的購物」的獨特概念，是樂天策略故事的起點。該公司在成立初期，確實利用一貫的策略故事，爭取到較多的回購客戶。在達到一定的程度之後，便利用股票上市調動資金，藉由收購來發展旅遊和證券等其他事業。此外，還趁著樂天集團內部使用者的交易金額擴大之際，致力發展信用卡付款業務，依照時間軸描繪故事。樂天和其他公司不一樣的地方，不在於最終的商業模式，而是整個過程的故事。

故事具有時間的廣度，並不是做好決策，就能夠擬定策略。管理學大師明茲伯格（Henry Mintzberg）曾經使用「精心打造」（crafting）策略這個詞[12]。策略故事確實是必須仔細思考事情發生的先後順序，然後再精心打造的。故事雖然需要原型，但是如同第三章所說，受到後來的（大概是偶發的）機會和威脅所影響，建構策略的本質，存在於將新的要素納入故事的「故事化」過程中。

決策或實踐的腳步快，其實是無所謂，但如果像Web Bank這樣，試圖採取「一鼓作氣全部完成」的方式來做的話，將會無法掌握故事的時間軸，因此，重要的是，先暫時停下腳步，穩固故事的原型，再依照時間的發展，逐步精心打造故事。

▼基本原則五 從過去構思未來

要讓事業持續成長，需要「長」的故事，必須要讓故事能夠擴張和發展。即使各項措施之間有穩固扎實的因果理論，但如果無法向未來擴張，也會變成「短篇故事」。

事實上，沒有人知道什麼才是正確的未來，我在前面也不斷強調，我對「先見之明」的說法，是抱持著懷疑的態度。因為如果能夠預測未來的話，就更容易擬定策略，所以大多數的人都非常關心「未來會發生什麼事」，商業雜誌中也充斥了這一類預測未來的報導。

然而，一味地注意「未來的發展」，很容易只關心眼前的機會，以現在來說，那就是「銀髮族市場」或「環保事業」。不過，如果是這種程度的外在成長機會，任何人都看得見，這樣的機會愈有「吸引力」，競爭就會愈激烈。

策略必須以長期的角度來考量，這是理所當然的事。然而，若是無法了解自己根據的故事，就無法真正從「長期」的角度來考量。故事是發現未來機會的鏡頭，即使用雙眼茫然眺望未來，也只會看見尋常的事物，如果沒有故事這個鏡頭，真正的機會將無法顯現。

即使隨手胡亂抓住模糊的機會，最後也只會變成「合理的愚者」，反而會破壞策略故事的一致性。

擬定策略時，必須仔細考量過去和未來之間的契合度，如果不是從自家公司以往的策略故事而自然衍生出來的構想，很難在競爭中贏過其他公司。

一九九六年，率先其他公司在網路上銷售PC和周邊器材的「Dell on Line」，是日後帶動戴爾成長的一個強而有力的措施，但這並不是戴爾有自己的「先見之明」，因為有很多人都可以輕易預測到在不久的將來，像PC這樣的產品將能夠透過網路銷售。

那麼，為什麼戴爾能夠領先群雄，在網路上銷售電腦？這是因為該公司的策略故事，從以前就以針對大規模的法人客戶為主的終端使用者，進行直接銷售為基礎。對戴爾來說，這只是將原本與顧客聯絡的工具，從電話和傳真改為網路，網路銷售只是以往銷售方式的延伸，在介面的背後幾乎還是沿用以往的運作模式。

再加上戴爾的目標客戶以大企業為主，都是使用網路的高手。如果是個人用戶，由於當時電子商務尚未普及，要啟蒙教育客戶，就必須費上一番功夫。也就是說，在那之前，戴爾的策略故事就已經整頓好可充分運用網路的速度和效率的體制了。從這個角度來看，Dell on Line和「過去」充分契合。

在思考成長策略時，應該沒有人會不考量成長策略與既有事業之間的「綜效」，可是一提到綜效，大家就容易偏重與既有客戶的重疊，或是否能夠活用以往累積的技術強項等個別要素。其實真正有用的是，與整個策略故事之間的綜效。如同我在萬寶至馬達和西南航空的例子中所說的，要增加故事的長度，最重要的是納入「良性循環」和「反覆」的理論。如果無法充分活用以往策略故事的強項，就很難創造良性循環或反覆。

二〇〇四年，我曾有機會採訪麥可．戴爾。當時戴爾先生表示，目前最大的成長機會是「印表機」，至於理由，他說明如下[13]。

他之所以認為印表機事業會成功，是因為印表機這項產品與戴爾向來的作法最為契合。最近，我們有許多顧客紛紛表示，「印表機是生活必需品，用哪一家的都差不多」，我們對這樣的顧客意見非常感興趣。

戴爾的強項，就是我們以更低的價格、更快的速度和更方便的方法，將這些生活必需品送到客戶手中。客觀來說，印表機或許不是特別具有吸引力的市場，不僅已經具有強而有力的競爭對手，市場也逐漸成熟，而公司外部也有不少聲音認為戴爾並未具備充分的印表機技術，所以還是放棄比較好。但是這樣的說法完全忽視戴爾向來的策略。討論在一般人眼中印表機是否具有魅力，是毫無意義的事，關鍵應該在於印表機對戴爾是不是具有吸引力。

就像星巴克從一開始就不打算花太多的力氣在餐點上，也不提供酒精類飲品，因為這樣的餐點不符合「第三種空間」的故事。而且星巴克不是餐廳，就算把力氣花在餐點上，也只會變成輕食中心，這麼一來，顧客就會把它當成在有限的時間內，解決用餐問題的速食店，星巴克也會成為功能方便的場所，而非能夠悠閒放鬆的地方。如果提供酒類，原本故事希望營造的和諧空間，也會變成和酒吧一樣吵雜，即使顧客能夠放鬆，方法也和故事預期的不同，反而完全破壞「第三種空間」。

需要注意的是，如果只從運作的方式來考量綜效，餐點和酒類不僅不會不恰當，因為可以使用星巴克大部分的運作模式，還是有可能建立具有相乘效果的餐點清單。因為已經擁有店面、餐桌和員工，即使不大規模追加資金，也同樣可以提供各類輕食。

事實上，星巴克在一開始時，曾經針對顧客調查他們希望追加的餐點，啤酒等酒類經常是排在前幾名。考量以第三種空間的概念鎖定的客戶，在辛苦工作（第二種空間）之後，返回住宅（第一種空間）之前，想要喝點啤酒，由於都是液體，可以期待產生操作的綜效。因為顧客有需求，考量眼前的利益，提供輕食或啤酒，或許是有助於成長的作法。

不過，對星巴克而言，最重要的不是符合既有的操作方式，而是符合策略故事。考量從第三種空間的概念發展出來的故事，即使操作的綜效值得期待，能夠在短時間內增加營業額，但是不採取無法呼應故事的措施，也是非常重要的事。

如果從故事這個策略思考的角度來看，事業成長，與其說是不連續的「革命」（revolution），應該說是連續的「進化」（evolution）的結果，因為「未來」不可能和「過去」無關。另一方面，策略故事也可能成為控制成長的主要原因。能夠無限擴張故事，雖然是一種理想，但是沒有故事能夠無限擴張，無論是星巴克、戴爾電腦或萬寶至馬達。這些企業雖然都因為擁有強大、扎實且長篇的故事，能夠長期順利經營，但或許已經面臨成長的界線也說不定。

如果無法在原本故事的延長線上描繪未來，該怎麼辦？此時，才會出現「革命」這個選項，也就是要放棄以往的故事，開始全面改寫新的故事。然而，這件事說起來很簡單，要全面改寫故事卻困難，成功的機率非常低。

最近，最讓微軟苦惱的就是這件事。面對重新發想Linux發展出的技術和Google等新興企業，微軟原本強大、扎實且長篇的策略故事，也開始顯得有些欲振乏力，正因為以往的故事強而有力，要全面改寫並不容易。

如果要我舉出成功改寫革命性故事的企業，我馬上會想到ＩＢＭ（從「電腦」的故事轉變成「解決方案服務」的故事）。若以之前提到的案例來說，從傳統的「地方性證券公司」搖身一變，成為網路證券公司先驅的松井證券，或許也算是其中之一。不過，松井證券在改寫故事之前，似乎並沒有明確的策略故事。松井道夫從岳父手上接下公司的經營權時，他的岳父曾經對他說：「如果你要繼承，你就做吧！不過，這個工作很無趣！」[14]正因為該公司幾乎是一張白紙，所以才能夠建立全新的故事。

無論如何，原本的故事壽終正寢時，也只能全面改寫。不過，全面改寫故事，有基本原則嗎？這是個很難回答的問題，我也沒有答案。即使我想要提供原理原則，也缺乏能夠解讀的「作品」。

然而，如果把這個問題反過來看，會發現兩個重點。第一，故事若讓人覺得「無聊」的話，那就表示剛剛好。策略故事愈扎實，愈能夠清楚判斷某項措施是否與原本的故事契合。在掌握眼前的機會之前，會自然考量機會是否存在於故事的延長線上。如果追求與故事之間的契合度，就無法任意出手，可供選擇的措施勢必會變少，從這個角度來看，好的故事有其無聊之處，覺得無聊是一個故事成功的最好證明。

以Linux為代表的自由軟體，就是成功策略故事的產物。大家都知道，自由軟體的故事之所以成功，在於拆除以往區隔自由軟體的開發者與使用者之間的藩籬，讓分散在世界各地數量龐大的使用者，依照自己的需求和嗜好，參與軟體開發。由於他們是免費參與開發的義工，比起傳統由微軟代表的軟體企業的故事，開發的成本更低。

不過，自由軟體這個故事更重要的強項，是能夠以更快的速度、更好的品質修改錯誤（軟體的缺失），盡早改善產品。原因不僅是在於從事開發的人數眾多，由於自由軟體的使用者本身就是開發者，即使發現並進一步修改錯誤，也能夠減少過程中流失的資訊，這才是最重要的關鍵。

以往不公開原始碼的黑箱作業方式，即使使用者發現錯誤，也因為幾乎都不具備相關技術，只能得過且過（第一次的資訊流失）。即使他們採取行動，先連絡軟體公司的客戶支援中心，對方雖然會聽取使用者的抱怨，但是因為大多數的情況都和使用者使用的情況有關，不了解使用情況的支援中心人員，很難正確掌握問題所在（第二次的資訊流失）。即使支援中心的人員能夠正確了解問題，也無法立刻進行修改，只能將使用者的問題轉交給公司開發部門的工程師。不過，由於工程師始終處於忙碌的狀態，無法立刻解決問題，問題就會被暫時擱置，許多時候工程師根本忙到沒有解決問題（第三次的資訊流失）。自由軟體的故事利用使用者和開發者的結合，一次解決所有的問題。

另一方面，能夠創造出好的產品的自由軟體，大多偏向ＯＳ（基本軟體）這一類的作業系統軟體，在應用軟體方面，就未必能夠成功，原因在於自由軟體的故事與應用軟體無法契合。

使用者雖然有自己的工作（他們大多是民間企業的軟體開發者，或是企業系統部門的專業人員），卻義務加入開發自由軟體的行列，有以下兩個原因。第一是，參與自由軟體的開發，為改善軟體貢獻一己之力，對於工程師知識面而言，是一種挑戰，而且很有趣。第二，是自己平常就是使用者，如果能夠改善軟體的品質，對自己的工作也會有所助益。

應用軟體可分為水平型（文書處理軟體或試算表之類使用者眾多的應用軟體）和垂直型（在特定業界為了特定目的使用的應用軟體，例如獨立開業的醫師用來計算保險點數的軟體等），如果要以自由軟體的形式來開發應用軟體，使用者參與開發的意願應該會降低。雖然能夠提供許多人使用，或許值得一做，但是在技術上卻缺乏挑戰性，而且身為使用者的他們，無論是興趣或知識，應該會更傾向開發作業系統之類的軟體，而非應用程式。儘管使用者大部分都是一般的上班族，但是這些人並不具備參與開發的技術。

開發垂直型的應用程式，就更不可能了，因為幾乎所有的開發者都不是垂直型應用程式的使用者，也缺乏使用者目的和相關使用情況等知識。應該沒有懂得保險的點數計算，同時還具備開發自由軟體應用程式相關技術的開業醫師吧！

也就是說，流行一時的自由軟體的故事，並不是所有類型的軟體都適用，這就是由強大且扎實的因果理論形成的自由軟體故事的另一面。反過來說，「全部通吃」也表示故事無法真正發揮力量，在擴張和發展上稍有限制的故事，才是條理分明的故事。

再者是，在構思故事時，必須要以至少能夠使用十年，甚至是二十年的長篇故事為目標。我認為，正因為全面改寫故事非常困難，因此，企業必須要有覺悟要從一而終。

基本上，無論是星巴克或戴爾電腦，都是利用同樣的故事，維持二十年以上的長期獲利，萬寶至馬達甚至維持了四十年。要期待一個故事能夠這麼耐用，或許太過嚴苛，不過，與其煩惱這些多餘的問題，還不如先構思能夠使用二十年具有擴張性的故事，才是應該解決的問題。

亞馬遜的創辦人貝佐斯在二〇〇〇年接受訪問時，曾經說過以下的話[15]。

> 目前世界上還沒有公司能夠透過網路，針對全球市場提供讓客戶高度滿意的服務。我們希望成為這樣的公司，亞馬遜即使客戶增加，也能夠提供每位客戶不同的網站，創造新

的需求，這是我們的使命。如果能夠完成，我們將會扮演非常重要的角色，（當被問到「還有幾年能夠達到這個目標」時，他回答）大概還要三十到四十年吧！亞馬遜將會成為永續經營的公司。

▼基本原則六　不逃避失敗

在擬定策略故事時，不可以逃避失敗。既然就定義上來說，未來是不明確的事，所以無法避免失敗。一旦企圖避免無法避免的事，就會讓人裹足不前，唯一可行的辦法，就是以實驗的角度，不斷嘗試錯誤、修正故事。

一旦失敗，只要修正就行了，所以可以先用實驗的方法試試看。我們經常聽到有人這麼說，但是這句話有一個很大的陷阱，那就是除了是非常個人的活動，如果是像企業這樣高度組織化的經營方式，很多時候即使失敗，也不知道那就是失敗，比起成功，失敗更難回饋。即使最後的數據顯示明顯失敗，還是無法找出真正的原因，不知道究竟是哪裡出了問題。尤其是資源愈豐富的大企業，愈是有「空間」延後承認失敗，所以更會放任不管。

無論是多好的策略故事，事前都無法判斷是否真的能夠成功，最後只能一試。從這個角度來看，即使規模不同，但所有的企業其實都是一種實驗。如果是這樣的話，事前有兩件能做且應該做的事。第一，就是在事前擬定策略故事，並和組織共同擁有；另一則是擬定故事的人要在事前明確定義何謂失敗。

以足球為例，擁有策略故事，就是事先想好攻擊和防守的順序，以及傳球的方法，之後再進行比賽。因為有對手，一旦開始比賽，事情不如預期，也是非常正常的事。

如果在事前就明確希望採取攻擊作為策略，如果出現類似「對方的防守比想像中嚴密，中場之後就不經由前鋒傳球」之類的情形，也就能夠了解是哪裡判斷錯誤，比賽開始十五分鐘後，就可以看出失敗真正的原因。如果能夠清楚鎖定失敗的原因，將能針對故事進行部分的修正，也不至於歹戲拖棚，還可以從失敗中學習。

如果無法在事前共同擁有策略故事，比賽就會變成「小孩子踢足球」。我觀察小學生在體育課踢足球時，發現了一件有趣的事，當哨音響起、比賽結束，老師將兩隊集合到球場的中央，宣布「三比二紅隊獲勝」時，紅隊的學生會高喊「耶」，白隊的學生則會說「真可惜」。

當問起白隊的小朋友：「你覺得你們為什麼輸」時，他們會告訴你：「因為我們少一分」；如果你再問：「那麼你們覺得下次應該要怎麼做比較好呢？」，他們會說：「要再多進兩球才行」。也就是說，對小學生而言，成功和失敗只是一種「結果」。如果無法掌握失敗真正的原因，了解比賽時具體的問題，就無法學習。

我們再回來談企業，企業會在事前設定應該達成的目標值，無論是一年或一季，有開始就一定有結束。數字代表結果，任誰都能夠清楚看出未能達成目標或者還差多少。但是，如果情況變成事前並未共同擁有故事的小學生的足球比賽，事情就沒有什麼好討論的了。情況會變成教練一個人大喊：「這樣不行……下一個！」（就好像日本的資深演員碇矢長介），至於選手應該也有許多值得反省的事，就好像這一季因為自己缺乏動機，未能積極開發新客戶，導致業績不如預期之類的「個人反省」。

然而，最重要的部分，也就是整個團隊究竟是哪裡有問題，反而卻被忽略了。然後，等到新的一季來臨，人類是很了不起的生物，總是能夠很輕鬆地迎接一場新的比賽，並告訴自己要好好加油，然後一季又結束了。事情就這樣不斷地反覆重來，無法有組織地從難得的失敗經驗中學習。

如果每次情況都不順利，應該會想要找出失敗真正的原因吧！不過，也不知道是幸還是不幸，經常會出現「這一季的表現不錯，下一季繼續」的情形。如果情況變成小學生的足球比賽，即使成果超乎預期，也不會知道成功的原因究竟為何，當然也就無法從成功的經驗中學到什麼。

還有一件事也很重要，那就是要為策略故事中的失敗，下一個明確的定義。也就是在成功與失敗的界線設定幾個條件，在一定的期限之前，如果無法達成這些條件，就立刻將這些故事視為失敗，隨即暫停實踐，以求解套。以Recruit的Hot Pepper事業為例，從一開始就設定了非常嚴格的兩項條件，一個是「在十八個月內獲利」，另一項則是「淨資本支出以二十億日圓為上限」[16]。擬定策略故事時，就以滿足這兩項條件為前提，如果達不到，就從市場撤退。雖然策略故事的目標是爭取長期獲利的「Happy Ending」，但是因為不執行，不知道會不會成功，因此，需要事先考量出現失敗的這個「Unhappy Ending」的可能性。

吉越浩一郎（當時黛安芬的代表取締役社長）曾經說過以下的話[17]。

最重要的是，要有「跳進河裡」的精神，毫不猶豫地跳進河裡，游向對岸。如果河水比想像的淺，可以直接跑過去；萬一比想像的深，就游過去。你一游，也許就會發現水流出乎意料地緩慢；若是水流太過湍急，游不過去，該怎麼辦？因為大家都擔心這個問題，不敢輕易地跳進河裡，所以經營一家公司，必須決定好撤退的底線。在開設一家店面時，必須考量的不是地點或房租，而是關店的標準。無法達到一定標準的店面，在每個月舉行一次的「關店會議」上，不容多加考慮，就只有關門一途。敝公司每個月都會準備關店基金，無論什麼時候，都可以關店。從某個角度來說，就是承認失敗，只要把失敗標準化，就可以勇敢地跳進河裡。

擬定故事，不是為了逃避失敗，而是為了好好地失敗。無論是多成功的企業，在實踐故事的過程中，應該都經歷過許多失敗。最重要的不是逃避失敗，而是要失敗得「早」、「少」和「清楚」。一旦公司的成員沒有共同擁有失敗故事，就會像小學生的足球比賽一樣，失敗得「又晚」、「又大」，而且「曖昧」。

在創辦Gulliver之前，羽鳥兼市於一九八五年成立標榜「汽車收購專門店」的「日本流通」，可是很快就倒閉了。當時，羽鳥先生的腦海中，已經有形成日後的Gulliver的策略故事，但在實際成立日本流通，展開專門收購事業之後，才發現Gulliver的故事中，最重要的作法，也就是「在短時間內將收購來的二手車全數交付拍賣」行不通。因為當時缺乏拍賣會場，系統也尚未自動化，無法機動地將車輛送交拍賣。於是，羽鳥先生很早就放棄專門收購的工作，重新回到原本的傳統中古車買賣。

這個故事的重點，在於羽鳥先生因為事前就已經在腦海中描繪出故事，所以才能夠釐清失敗的本質，也就是「無法一如預期在短時間內，將收購來的二手車交付拍賣」。反過來說，日本流通失敗的經驗，也讓羽鳥先生相信，只要能夠解決拍賣會場的數量和規模，策略故事就一定能夠運作。

從失敗中學習的羽鳥修正腦海中的故事，一邊注意中古車拍賣市場成長的動向，同時虎視眈眈地等待再次挑戰的時機。一九九四年，也就是日本流通倒閉的九年後，他成立了Gulliver。正因為事前就擬定好策略故事，所以能夠讓失敗提早變小，更清楚利用學到的經驗，創造更大的成功。

▼基本原則七　利用「聰明人的盲點」

如果詢問（自以為）了解相關業界的「聰明人」，他們一定會覺得這是件蠢事，但如果就整個故事來看，這樣的作法將會成為故事一致性，以及特有競爭優勢的來源。將部分的不合理轉化成整體的合理性，這就是故事策略論的醍醐味。擬定故事最有趣、也是最困難的地方，就是如何安排「致勝關鍵」。

簡單來說，「做與其他公司不一樣的好事」，就是策略。聽起來或許是非常理所當然的事，但是仔細想想這其中充滿矛盾。必須做「不一樣的事」，但如果是「好事」，就很難不一樣。而且因為如果是「好事」，其他公司遲早也會這麼做，這麼一來，就沒有什麼不同了。更何況若是這麼「好」的事，在我們做之前，應該早就有人發現、先做了，這就是前一章所說的「合理的策略無法先行」的理論。

故事策略論的厲害之處，就在於個別構成要素更進一步進行整合時，就解決策略宿命的難題。只要策略的某個要素不合理，其他公司就不會有動機試圖模仿這個部分，而且還會下意識地想要避開。比起明明白白地做「好事」，要更能夠保持差異。不過，因為如果只有這樣的話，並不合理，無法創造長期獲利，但是若能在整個故事的流程中，將部分的不合理轉化成整體的合理性，解決「好事」和「不一樣的事」之間的矛盾，就能夠同時且長期維持兩者並存。

由豐田汽車創造出的「最佳實務」——「改善」和「JIT」（Just in Time），目前已被全球各地的製造現場引進使用。我曾經聽過波士頓顧問公司（BCG）的水越豐先生說過一件有趣的事。他指出，在一九七〇年代初期，歐美企業的幹部前往參觀豐田汽車時，看到該公司目前所說的「豐田生產方式」，都會皺著眉頭，表示「這家公司不懂得製造……」，其一原因是他們看到在現場從事改善活動的員工，認為「該公司未建立生產線與幕僚制，在現場各行其是的話，無法解決原本是一個系統的組織問題」；其二是他們看到豐田為了降低半成品的庫存量，同時採用少量生產和並行處理的作業流程，認為「該公司完全沒有採取批次處理方式，將同類型的作業統一處理提高效率，完全不了解利用分工、實施專業化，以及規模經濟的好處。」目前被各國視為最佳實務，而且廣為採用的豐田生產方式，起初對公司以外的「聰明人」來說，都是非常不合理的作法。

只要做過以下的兩種思考實驗，應該就會了解這個故事的涵義。首先是，如果豐田認為「我們落伍了，必須採取歐美先進的最佳實務」，事情會變成什麼樣？數十年後，應該就不會出現風靡全球的創新了吧！其次是，倘若豐田想到的「不一樣的事」，對歐美企業的幹部也是「好事」，而且當下就了解這件事的合理性的話，情況又會如何？他們應該會佩服豐田的發想，回國之後立刻引進，並供自家公司的生產部門使用，這麼一來，立刻就會被模仿，而無法保持差異。

還有一個重點，那就是豐田的生產方式（TPS），並不是「先見之明」的產物。東京大學的藤本隆宏曾經詳細研究過TPS產生的機制，他認為，這是豐田迫於無奈，為了因應戰後的日本受限於歷史條件，例如「在經營資源不同的情況下，不得已只好增加產量」，以及「由於汽車快速普及，必須增加車款的種類」，所以才會創造出TPS[18]。因此，

ＴＰＳ根本不是為了預測未來，而是為了解決當時日本國內的問題，吃盡苦頭後，才創造出的故事。

所謂的「先見之明」，指的是在時間上搶先掌握當下其他公司還沒有發現的合理性，至於ＴＰＳ的合理性，雖然當下其他公司並未發現，不過，豐田之所能夠搶得先機，並不是因為時間，而是由於其他公司即使看出部分的不合理，卻看不出整個故事的合理性。

好的故事藉由利用「聰明人的盲點」，創造獨特的競爭優勢，一旦受到「普通聰明人」的想法影響，就無法找出聰明人的盲點。從這個角度來看，「最佳實務的策略論」和故事策略論完全相反。最佳實務的策略論是「明顯的好事」的集大成，如果因為認為有更好的方法想要找出來，並加以應用的話，絕對無法創造出能夠讓致勝關鍵奏效的有趣故事，而這就是策略的外行人和高手的差別。

為了利用聰明人的盲點，重要的是，要試著懷疑當下業界內外共同擁有的「信念」或「嘗試」。雖然要懷疑常識，但並不是「打破」常識，認為其他公司要花十個小時做的事，我們只要花一個小時就可以，這叫做「欲速則不達」。懷疑常識要追求的，是對於一般人認為的「好事」，採取「反其道而行」的思考模式。

在遇到讓你無法釋懷的常識時，要仔細思考我們之所以相信這個常識背後的理論，因為在常識的背後或許隱藏了某種非常識或不合理。以豐田為例，雖然將組織區分為生產線（現場的作業員）和員工（離開現場思考的人），是立足於分工和專業化的合理性，卻隱藏了將思考改善之道的員工和實際執行的第一線工作人員加以切割的問題。豐田的「自動化」和「改善」，就是源於對傳統製造業常識的懷疑，也就是「不在現場的人，真的無法找出重要的問題嗎？」

如果以前一章的Gulliver為例，中古車業者希望藉由滿足眾多個人顧客的喜好，以獲取高利潤，卻因而必須承擔庫存的風險。觀察這些隱藏在大家都相信的合理性背後的理論，是非常重要的事，如果不這麼做，在「最佳實務」的資訊潮流衝擊下，是很難想出利用聰明人盲點的致勝關鍵。

為了要找出聰明人的盲點，最重要的是，不能忽視在日常的工作或生活中遭遇到的小問題。光是在平常的工作或生活中，就會遇到各式各樣的不方便或疑問，例如，為什麼不解決這麼不方便的問題？為什麼這麼有趣的東西卻不存在？為什麼不提供這麼快樂的服務之類的疑問。

疑問出現時，不可以吝於思考它的原因，這麼不方便的問題或缺失，之所以一直無法獲得解決，一定有它的道理。請大家一定要更進一步思考其中的道理，幾乎所有情況可以想到的，可能是「因為成本不划算」，或是「在技術上無能為力」之類莫可奈何的理由。

不過，無論是誰多少都會受到常識的影響（常識本來就是這樣的存在），如果退一步從理論上來思考，當下或許就有一些不便或缺失，因為受到社會大眾、業界或公司共有的「常識」的干擾，即使只要想一下，就能夠想出非常簡單的解決之道，卻因此被長期擱置。這種時候，由於解決之道在聰明人眼中看起來「不合理」，於是問題被擱置，而「常識」就在半無意識的狀態下，接受了這樣的問題。

請大家看一下圖7.1。假設我們在考量問題①存在的原因之前，發現有類似聰明人的盲點X。在這個階段，或許無法繼續思考，不過，先請大家記得「X→①」這個小小的因果理論就可以了。

只要平常保持思考問題背後的「原因」，或許就會有機會發現和②一樣的問題（同樣是背後可能有聰明人的盲點X的問題）。在自己日常的工作或生活中，如果發現一個以上從單一的X衍生出的同樣的問題（圖的③和④），X就很可能是聰明人的盲點。由於X是聰明人的盲點，乍看之下，互無關係的不便或問題被擱置，但其實卻是互有關聯。

只要能夠找出聰明人的盲點，就能夠反過來思考因果理論，也就是思考有沒有其他因為受到聰明人的盲點阻礙，而尚未解決的問題。如果陸續有其他發現（圖⑤～⑧），X就可

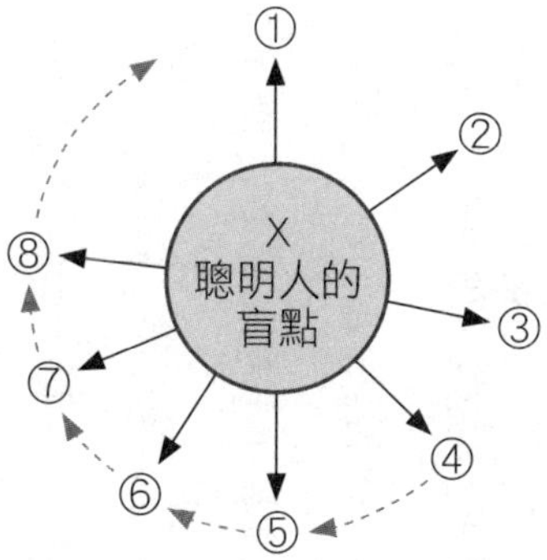

圖7.1　聰明人的盲點

以說是極可能創造出條理分明故事的聰明人的盲點。光是因為被認為「合理」而長期維持，就會衍生出許多問題。

這麼一來，結論就出來了。只要以聰明人的盲點X，作為關鍵核心，就極可能構思出條理分明且獨特的故事。只要利用X這個盲點，就能夠一次解決①到⑧的各種問題。如此的話，故事自然會變得厚實，以往認為無法解決的問題，也就不再是無法解決，而各式各樣的解決之道也應該會陸續出籠，故事會變得又強又長。

無論是西南航空的「點對點服務」、萬寶至馬達的「標準馬達」，或是Gulliver的「專門收購不零售」等之前所說的關鍵核心，以及利用關鍵核心，創造出的策略故事，在每位經營者的腦海中，都是經過這樣的過程產生的。據我推測，當事人當然不會清楚意識到這樣的過程，不過，思考簡單疑問背後的「原因」，確實是故事產生的起點。

我想要再強調一次，這類反覆的「原因思考」，只存在於當事人的腦海中，不盡理想的是，這是一種被動的想法，認為只要蒐集、調查各種資訊，就能夠找到有趣故事的點子。因為資訊輸入過多，就會強化常識，資訊量過大，反而可能無法激發致勝關鍵的產生。在現在資訊氾濫的時代，即使不重新調查，也應該能夠掌握大致的必要資訊。要擬定故事，擁有這些預備知識，就已經足夠，最重要的是書寫。

一般充斥在媒體上的資訊，幾乎都是不可信的，這些資訊中，絕大多數或多或少都是「最新的最佳實務」。致勝關鍵不會出現在《日本經濟新聞》的頭版，因為它聽起來不會是一件「好事」。致勝關鍵奏效的故事，存在於只知道蒐集現成資訊的外行人的發想之外，從這個角度來說，致勝的一擊是內行人喜歡的策略。

▼基本原則八　對競爭對手開放以待

近來，不堅持唯我獨尊，講究凡事自己來的「開放化」，以及有效利用其他公司資源的「開放創新」作法備受矚目，但我要說的事，和這些完全無關。我所謂的「開放以待」，指的是不應該對競爭對手，採取防禦的（defensive）態度。

好的策略如果成功，當然會受到競爭對手的注意，會在乎其他公司是否會模仿自己的策略，也是理所當然的事。但無論再怎麼保護，策略的優勢和特殊之處，在現在時代中很難被保護得滴水不漏。無論是利用新藥的專利，維持相當長一段時間獲利的製藥產業；或是一旦掌握業界標準，就能夠善用強而有力的網絡外部效應，維持優勢的部分軟體業界，都是例外。

但是，如同在第五章討論競爭優勢的層級時所指出的，如果策略故事真的夠好，實際被模仿的威脅，就不會那麼大。無論故事如何廣為人知，其他公司怎麼研究分析，直接的模仿對象都不會是整個故事，而是個別的構成要素。即使個別要素被全面模仿，其他公司也很難取得故事交互效果的關鍵強項。一旦乍看之下，不合理的致勝關鍵成為故事的關鍵要素，企圖模仿的競爭對手，可能就會啟動自取滅亡的理論，成為第五章所說的「外縣市的辣妹」，這麼一來，比賽就結束了。

總之，只要擁有具有自信的故事，就能夠大方面對競爭對手的反應。反過來說，擬定讓自己有自信的故事，能夠自然採取開放的態度，在面對競爭對手時是非常重要的事。

觀察那些利用好的策略故事，維持競爭優勢的企業，有不少對競爭對手都採取開放的態度，豐田汽車就是其中之一。當然，不能為外人得知的技術Know How或智慧財產還是得充分保護，但是針對豐田生產方式ＴＰＳ等該公司的策略故事主軸的部分，對外倒是相對開放。最好的證明，就是隨處可見研究ＴＰＳ的細節，公開其中「秘密」的相關書籍。

戴爾的創辦人麥可．戴爾，在一九九九年出版了一本名為Direct from Dell（中文譯名為《Dell的祕密》）的書[19]，該書的中文副標為「戴爾電腦總裁現身說法」（Strategies That Revolutionized an Industry），書中詳細記載戴爾創業成功的競爭策略等相關細節。如果麥可．戴爾對競爭對手可能模仿策略，採取防禦的態度，就不可能寫出這種書了。

包括豐田和戴爾，以及其他利用優秀的策略故事而經營成功的企業，為什麼會採取開放的態度？這是因為他們對自己建構的故事有信心，他們相信：「即使部分的構成要素被模仿，也無法輕易模仿整個故事」。老實說，他們或許希望藉由公開自家公司的故事，希望企圖模仿的公司自取滅亡。不過，我想這些公司不至於這麼老謀深算，總之，這些公司應該都非常了解自家公司的故事，而非個別的構成要素，清楚知道故事才是他們擁有持續性競爭優勢的來源。

戴爾在一九九七年快速成長，當時優秀的業績表現和背後的功臣「直銷策略」，備受ＰＣ業界內外矚目。不只是第五章提到的ＩＢＭ，就連惠普（ＨＰ）和（被惠普合併前的）

康柏都引進相同的策略，對戴爾展開猛烈攻擊。以麥可・戴爾為首的經營團隊，針對其他公司的策略模仿，不斷地表示：「我們十分歡迎競爭對手採取行動，業界的大型企業模仿敝公司的策略，表示我們做的事，非常值得信賴」[20]。

當時，當市占率將近是戴爾兩倍，規模稱霸ＰＣ業界的康柏，宣布將全面採取直銷策略時，市場認為，戴爾將會受到極大的影響。但是，當麥可・戴爾被問到對於這個消息有何感想時，他表示：「如果我們是最好的棒球選手，康柏就是最好的籃球選手，雖然他們想打棒球……」[21]。

這句話，其實另有所指。二者的球技（ＰＣ事業）儘管相同，但是推動戴爾ＰＣ事業的策略故事，卻與康柏大異其趣，從這句話中，不難聽出戴爾對自己擬定的策略故事深具自信。他認為，即使康柏是一名再優秀的籃球選手，打起棒球來，也不一定在行。

反過來說，強烈依賴特定構成要素的強項，而非故事一致性的企業，就必須提防競爭對手。因為一旦堪稱「寶貝」的要素遭到模仿，就會立刻喪失競爭優勢。如果擔心被競爭對手模仿，而被迎頭趕上，代表策略故事不夠嚴謹。如果對策略故事不夠有自信，就必須採取防禦的作法。反之，若是能夠自然地以開放的態度面對競爭對手，表示策略故事才是真的貨真價實。

我在前面已經說過，我所說的開放的態度和開放創新的開放是兩回事，當然以開放的視野學習其他公司的作法，或彈性地與外部企業合作，採用公司外的資源或成果，並不是壞事。但是，如果過度採取這類的「開放」，毫無限制地引進其他公司的「優點」，可能會影響自家公司最重要的策略故事的一致性，這麼一來，就不知為何而學了。

競爭策略最好的狀態，就是自己擁有好的策略故事，因此，得以維持競爭優勢，即使其他公司企圖模仿，反而會變成「外縣市的辣妹」。相反地，如果沒有屬於自己一貫的故事，策略就會變成借用成功案例個別要素的拼布，自己也會變成「外縣市的辣妹」，這是最糟糕的策略。

先決條件是用自己的想法和語言，創造屬於自己的故事，當然無法立刻完成故事，但最重要的是，建立讓人有自信的故事原型。一旦故事的原型成形，接下來要做的，就是不受業界一時流行或競爭對手短期行動的影響，不斷嘗試錯誤，讓故事更強大、更扎實、更長。

▼基本原則九　利用抽象畫掌握本質

如果依照順序，討論策略故事的基本原則，結論通常會是「自己想」或「仔細思考推動企業的理論吧！」但是，了解其他公司的經驗或動向，當然不是壞事，如果只考量自己的業界或自家公司，反而容易導致發想偏頗，陷入僵局。

目前，透過報紙、雜誌或網路等各種媒體，可以連結所有資訊，不過，某家企業（who）什麼時候（when）在什麼地方（where）用什麼方法（how）做什麼事（what），這些個別要素的資訊並沒有太大的意義。重要的是，要養成接收到任何資訊時，都要思考其背後理論的習慣，也就是why。

能夠輕易取得的資訊，都缺乏最重要的why，行為背後的理論，只能靠自己解讀。光是茫然看著個別要素，只會見樹不見林，無法掌握連結個別要素的整個故事。

策略既然是隱藏在特定脈絡中的特殊解答，就無法使用決定論或法則來擬定策略故事。所有的策略都只會發生一次，因此，要豐富策略思考最有效的辦法，就是使用「歷史的方法」，亦即大量閱讀過去創造出的故事，分析其背後的理論。

比起刊登在報章雜誌上「快報」類的片段資訊，詳細記載某家企業的歷史或策略的書籍，或優秀經營者的評論或自傳類的「故事」，更適合用來分析。從事情的發展來看，成功的著名故事數量總是比較少，但是閱讀描述失敗的「傻作品」也很重要，因為失敗的故事，反而更容易分析要素背後的why。

我個人非常喜歡閱讀舊報章雜誌報導的抽象作法，舉例來說，我的手邊有為了寫作本書，而蒐集最近十年來有關亞馬遜的報導檔案。媒體的說法，會受到當時的業績或評價大幅影響（這是題外話，在一九九〇年代末期，有許多媒體對於安隆提出的「創新的商業模式」大加讚賞。這類的報導現在讀來讓人深深感覺擁有穩健理論的重要性），就連亞馬遜在創業初期同樣獲得媒體好評，但在網路泡沫破滅之後，由於一連串的虧損，反而被貶得一文不值，最近卻又開始出現正面的評價。

我要說的重點是，不論媒體給予讚賞或貶抑的評價，亞馬遜的策略，基本上是根據同樣的故事。我閱讀十年份的報導，反而可以不受當時表面現象的影響，更容易了解亞馬遜的策略故事所根據的理論本質。

商學院的策略課，之所以經常採取案例討論的方式進行，是因為這個方法能夠有效分析以往的故事。這些案例一般都只是單純記載相關業界或企業的各種要素，內容十分乏味，閱讀起來並不有趣，在課堂上也只是作為討論的教材。

光是使用案例教學，就會有人覺得「具有實踐性挺不錯的」，因為只要使用實際發生的具體案例，就能夠學到在商業行為中可以立刻派上用場的「具實踐性」的知識。愈是這種人，就愈想要閱讀與自己的行業「相關」的業界或公司的「最新」案例。

然而，這根本是忽略策略本質的天大誤會。即使是案例，了解要素也幾乎毫無意義，因為這不是大學生在找工作時經常會做的「企業研究」。如同我所不斷強調的，即使是成功的案例，當中的具體事項也無法直接運用在自己的工作上。即使得知最新的最佳實務，也只是隱藏在相關脈絡中的片段要素。討論案例的原本目的，應該是要深入了解要素連結的故事，掌握支撐策略思想的重要理論。

以前我在上大學部（大學一年級到四年級）的課時，在課堂上使用各種案例教授競爭策略，有學生舉手要求我可不可以說得更抽象些，否則他們聽不懂。因為大學部的學生缺乏實務經驗，我本來以為用具體的例子說明，他們應該會更容易懂。不過，對於沒有實務經驗的學生，即使使用具體的公司案例，他們根本也無法體會。這個學生是因為覺得如果能夠了解抽象的概念，即使缺乏實際的經驗，也應該能夠掌握本質，所以才會要求我以抽象的方式說明。

這個學生的要求也不無道理。當然，如果只有抽象的理論，無法建立策略故事。真正的故事必須落實到具體的行動，但是因為具體的行動，只有在特定的脈絡中，才會有意義，即使想要將其他公司的成功因素直接運用在自己的故事中，因為跨越兩種不同的脈絡，想要照用其實有其難度。因此，汲取具體現象背後的理論，並將它抽象化，是很重要的事。一旦將具體的現象抽象化，才能夠成為通用的知識基礎。只要是通用的理論，就能夠讓它運用在自己的脈絡中，並具體成形，然後應用在故事當中。

藉由在抽象與具體之間不斷轉換，就能夠看見事物的本質。最重要的是，抽象化是一種激發思考的力量，如果是和具體現象有關的資訊，即使你漫不經心，它還是會進入你的日常生活中。但是，你必須有意識地將它抽象化，才能夠掌握這些現象的本質。

三枝匡以隱喻的方式，來說明這個過程。他認為，這就是將具體的現象「冷凍」（抽象化），然後放進「冷凍庫」（知識基礎），當需要的時候，在自己的脈絡中「解凍」（具體化），再加以運用[22]。由於具體的現象是「活的」，如果不冷凍，就無法跨越脈絡，進行挪移。

這是三枝匡所做的說明。一九八〇年代，興起一股日式管理的熱潮，美國人也開始注意到豐田的生產方式（TPS），但是他們似乎無法了解TPS的本質。一開始的時候，他們單純認為，這只是一種減少庫存的方法，最初引進TPS的產業僅限於機械組裝。

但是，到了一九九〇年代，有人提出TPS的本質可能是「時間」的抽象觀點[23]。也就是縮短企業所有活動的時間，是與競爭優勢有關的理論。大家發現，只要將TPS加以抽象化，成為「基於時間的競爭優勢」的概念，除了組裝機械的生產現場之外，還可運用到涵蓋業務和開發等所有的企業活動。在那之後，包括：個人電腦、飛機、醫療器材、玩具、樹脂模型，或非製造業的物流、郵政、建築和醫院等各個領域，都開始採用TPS。

例如，名為PFC（Patient-Focused Care）的醫院，改善方法就是其中之一。醫院的病患相當於工廠生產線上的商品，醫院也像工廠的生產線一般，適時提供病患一連串的治療服務。PFC廢除以往位於醫院中央的護士站，將護士分散安排在病房的附近，縮短護士的動線。同時，透過頻繁地接觸病患，以減少病患按叫人鈴的次數，希望能夠藉此縮短病患停留或等待的時間，更進一步縮短住院的時間。利用「時間」將TPS的理論抽象化之後，讓這個理論可以運用在各個領域。

即使是TPS，也可以把它當成是將隱藏在脈絡中的實際情況理論化或抽象化的機制。大家都知道TPS的主軸之一，是重複思考五次事情的原因。藉由重複思考事情發生的「原因」，找出第一線出現的問題，或是現象背後的根本原因，而這就是為什麼要重複思考五次的目的。重複思考原因，也可說是將隱藏在第一線脈絡中的因果理論，逐步抽離原來的脈絡，並加以抽象化，成為通用知識的過程。只要充分將來自第一線的知識抽象化，有組織地加以累積，就能夠用來解決其他第一線，或將來發生的問題。

如果將Gulliver的故事抽象思考，就會出現「晚出拳」的理論。如同前一章所說，以往收購中古車，必須在非常不確定是否能夠賣得出去，或者能夠以多少錢賣出的情況下，進行定價。不過，Gulliver則是將收購來的中古車，直接交付附近的拍賣會。由於該公司能夠掌握中古車拍賣會的行情，因此，只要機械化地在實際能夠確定賣出的價格上，再加上獲利，就能夠統一決定收購價格。如果能夠預先知道對方要出什麼拳，就不可能輸，所以也毋須承擔庫存的風險和成本。

像這樣以抽象理論來解釋故事的本質，就會發現乍看之下完全無關的業界，也有類似的故事，時裝業界的Zara就是其中之一。像Zara這類追求流行的成衣公司，一般都會希望成為「時尚教主」，也就是希望能夠預測下一季會流行什麼，更期許自己能夠帶動流行。

但是，因為女人心像海底針，面對變化萬千的流行時尚，無論如何，預測的命中率都有限。Zara認為，在事前預測流行，原本就是錯誤的作法。於是，嘗試小量製作多種商品放在店頭販賣，並觀察銷售的情況。對於銷售情況不佳的商品，就停止生產，如果出現暢銷商品，則立刻追加生產，提供店面銷售。只要觀察來店顧客的反應，就能夠逐漸掌握當季的設計或顏色等微妙的流行趨勢，期間也能立即改變設計和顏色。

Zara利用這樣的發想，擬定了名為「時尚跟隨者」的策略故事。內容為公司擁有從開發、製造到銷售一貫的供應鏈，縮短前置時間，以最快的週期迎合顧客的喜好。雖然流行成衣業界與中古車流通業界完全不同，但是Zara的「時尚跟隨者」的故事，其依據也是晚出拳的理論。以往的時裝業界，總是拚命地猜測或企圖帶動流行，然而，Zara的發想，卻是一邊觀察銷售的情況，一邊小量生產販賣，就像是猜拳的時候，先看到對方（顧客的喜好）要出什麼拳，然後再決定自己要出什麼拳（條件是在看到對方要出的拳之後，到自己出拳的時間非常短）。

一旦將故事抽象化，不只是共通之處，就連差異，也會變得非常明顯。雖然Gulliver和Zara都是晚出拳，卻無法完全用同樣的理論，來歸納整理Gulliver的晚出拳，是企圖降低配對的難度，以及因應而生的價格（收購價與賣價）的不確定性。雖然同樣都有不確定性，但Zara的故事則是為了降低因為消費者的需求變化激烈，而無法預測的不確定性。

如果是這樣的話，與其說Zara故事立足的理論是晚出拳，倒不如說是「跟蹤目標型的飛彈」要來得更正確些。時裝業界需要鎖定的目標，無時無刻都在改變，無論是多厲害的狙擊手，只要目標移動，就很難百發百中。即使如此，時尚教主為了提高命中率，還是不斷地練習，而Zara的想法則是認為，即使不斷地練習，還是有其限制，還不如讓子彈具備自動追蹤目標的功能，即使目標移動，還是能夠追上去，並且同時命中。

將Zara的發想抽象化之後，卻又發現它和7－11有共通之處。各位還記得，本書在一開始的時候，提到的7－11假設驗證型訂貨系統嗎？7－11的訂貨權限在於各分店，而非總部，各分店的店長或員工利用在第一線的觀察和經驗，不斷針對每項商品建立「假設」，然後再根據假設訂貨，藉由盡早回饋結果，誘導出下一個更好的假設，這就是假設驗證型的訂貨方式。並不是事先決定暢銷的商品，鎖定之後再射擊，而是透過在日常業務中不斷重複快速的負回饋，掌握顧客隨時都在改變的喜好，這就是「自動追蹤型飛彈」的理論。

在解讀其他公司的故事時，需要這樣的抽象化。只要加以抽象化，就可以大幅提高獲得通用知識的可能性。即使是乍看之下毫無關連的業界，或年代久遠的案例，都可能取得有助於建立自己公司故事的各種靈感，因為抽象的理論才實用。

▼基本原則十　不由得想告訴別人的事

我在之前提到「強度」、「厚度」和「長度」等三項，為評估策略故事的標準，但是最容易判斷故事好壞的條件，則是說故事的人本身是否覺得「有趣」。而且即使自己覺得有趣，也不一定會成功，但這絕對是好的故事最重要的必備條件之一。至少可以確定，如果是說故事的人覺得有趣的事，在這個人的腦海中，構成故事的各種關鍵和作法之間，自然有理論，且互相連結。

故事策略論是將焦點集中在擬定策略的有趣之處，構思建構故事，原本就是一種具創造性的有趣工作。儘管如此，卻有太多人以「中期經營計畫」為名，為了困難的目標設定，皺著眉頭，苦著一張臉（被迫）思考「策略」。策略不是「邊考驗邊想」的東西，擬定策略的人覺得有趣，才是絕對必備的條件。如果在思考策略時，有趣到連時間都忘記，就能夠全神貫注的投入，努力也不會是一種痛苦，就算再忙，也能夠自然繼續建立故事的工作。

故事是否有趣和組織如何實踐策略，有密切的關係。負責實踐策略的人的具體工作，是負責特定的功能或部門，即使組織內的所有人並未共有故事，根據分析的發想，還是能夠給予每個人誘因。只要將策略分解成構成要素，將特定的個人應該負責的範圍加以定義，明白告知每個人應該完成的目標，並設計相對的報酬，或許就能夠提供動機。說得極端些，只要建立每個人「只要達成定義的成果，就能夠獲得相當的金錢報酬」的架構，大家因為想要「將自己的收入提高到最大」，自然就會採取行動。

但是，這形同放棄管理，一個由企圖爭取自己最大利益的人組成的團體，當然無法實踐策略。策略故事是一種整合，無法完全分解成相互獨立的要素，如果以分析的方式加以切割，就會喪失整體的整合性。無論建立多精緻的個人獎勵系統，都無法產生驅動策略的力量。倘若無法實際感受到故事，例如自己負責故事中的哪個部分、與其他人的工作如何協調、和成果有什麼樣的關係，員工就無法承諾執行策略。不僅是負責建立策略故事的領導者，包含管理階層以下的眾多員工在內，應該都希望故事有趣，而且能夠激發工作的動力。

前面我曾經提到「小學生的足球比賽」，小學生足球比賽的另一項特徵，就是為何而比，也就是他們比賽的動機十分薄弱。如果觀察小學生在體育課時踢足球，會發現開始比賽大約十五分鐘之後，就會出現有同學開始意興闌珊。剛開始的時候，明明很高興地追著球跑，但不久之後，可以發現有人躲在球場的角落，無聊地低著頭踢石頭。我問他為什麼不和大家一起踢球，他回答我：「因為我跑得慢，踢不到球，覺得無聊，還是打棒球比較好玩，不但可以依照順序打球，而且我也比較擅長。」

足球是團體戰，如果有一個隊員無法團結一致，就贏不了比賽。因此，所有人必須共同擁有一個策略故事，並承諾實踐它。大家都知道，最終目的是要贏得比賽，但如果無法共同擁有故事，就會出現「在場邊踢石頭的孩子」。若是不能了解當下自己的行為和隊伍的勝利之間有什麼關係，就無法盡力比賽。

如果是大家都認同的王牌前鋒或守門員，無論是否共同擁有故事，或許都能夠幹勁十足地踢完一場比賽。

然而，在十一名球員當中，有人負責的位置並不這麼引人注意；也有人只是往前後左右不同的方向奔跑，幾乎碰不到球。可是，如果所有隊員都共同擁有傳球直到踢入球門的進攻方法，以及為了獲勝的策略故事，即使是負責這些不起眼的位置的球員，也會了解到自己當下為什麼拚命跑進對方的地盤，為什麼要左右到處跑、自己的行為與其他十名隊員之間的關係，以及讓球隊贏球之間的關係，然後來參加比賽。

企業和足球一樣，也是團體戰，做什麼、怎麼做，雖然也很重要，但是在這之前，若所有人都無法深入了解原因，執行故事的人就無法維持動機，更難以形成團體戰。如果所有人都能夠共同擁有故事，每個人就可以在知道自己的一舉手、一投足，與策略的成敗有什麼關係的情況下，進行每天的工作。策略不是漂浮在什麼東西之上的「口號」，而是「自己的問題」，只要知道自己是故事的主角之一，就會產生幹勁，也才會形成團體戰。

應該有不少人看過由約翰·史達區（John Sturges）導演、史提夫·麥昆（Steve McQueen）主演的名片《第三集中營》。這是根據一九四四年第二次世界大戰期間，德軍的戰俘從戰俘營集體逃走的真實事件，所改編而成的電影。片中的首腦人物英國軍官羅傑，為了擾亂德軍的後方，帶領兩百五十名戰俘計畫集體逃亡。他的逃亡策略，主要是以挖掘三條暗號，分別為「湯姆」、「迪克」和「哈利」的地道，片中他也將自己構想的策略，當成真實的故事，說給下屬聽。

為了執行逃亡策略，需要做許多工作，包括：蒐集戰俘營內所有資訊、指揮地道挖掘、偽造逃亡之後所需的身分證件、負責製作逃亡時要穿的德軍制服、利用暗號指揮逃亡工作，以及製作挖掘地道所需的各項工具。負責這些零碎工作的人們，彼此之間以絕妙的默契執行策略，如字面所示，是標準的團體戰。他們之所以能夠這麼做，是因為所有負責執行的人員共同擁有一個故事，這個共同擁有「逃亡」目的，說起來很容易，但是光靠這樣，無法動員組織，必須所有人共同擁有故事，才能成為驅動策略的力量。這麼說或許有點難聽，但是共同擁有一個故事的「共犯意識」非常重要。

雖然不像「第三集中營」是處於戰爭狀態，但無論什麼工作，都有一定的難度，會不斷出現棘手的問題，讓人覺得疲倦。但只要共同擁有策略故事，至少可以「累得很開朗」。

只要知道現在每個人之所以要解決處理這麼困難的事，是因為只要把事情做好，就會有好事再出現，並有達成某種目標的可能性，如此就能夠著手進行工作。

Hot Pepper的平尾勇司不只建立策略故事，為了要讓負責執行策略故事的第一線人員，知道、了解和共同擁有故事，他下了許多功夫，最有趣的作法，就是把策略故事當成「念經」。

他將人潮眾多餐廳集中的地區，設定為營業活動的核心商圈，在各類店家中，特別集中拜訪居酒屋，利用「小顧問」和「一人攤販」的強項，讓商家連續三次購買每頁九分之一的版面，以確保廣告的資訊量。業務人員為了取得連續購買版面的訂單，以索引宣傳作為武器[24]，每天必須拜訪二十間店家，這就是Hot Pepper的營業策略故事。

如果將這個故事中的關鍵字：「核心商圈、餐飲、居酒屋、九分之一、連續三次購買版面、拜訪二十家店、索引推銷」加以連結，就是平尾所說的「念經」。平尾先生這麼描述他要讓員工了解、並共同擁有策略故事，其所採取的念經效果[25]。

每個人藉由這段口號，每天可以確認自己的行為是否符合行動標準，這就是「念經」……（中間省略……）親鸞的淨土真宗藉由相信神明，就要誦讀「南無阿彌陀佛」，廣泛深入人心，而我們的「念經」，也是同樣的道理……（中間省略）……策略戰術必須化為每個人的行動，事業才能成功。日常化、具體行為、大家一起做、不斷重複、簡單的事等都很重要……（中間省略）……沒有什麼事業策略等困難的說法，即使是在呈報或專案啟動、會議、得獎者致詞、酒宴上自言自語開玩笑或是念念有詞，每個人都可以當成咒語，在嘴裡誦讀，無時無刻地念著，正是念經的樂趣。

如果沒有故事，或即使有但只存在於領導者的腦海中，並未與組織內的成員共有的話，在被問到為什麼工作，或是為什麼必須解決每天的課題時，每個人的回答，只會是「因為會影響自己的評價」。負責實踐策略的每個人，不知道為何而做，即使工作一樣辛苦，但疲勞的程度卻更勝他人一籌。策略故事是為了要讓相關人士「累得很開朗」。

策略故事是推動員工強而有力的引擎，如果經營者提出的策略，只是依照不同的功能，羅列無趣乏味的靜止畫，就無法指望大家團結一致。雖然也需要獎勵系統等制度或措施，但在討論這些細節之前，讓員工了解有可以振奮人心的故事，確保策略的實際效果，才是最重要的事。由領導者親自講述有趣的故事，藉此激發員工，在第一線的日常對話中，討論故事，讓所有員工共同擁有一個故事，建立「共犯意識」，就是我理想中的組織。

擬定和實踐策略，當然很重要，但同樣重要的是如何「傳達策略」，傳達扮演連結制定和實踐策略的重要角色。如果無法正確傳達，就不可能實踐策略。我覺得，一直以來，大家都過度強調制定和實踐策略的重要性，卻忽略了如何傳達。一旦擬定好策略之後，領導者除了正式的會議，也必須掌握非正式的日常接觸機會，將策略傳達給組織內的所有成員了解。

傳達策略故事，對領導者而言是非常麻煩的事，即使是利用電子郵件將整理好的圖表或全是數字的文件傳給員工，甚至是利用內部網路和員工共享，也無法傳達故事。故事絕對不能以靜止畫的方式傳達或是被理解，為了要完整傳達故事，領導者只能親自說故事。

在說故事的時候，基本上必須是面對面，領導者必須全神貫注，看著大家的眼睛，並反覆說明，直到大家明白了解為止。傳達故事需要投入的努力或許大過構思，但絕對不能省略這個步驟，這是領導者絕對無法避免的工作。

領導者在忙碌的工作中，要如何持續努力，傳達故事呢？我認為，那就是盡力創造自己也覺得有趣的故事。如果看到有趣的電影或聽到有趣的事，自然就會想把這件事告訴朋友或家人，而策略故事也一樣。如果是自己覺得有趣的策略故事，要傳達給別人，就不會是痛苦的事。不僅只如此，還會自然而然想要一直告訴別人，和大家共享。

不自覺想要告訴別人的故事，就是好的故事。相反地，如果不是真的想告訴別人的故事，自己也不可能真的覺得有趣。要把自己都覺得不有趣的故事告訴別人，是一件麻煩且無趣的事，就算被問，也是一種困擾。如果自己都不覺得有趣，別人聽到，也不可能覺得有趣，更何況是要利用這樣的故事來推動組織，根本可以說是一種「犯罪」。

根據我的經驗，「說話很有趣」是優秀領導著共通的特徵，在這次的連載中，列舉的每位公司經營者，說起話來都很有趣。說話有趣，指的並不是「很會說話」或「擅長作簡報」等表面的功夫，從一般的角度來說，他們其中有人並不擅長說話[26]。在他們不算流利的話語中，卻存在著扎實的理論，有趣得讓人不自覺聽得入神，而且說話者自己也說得興高采烈。如果從故事這個策略的本質來考量，「說話有趣」是身為領導者最重要的條件之一。

▼最重要的事

我在前面不斷強調，理論非常重要，但不能因此受到理論的左右，而忽視自己必須面對的「迫切的問題」。對策略故事而言，最重要的東西，就是故事的根底有讓人一籌莫展十分迫切的問題。

「迫切」和「有趣」有些不同，有趣是以自己為主詞，如果不是自己覺得有趣的東西，就無法開始創造故事。如果覺得有趣，卻會廢寢忘食，埋頭苦幹。

然而，光是靠有趣，無法維持熱情。如同基本原則五所說，策略故事如果以未來的十年或二十年為目標，要支撐如此長期計畫的架構，需要某種超越有趣的迫切性。之前介紹過的劇作家笠原先生，將迫切性形容成「從體內上升的熱氣與沈沒在內心深處的黑色秤錘」，策略故事也需要這樣的迫切性作為後盾。

對策略故事而言，什麼是迫切的東西？追根究柢的話，就是「對除了自己以外的某人有用」。雖然是直接提供顧客價值，但在那之前應該還有對社會的「態度」或「志向」。「貢獻社會」或「為了社會、為了人類」，聽起來似乎太冠冕堂皇，但如果只是因為自己很快樂，只為了自己，就算一開始能夠全力衝刺，也絕對無法持久。

大家都認為現在是變化劇烈的時代，但是人類的壽命愈來愈長，幾乎所有的人都要工作幾十年，事業和公司也應該維持得更久。所謂迫切的東西，到最後還是「為了社會、為了人類」，無論是否真的如此，至少自己必須相信是「為了社會、為了人類」，才有辦法持續做上十年或二十年。Book Off的佐藤弘志曾經這麼說[27]。

Book Off就快成立二十年了。我想，無論哪一家公司都一樣，在剛開始的時候，光是要生存發展下去，就已經筋疲力竭；但是，到了二十歲、長大成人之後，就會發現只有自己好，是無法再有所成長的。如果無法透過工作，對社會有所貢獻，就做不下去了，於是想成為再利用社會的基礎建設，為捨不得丟掉東西的人而存在，而不只是一家中古書店。因為有這樣的志向，在Book Off第一線工作的每個人才能夠擁有自信和驕傲，如果沒有這些，公司就無法繼續經營下去。

我曾經和辦公室的夥伴參加一場以座談會形式舉辦的演講，當時的聽眾是即將出社會的年輕人。他們述說自己的夢想：「希望能夠取得某個領域的證照，具備專業能力」；「期許自己能夠成為活躍於國際的人才」；或是「企盼成立創新企業，成為一名成功的創業家」。而參與座談的小林三郎在聽到這些話之後，說了這麼一句話[28]：「這是個人的『慾望』，所以請不要使用『夢想』這個字」，我在旁邊聽到他這麼說，內心十分震撼。

人類或多或少都是利己的生物，每個人最喜歡的就是自己，但人類卻也很奇妙，只要覺得有除了自己以外的人，需要自己、喜歡自己或感謝自己，就是他最高興、覺得自己最棒的時候，我想這就是人類的本性。

這麼想來，「迫切」和「有趣」或許其實根本是同一件事，因為「喜歡才學得好」。如果是自己喜歡，真正覺得有趣的事，人就會充分發揮自己的力量，結果就能夠做出好的成果，幫助除了自己以外的人。而助人的真實感受，又會讓工作變得更有趣，你就會更喜歡它，能力也愈來愈好，就是這樣的良性循環，才會讓每個人繼續工作。「為了社會、為了人類」，最後還是「為了自己」，如果真的想為自己做什麼，自然就會變成「為了社會、為了人類」做事。

我在分析好的策略故事時，發現這些故事的基礎，都有想要討好除了自己以外的人、解決人類的問題、幫助人類等迫切的需求，讓我深刻覺得這個社會還有救。

看到這裡，對各位來說，「迫切的東西」是什麼？這只能問問各位的內心了。

我只顧自己高興，說了一大堆有關競爭策略故事的事。我之所以開始寫作本書，也是因為以思考競爭策略作為工作的我，有「迫切的東西」，那就是原本應該是有趣故事的策略，近來，卻變成無聊乏味靜止畫的羅列，也已經變成「行動清單」、「模板」或「最佳實務」，更嚴重的情況是，只有「一句話」。我希望能夠找回策略論原本生動有趣的動畫模樣，這對我來說，就是最迫切的問題。

還有一件事，是我向來提醒自己，要告訴別人自己覺得有趣；或不自覺想要告訴別人的事。我自認，沒有在本書中談到任何我自己覺得無趣的事；至少我認為它是有趣的，不知道各位讀者的感想如何？

我將自己感受到的「迫切」和「有趣」傳達給各位，如果各位能夠從中找出任何對自己擬定策略故事時有意義的部分，我會再高興不過了。我將就此擱筆，感謝各位讀者看完本書，真的謝謝你們。

---

1 關於文學作品與文學理論的關係，請參考由助川幸逸郎（二〇〇八）所寫，東海大學出版會出版的《文學理論的冒險——逃往現在和這裡》。

2 笠原和夫（二〇〇三），《電影是流氓》，新潮社。

3 與其說這是策略故事，應該說是商業模式的設計。舉例來說，史利渥士基（Andrian J. Slywotzky）和莫里森（David J. Morrison）將企業獲利的方法，區分為「解決客戶問題獲利」、「交換機獲利」、「時間獲利」和「專業化獲利」等二十二種模式，史利渥士基、莫里森（一九九九），《獲利寶典——創造高利潤的營業計畫》，恩藏直人、石塚浩譯，鑽石社。

4 柳井正的訪談（二〇〇九年十二月）。

5 根據我自己的經驗，無論是實際透過工作或採訪，我所見過的那些利用好的概念為基點，創造出著名的策略故事的各方人士當中，出乎意料大多給人「普通人」的印象。本書所舉的例子中的馬渕隆一（萬寶至馬達）、岩田彰一郎（Askul）、霍華．蕭茲（星巴克）、麥可．戴爾（戴爾電腦）和羽鳥兼市（Gulliver）等人，就策略故事成功的角度來看，他們一點也不普通，但是提供的顧客價值，卻沒有什麼特別之處，感覺上就是從「普通人」的角度來思考的。

6 平尾（二〇〇八）。

7 平尾（二〇〇八）。

8 平尾（二〇〇八）。

9 當時，無論是哪一個電視台都有專門負責渡邊製作的製作人，負責製作全部是渡邊製作歌手演出的「團體節目」。一九六〇年代，最紅的「肥皂泡假期」，就是最典型的例子之一。

10 井原高忠（一九八三），《元祖電視台大奮戰！》，文藝春秋。

11 我是在這本書中讀到這個故事的。嵐山光太郎（二〇〇〇），《「不良中年」真快樂》，講談社文庫。

12 Henry Minzberg（1987, "Crafting Strategy," Harvard Business Review, July / Aug.

13 麥可戴爾的訪談（二〇〇四年五月）。

14 松井道夫（二〇〇一），《做吧！可是很無聊》，日本短波放送。

15 「利用網路提供所有服務——要征服世界必須進入日本市場」，《日經Business》，二〇〇〇年七月三日號。

16 平尾勇司的訪談（二〇〇九年四月）。

17 吉越浩一郎的訪談（二〇〇六年五月）。關於黛安芬的策略，請參考由楠木建和五十嵐Miyuki合著（二〇〇七）的「Triumph International / Wacoal ——女性內衣業界的競爭策略」，《一橋Business Review》，五十五卷一號。

18 藤本隆宏（一九九七），《生產系統的進化論——從豐田汽車看組織能力與創發過程》，有斐閣。

19 Michael Dell（1999）, Direct From Dell: Strategies that Revolutionized an Industry, Harper Business.

20 "The Perils of Being No. 1," Forbes, December 1, 1997.

21 "Michael Dell Turns the PC World Inside Out," Fortune, September 8, 1997.

22 三枝匡．伊丹（二〇〇八）。

23 George Stalk Jr. & Thomas M. Hout（一九九三），《時基競爭策略——競爭優勢的新泉源》中＊萬治、川口惠一譯，鑽石社。

24 Hot Pepper原本並沒有索引（相當於目次或索引的頁面），這樣的作法是反映Hot Pepper對讀者而言，並不像是網路是一種「檢索」，而是一種「發現」的雜誌媒體的概念，希望讀者能夠躺著翻閱雜誌，發現想要光顧的店家，但讀者卻表示，因為不容易找到自己感興趣的店家，所以希望Hot Pepper製作索引。於是，Hot Pepper採取針對連續購買每頁九分之一版面三次的顧客，便免費提供頭版三十六分之一的版面製作索引的促銷方式，這就是「索引營業」。

25 平尾（二〇〇八）。

26 以一般的標準來說，迅銷公司的柳井正和任天堂的岩田聰，或許都不算是「會說話」的人，但我認為，他們是最典型「說話很有趣」的經營者。如果是我經常聊天的朋友，All About的江幡哲也、第六章提到的已經離開Gulliver創業的村田育生，以及早稻田大學橄欖球社教練的中竹龍二，也都是「會說話，而且說起話來很有趣」的人。由於中竹先生是球隊的教練，並非業界的人士，聽他說話，可以學到許多有關策略或領導風格的本質。以我個人的經驗，說話最有趣的雙雄，應該是成立日本第一家藥物開發公司的所源亮（aRigen製藥會長），以及日本音樂業界的領導者「丸先生」丸山茂雄（二四七音樂會長，原索尼音樂娛樂社長）。他們倆說話之有趣，會讓人想一直聽下去（尤其是所先生說話之風趣，已經到了危險的程度），如果要舉例的話，可能需要好幾頁的註腳，所以只好暫時作罷。

27 佐藤弘志（Book Off代表取締役社長）的訪談（二〇〇九年七月）。

28 小林三郎（一橋大學大學院國際企業策略研究科客座教授）在本田長期負責開發業務的工作，為開發出第一代量產型安全氣囊的技術人員。

國家圖書館出版品預行編目資料

策略就像一本故事書 / 楠木 建著；孫玉珍譯. --
初版. --新北市：中國生產力，2013.08
面； 公分
ISBN 978-986-6254-36-9（平裝）

1. 企業策略 2. 企業管理
494.1 102016909

策略就像一本故事書

作　　者：楠木 建
譯　　者：孫玉珍
發 行 人：張寶誠
出版顧問：林佑穎、林宏謀、吳肇懿、高明輝、梁源湘、邱宏祥、邱婕欣、
張建斐、張國棟、楊超惟、陳詩龍、陳弘元、陳錫鈞、陳美芬、
（依姓氏筆劃排序）
主　　編：郭燕鳳
讀者服務：鄭麗君、江彩鳳
內頁排版：帛格有限公司
出 版 者：中國生產力中心
電　　話：(02)26985897
傳　　真：(02)26989330
地　　址：221新北市汐止區新台五路一段79號2F
網　　址：http://www.cpc.tw
郵政劃撥：0012734-1
總 經 銷：聯合發行股份有限公司 (02) 2917-8022
初　　版：2013年8月
初版十刷：2018年11月
登 記 證：局版台業字3615號
定　　價：490元
ISBN：978-986-6254-36-9
客戶建議專線／0800-022-088
客戶建議信箱／customer@cpc.tw
線上書城／http：//www.cpc.tw